북핵
위협과
안보

박휘락(朴輝洛, Park Hwee Rhak)

현) 국민대학교 정치대학원 부교수
    국민대학교 정치대학원장
    21세기 군사연구소 부소장
    한국군사학회 상임이사
    합동참모본부/육군 정책자문위원

육군사관학교 졸업(34기, 1978년)
대대장, 연대장, 주요 정책부서 근무
고등군사반, 육군대학, 합동참모대학 모두 수석 졸업
미국 National War College 졸업(석사)
경기대학교 정치전문대학원 졸업(정치학 박사)
예비역 육군대령

『북핵위협시대 국방의 조건』(2014)
『북핵 위협과 대응』(2013)
『평화와 국방』(2012)
『자주국방의 조건』(2009)
『전쟁, 전략, 군사 입문』(2005)
『한국군사전략 연구』(1989) 등 10여 권

이메일: hrpark5502@hanmail.net

북핵 위협과 안보

2016년 6월 25일 초판 1쇄 발행
2017년 4월 5일 초판 2쇄 발행

지은이 | 박휘락
펴낸이 | 이찬규
펴낸곳 | 북코리아
등록번호 | 제03-01240호
주소 | 13209 경기도 성남시 중원구 사기막골로 45번길 14
      우림2차 A동 1007호
전화 | 02-704-7840
팩스 | 02-704-7848
이메일 | sunhaksa@korea.com
홈페이지 | www.북코리아.kr
ISBN | 978-89-6324-491-4 (93390)

값 23,000원

북핵 위협과 안보

박휘락 지음

북코리아

들어가며

민족 역사의 영속인가 단절인가? 우리는 지금 현세대의 생존은 물론이고, 유구한 민족의 역사가 중단될 수도 있는 심각한 위기에 직면하고 있다. 북한이 핵무기를 보유하게 되었고, 언제 어떻게 사용할지 알 수 없는 상황이 되었기 때문이다. 너무나 엄청난 상황이라서 대부분이 믿지 않거나 직면하지 않으려 하지만, 이것은 부정할 수 없는 현실이다. 핵무기가 1발이라도 사용된다면 필설로 표현할 수 없는 참혹한 현상이 벌어질 것이고, 응징보복을 명분으로 한 핵무기 교환이 진행되면 우리 민족의 유일한 생활 터전인 한반도는 폐허가 될 것이다.

이러한 북한의 핵무기 위협에 대해 한국은 미국의 확장억제(extended deterrence)를 중심으로 대응한다는 개념이다. 북한이 핵무기를 사용할 경우 미국의 대규모 핵무기로 응징보복을 실시할 것이라는 점을 북한에게 알려서 북한으로 하여금 핵무기를 사용하지 못하도록 한다는 것이다. 한국은 핵무기를 보유하고 있지 않기 때문이다. 다만, 이 방법은 합리적인 대안이지만 위험성도 없지 않다. 한미 양국의 엄포에도 불구하고 북한이 핵무기를 사용해 버리면 피해를 입을 수밖에 없기 때문이다. 이 경우 미국이 핵무기를 포함한 모든 수단을 강구해 북한을 초토화시킨다는 것이 현재의 약속이지만 실제로 그러할 것인지, 또한 그렇게 할 경우 북한이 과연 쉽게 포기할 것인지 확신하기 어렵다. 한국은 북한의 핵무기에 의해, 북한은 한미연합군의 핵무기에 의해 초토화되는 최악의 상황도 배제할 수 없다.

이렇게 볼 때 현세대는 우리 민족 역사의 영속과 단절을 좌우할 수도 있는 중차대한 사명을 지니고 있다. 민족을 떠나 개인 차원에서 보면 각자의 자식과 손자들을 보호해 가계를 계속하거나 반대로 가계를 단절시킬 수도 있는 과제를 부여받은 셈이다. 국민 모두가 단결해 최선을 다해도 이 과제를 완수할 수 있을지 확신하기 어렵다. 하물며 현재의 심각한 현실을 제대로 인식하지 않아서야. 비극은 원하지 않는다고 오지 않는 것이 아니고, 직면하지 않는다고 없어지는 것도 아니다. 오로지 눈을 크게 떠 현실을 직시하고 최악의 상황까지 대비할 때, 천천히 오거나 오다가 사라질 수 있을 것이다.

아직도 북한의 핵 보유를 의심하는가? 대부분이 보고 싶어 하지 않는 섬뜩한 현실이지만 북한은 상당한 숫자의 핵무기를 개발했을 뿐만 아니라 이를 양적·질적으로 계속 개량해 나가고 있다. 국제적으로 공인되느냐 여부와 상관없이 북한은 핵을 보유하고 있고, 우리는 북한과 6·25전쟁의 휴전 상태로 대치하고 있다. 일부에서는 아직도 인정하지 않으려 하지만 북한은 미사일에 탑재해 공격할 수 있도록 미사일의 직경보다 작게 '소형화'하거나 미사일의 적정한 탑재 중량보다 가볍게 '경량화'하는 데 성공했을 것이라는 정황이 많다. 이미 북한은 미사일에 핵무기를 탑재해 은밀한 지역에 배치해 두었을 가능성도 있다. 국방이 최악의 상황까지 대비하는 것이라는 점에서 우리는 북한의 경우 언제 어디서든 마음만 먹으면 한국의 모든 지역에 핵무기로 공격할 능력을 구비하고 있다는 생각으로 대비책을 찾아야 한다.

상당수의 국민들은 동일민족이라는 사실로 인해 북한이 남한에 대해 좀처럼 핵무기를 사용하지 않을 거라고 말한다. 김정은을 비롯한 북한 수뇌부들도 핵무기 사용 시 미국의 대규모 핵 응징보복을 받아서 정권이 멸망할 것임을 알기 때문에 핵무기 공격을 감행할 수 없을 것이라고 믿고 싶어 한다. 그러나 한편으로 우리 모두의 마음속으로는 현재의 북한이라면 핵 공격과 같은 참혹한 결정도 내릴 수 있을 것이라고 생각한다. 이미 북한은 참혹한 동족상잔의 6·25전쟁을 발발했고, 무고한 한국 국민들이 타고 있는 민간 항공기를 공중에서 폭파하는 등 상상할 수 없는 테러를 가했으며, 기습적으로 한국의 군함을 폭침시키고 백주 대낮에 한국의 영토에 포격을 가했고, 수시로 핵 공격 가능성으로 협박하고 있다. 상식으로는 이해하기 어려울 정도로 북한의 국가정책은 합리적이지 않다.

언젠가 우리는 선택의 기로에 설 수도 있다. 북한의 핵 위협에 굴복하든가, 아니면 핵전쟁을 각오하든가의 선택이다. 전자를 선택해도 아무런 후회가 없다면 최악의 상황에 대한 대비책을 강구하지 않아도 될지 모른다. 그러나 전자를 선택할 수는 없는 것 아닌가? 북한의 핵무기를 억제 및 방어하는 데 필요한 모든 방법과 수단을 동원해야 하는 이유이다. 어떻게 하든 북한의 핵무기로부터 현세대, 우리의 자식과 손자들을 보호해 우리 민족의 영속을 보장할 수 있어야 한다.

우리는 최선을 다했는가? 북한이 며칠 만에 갑자기 핵무기를 개발한 것이 아니라면, 그동안 우리는 무엇을 했던가?

지금까지 우리는 북한의 핵무기 개발을 있는 그대로 보지 않았다. 미국과 한국을 협박하거나 개발하는 체하는 것으로 생각하고자 했다. 북한의 핵무기 개발 의도를 부정해 온 사람도 없지 않았다. 핵무기와 관련된 북한의 모든 행위를 협상용으로 해석했다. 북한의 악화된 경제사정으로 인해 핵무기를 만들 정도의 기술개발이 어려울 것이라고 생각하는 사람도 없지 않았다. 그래서 상당수의 국민들은 제3자의 입장에서 유체이탈식 화법으로 덤덤하게 북한의 핵무기 개발 상황을 중계하거나 평가하곤 했다.

이와 다르게 1981년과 2007년 이스라엘은 이라크와 시리아가 건설해 나가는 과정에 있었던 원자력 발전소를 공군기를 동원해 삽시간에 파괴시켜 버렸다. 이라크와 시리아가 궁극적으로 추구하는 것이 핵무기 제조라고 판단했고, 따라서 사전에 조치해 버린 것이다. 이것을 예방타격(preventive strike)이라고 한다. 그러나 한국은 지금까지 북한의 핵시설에 대한 예방타격을 진지하게 논의하지 않았다. 1994년 영변의 핵발전소를 미국이 파괴시키고자 했지만 반대하는 국민여론이 훨씬 높았다. 이스라엘처럼 그 당시에 근본적인 조치를 강구했더라면 현재와 같은 어려움을 겪지 않아도 될 것이다.

북한의 핵무기 개발을 우리와 직접 관련된 일이 아닌 것으로 인식하는 사람도 없지 않았다. 북한이 핵무기를 개발하는 목적을 미국의 위협으로부터 체제를 생존시키기 위한 것으로 보거나, 북한의 핵무기 폐기나 억제를 미국과 북한 사이의 일로 생각하는 사람들이 있었다. 북한이 핵미사일로 한국을 공격할 수 있느냐보다는 미국을 공격할 수 있는 장거리 탄도미사일 능력이나 소형화를 이루었는지에만 관심을 기울이는 사람들이 적지 않았다. 북한의 핵무기를 폐기시키기 위한 외교적 노력을 미국의 책임으로 인식한 채 미국을 비난하는 데 열을 올리는 사람들이 있었다. 이들의 논리에 취해 있는 동안에 북한은 핵무기를 개발했고, 이제야 우리의 일이었음을 깨달아 가고 있다. 처음부터 우리 일로 생각해 팔을 걷어붙였다면 결과가 이와 같지는 않았을 것이다.

천안함의 폭발 원인을 둘러싸고 지독한 루머들이 기승을 부렸지만, 탄도미사일 방어(BMD: Ballistic Missile Defense)와 사드(THAAD: Terminal High Altitude Area Defense) 요격미사일을 둘러싼 루머와 그로 인한 비생산적인 논쟁은 너무나 소모적이었다. 이로 인해 북한의 핵 위협에 대응하기 위한 그 소중한 시간을 낭비하고 말았기 때문이다. 북한은 핵무기를 보유하고 있는데, 일부 인사들은 미국이나 정부의 숨은 의도를 파헤치거나 그럴듯한 새로운 의혹을 제기하는 데 몰두했다. 근거 없는 루머들이 수년 동안 한국 사회를 혼란스럽게 만들었고, 건전한 정책 결정을 훼방해 왔다. 이와 같은 루머에 휘둘릴 정도로 우리 국민, 특히 우리 지식인들의 집단지성이 낮다는 것인가?

북한의 핵 위협으로부터 우리 민족, 작게는 나와 내 자손들을 보호하고자 한다면 이제부터라도 달라져야 한다. 그리고 달라지고자 한다면 이전의 잘못을 있는 그대로 냉정하게 인정 그리고 반성해야 한다. 과거를 정리해야 앞으로 나아갈 수 있기 때문이다. 그래야 미래가 달라질 것이기 때문이다.

**한미동맹에 의존해서라도
국민을 보호해야 한다**

이제 우리 모두는 북한의 핵 위협으로부터 우리와 우리의 후손들을 보호할 수 있도록 가능한 모든 수단과 방법을 동원해야 한다. 당연히 자체적인 억제 및 방어 전략을 수립하고, 그를 위한 역량을 갖추어 나가면서, 미국과의 동맹은 물론 주변국들의 영향력을 최대한 활용해 북한의 핵무기를 폐기하거나 북한의 핵무기 사용을 억제할 수 있어야 한다.

이러한 점에서 한국이 당장 집중적으로 노력해야 할 사항은 한미동맹의 강화이다. 재래식 전쟁이라면 한국이 주도할 수도 있지만, 핵 위협에 대해서는 아직 그리할 능력을 갖추지 못한 상태이기 때문이다. 어떤 상황에서도 국민들을 보호하는 것이 국가의 사명이라면 미국의 힘을 활용하더라도 북한의 핵 위협을 억제하고, 유사시 효과적으로 방어할 수 있어야 한다. 사실 동맹은 다른 국가로부터 강요당할 경우에는 자주성이 없는 것이지만, 우리가 선택해 체결할 경우 자주성이 없다고 할 수 없다. 다른 국가를 활용해 자국의 안전을 보장하는 것은 한국은 물론이고 세계 대부분의 국가들이 사용하는 보편적인 방식이기 때문이다.

다행히 한국이 동맹 관계를 맺고 있는 미국은 세계에서 가장 막강한 군사력과 경제력을 보유하고 있다. 지금까지 영토적 야심을 보인 적이 없고, 다른 어느 국가보다 자유민주주의 이념에 충실하다. 약소국이라고 하더라도 상대 국가의 권위와 주권을 존중하면서, 한국을 보호하겠다는 확고한 공약을 제시하고 있다. 한국이 중국과의 사이에서 균형을 추구해도, 한국이 전시 작전통제권을 환수해 한미연합사를 해체하겠다고 해도 미국은 한반도에 대한 안보공약 준수를 계속 확약하고 있다. 북한이 핵실험을 하거나 어떤 도발을 할 때마다 미국은 폭격기, 잠수함, 항공모함을 보내 안보공약 이행 의지를 다짐하곤 했다.

더군다나 한미 양국은 양국군의 일사불란한 지휘를 보장할 수 있도록 한미연합사령부(ROK-US Combined Forces Command)를 설치해 40년 정도 운영해 오고 있다. 미군대장이 한미연합사령관으로서 한반도의 전쟁 억제와 유사시 승리라는 임무를 부여받고 있고, 부여받은 임무를 수행하기 위해 최선의 노력을 다하고 있다. 일부에서는 이 한미연합사가 작전통제권을 행사하고 있는 것에 대해 불만이 적지 않지만, 그 연합사령관이 한반도의 전쟁 억제와 유사시 승리에 전력을 다하도록 하기 위해 의도적으로 권한을 부여한 것이다. 6·25전쟁 때 힘이 약한 한국이 맥아더 유엔군사령관에게 한국군에 대한 작전통제권을 부여함으로써 국토를 보전한 것과 같은 맥락이다.

일부에서는 중국과의 관계 개선을 강조한다. 당연히 그러한 노력도 필요하다. 그러나 중국을 어느 정도 신뢰할 수 있을 것인가에 대해서는 현실적인 평가가 수반되어야 할 것이다. 한국과 중국은 2008년 '전략적 협력 동반자 관계'를 맺었지만, 2010년 북한이 천안함을 폭침시키고, 백주 대낮에 연평도를 포격했을 때 중국은 북한 편을 들었다. 북한의 핵무기 개발을 자제시키는 데는 큰 관심을 두지 않고, 방어적인 무기인 사드의 한반도 배치에는 자존심을 걸고 반대하고 있다. 과거 역사에서도 우리 민족이 받은 외부 침략의 대부분은 중국 방향에서 왔다. 실제로 중국은 핵무기를 개발해 우리를 공격하고자 하는 북한의 동맹국이고, 중국의 핵미사일 중에서 한국을 겨냥해 둔 것도 없지 않다고 한다.

늦었더라도 노력해 보자

매우 지체된 점이 있을 뿐만 아니라 해야 할 일이 너무나 많지만 한미동맹을 최대한 활용하면서도 한국은 스스로의 능력을 갖춘 자강(自强)으로 북한의 핵 위협에 대응하고자 노력하지 않을 수 없다. 우리 스스로와 우리의 강토를 우리가 지키는 일은 너무나 당연하고, 너무나 자명한 우리의 과업이기 때문이다. 아무리 공고한 동맹 관계라고 하더라도 미국이 언제나 어떤 수단과 방법을 동원해서라도 한국을 지켜 줄 것으로 확신할 수는 없기 때문이다. 동맹을 활용하더라도 스스로부터 어느 정도의 대응능력을 구비해야 하는 것은 자주독립국의 너무나 자명한 정책 방향이다. 다행히 현재의 한국은 6·25전쟁 이전과 달리 경제력이 매우 신장되었고, 국론만 결집하면 상당한 자강 노력을 기울일 수 있는 여건이다.

다만, 북한의 핵 위협은 지금도 상당한 정도이면서 계속 증강되어 가고 있고, 현 한국의 대비태세는 미흡한 부분이 많기 때문에 한국의 자강 노력은 미국의 지원이 어려운 분야부터 시작해야 할 것이다. 북한의 핵 위협에 대해 충분한 대응능력을 구비하려면 상당한 시간과 재원이 필요하지만, 위협은 이미 도래한 상태라 여유를 갖고 대비할 상황이 아니기 때문이다. 한미 양국군의 분업(分業)을 전제로 해 미국이 지원해 줄 수 있는 분야는 당분간 미국에게 의존하면서, 미국의 지원이 어렵거나 어려울 가능성이 있는 분야에 우리의 노력을 집중할 필요가 있다. 이처럼 최소한의 투자로써 단기간에 최대한의 효과를 달성해야 할 것이다.

자강과 관련한 한국의 최우선 과제는 국가 차원에서 북한의 핵무기 위협에 대한 포괄적인 억제 및 방어 전략을 정립하는 일이다. 명확한 개념과 방향 없이 당시 발생하는 상황에 따라 대응하는 방식을 적용할 경우 낭비와 중복이 발생할 가능성이 높기 때문이다. 미국의 힘을 활용하더라도 기본적인 전략은 한국이 주도적으로 수립해야 한다. 비록 남의 힘은 빌리더라도 전략은 우리가 수립한다면 자주국방을 하고 있다고 말할 수 있을 것이다. 이로써 동맹에 어느 정도 의존해야 할 것인지를 정확하게 파악할 수 있고, 동맹을 이용한다는 생각을 가질 경우 자존심의 손상이 그다지 크지 않을 것이다.

　정부와 군대는 모든 업무의 우선순위를 핵 대응으로 전환하지 않을 수 없다. 현재의 정부와 군대에게 그보다 더욱 시급한 과제가 있다고 생각하기 어렵기 때문이다. 청와대부터 국가 수준에서 북한의 핵 위협 대응과 대비를 총괄할 수 있는 조직을 구축하고, 국방부, 외교부, 국가정보원, 국민안전처 등을 비롯해 모든 정부부처가 핵 대응에 필요한 업무를 수행할 수 있는 방향으로 조직을 개편해야 할 것이다. 모든 업무와 예산 사용의 우선순위를 북한의 핵 위협으로부터 국민들의 생명과 재산을 보호하는 데 두어야 할 것이다. 전시라는 인식하에 국가 업무의 우선순위와 처리 방향을 새롭게 전면적으로 조정해야 할 것이다.

　그런 다음에 한국은 북한의 핵 위협에 대응할 수 있는 실질적인 방안, 예를 들면 탄도미사일 방어, 선제타격, 예방타격, 민방위와 같은 다양한 대안들을 검토하고, 그것을 실행하기 위한 노력을 경주해야 할 것이다. 이 경우에도 의지만을 강조해서는 곤란하고 실질적인 계획을 마련해야 할 것이고, 계획을 마련하는 데 그치지 말고 실제로 구현해 나가야 할 것이다.

**우리 모두가
희생해야 한다**

겉으로 드러난 전쟁의 모습은 무기와 무기, 군대와 군대의 충돌이지만, 내면을 보면 쌍방 간 의지와 의지의 충돌이다. 지금 우리는 핵무기를 보유한 북한 정권과 의지의 싸움을 하고 있고, 이에서 승리하고자 한다면 국민들의 의지를 결집하는 것이 최우선적인 조건이다. 우리 모두는 지도자를 중심으로 철저히 단결하고, 어떻게든 이 위기를 극복하겠다는 단호한 결의를 가져야 한다. 내가 희생하더라도 우리 자손들에게만은 이와 같은 심각한 핵 위협을 물려줄 수 없다는 각오로 임해야 한다.

의지의 발현을 위한 전제는 국민 모두가 현 상황의 심각성을 있는 그대로 정확하게 이해하는 것이다. 현재의 상황은 북한이 한국을 핵무기로 공격할 가능성도 배제할 수 없고, 한반도에서 핵무기가 폭발해 민족이 공멸하거나 민족의 유일한 생활터전인 한반도가 불모지대로 변모할 가능성도 배제할 수 없다. 우리와 우리의 자손들이 참혹한 핵전쟁에서 죽어 갈 수도 있는 상황이다. 총력적인 대비를 위한 노력을 지체하면 할수록 문제는 더욱 심각해지고, 핵 참화를 겪을 가능성도 높아질 것이다. 이러한 엄중한 상황 인식을 바탕으로 국민들은 정부와 군대에게 필요한 대비 조치를 요구하고, 정부의 결정을 따라 힘을 모아야 할 것이다. 하물며 정부와 군대의 대비 노력을 약화시키거나 방해하는 행동이 있어서야 되겠는가?

지금까지 일부 인사들의 근거 없는 루머가 국민들로 하여금 북한의 핵 위협을 있는 그대로 인식하지 못하게 방해하고, 정부와 군대가 올바른 대응태세를 강구하는 것을 훼방한 점이 적지 않다. 루머를 퍼뜨린 사람은 당연히 비난받아야 하지만, 루머에 동요된 국민들의 책임도 없지 않다. 루머를 즉각적으로 차단하거나 사라지도록 하지 못한 정부,

북핵 위협과 안보

군대, 나아가 지식인 집단의 책임도 적지 않다. 더 이상 국민들은 일부 인사들의 루머에 현혹되어서는 곤란하고, 지식인들은 이를 방관해서는 안 될 것이며, 정부와 군대도 흔들리지 않아야 한다. 사회적인 영향력이 큰 사람일수록 제반 사실을 더욱 정확하게 이해한 바탕 위에서 정확한 사실만을 언급함으로써 건전한 국민여론 형성에 기여해야 할 것이다.

불행히도 한국의 현세대는 민족 역사의 중단 또는 영속 여부를 좌우할 수도 있는 어려운 과제를 떠맡고 말았다. 현세대가 현명하게 대처하면 영속이 가능할 수도 있지만, 그러지 못할 경우 최악의 상황도 배제할 수 없다. 나의 한 생각, 나의 한 마디, 나의 한 움직임, 나의 한 표가 민족 역사의 중단 또는 영속을 결정적으로 좌우할 수도 있다. 개인적인 차원에서 말하면, 나의 모든 행동이 내 후손들의 생존에 지대한 영향을 끼칠 수 있다. 이제는 더욱 신중해져야 하지 않겠는가? 이로써 피할 수 없는 운명과의 투쟁에서 승리해야 하지 않겠는가?

───────

이 책은 총 4부로 구성했다. "반성과 교정", "동맹과 협력", "자강" 그리고 "사족"이다. 2부와 3부가 "북핵 위협과 안보"라는 제목에 부합되는 핵심적인 내용이라고 할 것이다. 북한의 핵 위협에 관한 책을 쓰는 대부분의 사람들도 동맹과 자강을 중심으로 내용을 구성할 것이다. 그러나 필자가 이 책을 통해 강조하려는 사항은 오히려 "반성과 교정"이다. 엄격한 자기 성찰과 읍참마속(泣斬馬謖)의 변화가 없이는 지금까지와 같은 시행착오를 반복할 것이기 때문이다. 그리고 "사족"(蛇足)을 통해 논란이 될 사항이 아닌데도 우리 사회가 계속 논란해 왔거나 앞으로도 논란이 될 우려가 있다고 생각하는 두 가지 주제를 설명했고, 이를 통해 혹시 발생할 수도 있는 핵 대응에 관한 국민적 논의의 분산을 예방하고자 했다.

이 책의 내용은 대부분 최근 학술지에 발표한 논문들을 수정 및 보완한 것들이다(논문의 목록은 참고문헌의 맨 뒷부분 참조). 따라서 각 장에 기술된 내용의 완전성은 그다지 낮지 않을 것으로 생각한다. 다만, 최초에 논문으로 작성된 것을 전체 흐름에 맞춰 조정한 것이라서 일부 중복이 발생할 수는 있다. 논리성은 유지하면서도 중복이 최소화되도록 노력했다. 그리고 조정 과정에서 독자들에게 새로운 사실과 지식을 최대한 전파하는 데 중점을 두었고, 필자가 생각하는 주장이나 정부에 건의하고 싶은 사항은 최소화해 '교훈'이나 '함의'라는 명칭으로 결론과 함께 제시했다.

이 책은 안보 및 국방 분야에 대해 어느 정도 전문성이나 관심을 갖고 있는 학생들이나 국민들을 대상으로 기술했다. 따라서 전문적인 용어도 없지 않다. 그로 인해 이 분야에 생소한 국민들의 경우 두려움을 가질 수도 있다. 그러나 문외한이라고 하더라도 조금만 집중해 찬찬히 읽으면 충분히 이해할 수 있도록 용어를 나름대로 조정했고, 문장을 가다듬었으며, 추가적인 설명을 삽입하기도 했다. 처음 한두 개의 장만 읽으면 다른 장들을 읽는 것은 그다지 어렵지 않을 것이다.

이 책에서 제시하고 있는 근본적인 화두는 "북한의 핵 위협으로부터 우리의 안보, 즉 생존을 보장하려면 어떻게 해야 하는가?"이다. 이 책 한 권으로 해답이 찾아지지는 않을 것이다. 그러나 해답을 찾는 데 실질적인 도움은 될 수 있다고 생각한다. 필자의 경우 직업군인으로서

군 경험이 오래고, 나름대로 이 분야에 관심을 갖고 집중적인 연구를 한 바가 있어서 군사적 내용들을 많이 기술했으므로, 이로 인해 독자들은 새로운 사항을 많이 알게 될 수 있을 것이다. 이 책에 대한 독자와의 인연이 우리 자신, 우리 자손, 그리고 우리 민족의 공영에 기여했으면 한다.

차례

약어 설명

약어	영어	한글
ABM	Anti-Ballistic Missile	대탄도탄 (조약)
BCT	Brigade Combat Team	여단전투단
BMD	Ballistic Missile Defense	탄도미사일 방어
CBM	Confidence Building Measures	신뢰구축조치
CEP	Circular Error Probability	공산오차
CFC	ROK-US Combined Forces Command	한미연합사령부
DMZ	De-Militarized Zone	비무장지대
EMP	Electromagnetic Pulse	전자기파
GBI	Ground-Based Interceptor	지상배치 요격미사일
HEU	Highly Enriched Uranium	고농축 우라늄
IAEA	International Atomic Energy Agency	국제원자력기구
ICBM	Intercontinental Ballistic Missile	대륙간 탄도미사일
IRBM	Intermediate Range Ballistic Missile	중거리 탄도미사일
MAD	Mutual Assured Destruction	상호확증파괴
MCM	Military Committee Meeting	한미군사위원회
MDL	Military Demarkation Line	군사분계선
NATO	North Atlantic Treaty Organization	북대서양조약기구
NMD	National Missile Defense	국가미사일 방어
NPSC	Non-Personnel Stationing Cost	비인적(非人的) 주둔비용
NPT	Nuclear non-Proliferation Treaty	핵확산금지조약
PfP	Partnership for Peace	평화동반관계
QDR	Quadrennial Defense Review	4년 주기 국방검토보고서
RCS	Radar Cross Section	레이더 반사면적
RtoP	Responsibility to Protect	보호책임
SCM	Security Consultative Meeting	한미연례안보협의회의
SDI	Strategic Defense Initiative	전략적 방어구상
SLBM	Submarine Launched Ballistic Missile	잠수함발사 탄도미사일
SOFA	Status Of Forces Agreement	한미 주둔군 지위협정
SRBM	Short Range Ballistic Missile	단거리 탄도미사일
TEL	Transporter Erector Launcher	이동식 미사일발사대
THAAD	Terminal High Altitude Area Defense	사드
TMD	Theater Missile Defense	전구미사일 방어
UNC	United Nations Command	유엔군사령부
WHNS	Wartime Host Nations Support	전시지원협정
WMD	Weapons of Mass Destruction	대량살상무기

제1부

반성과 교정

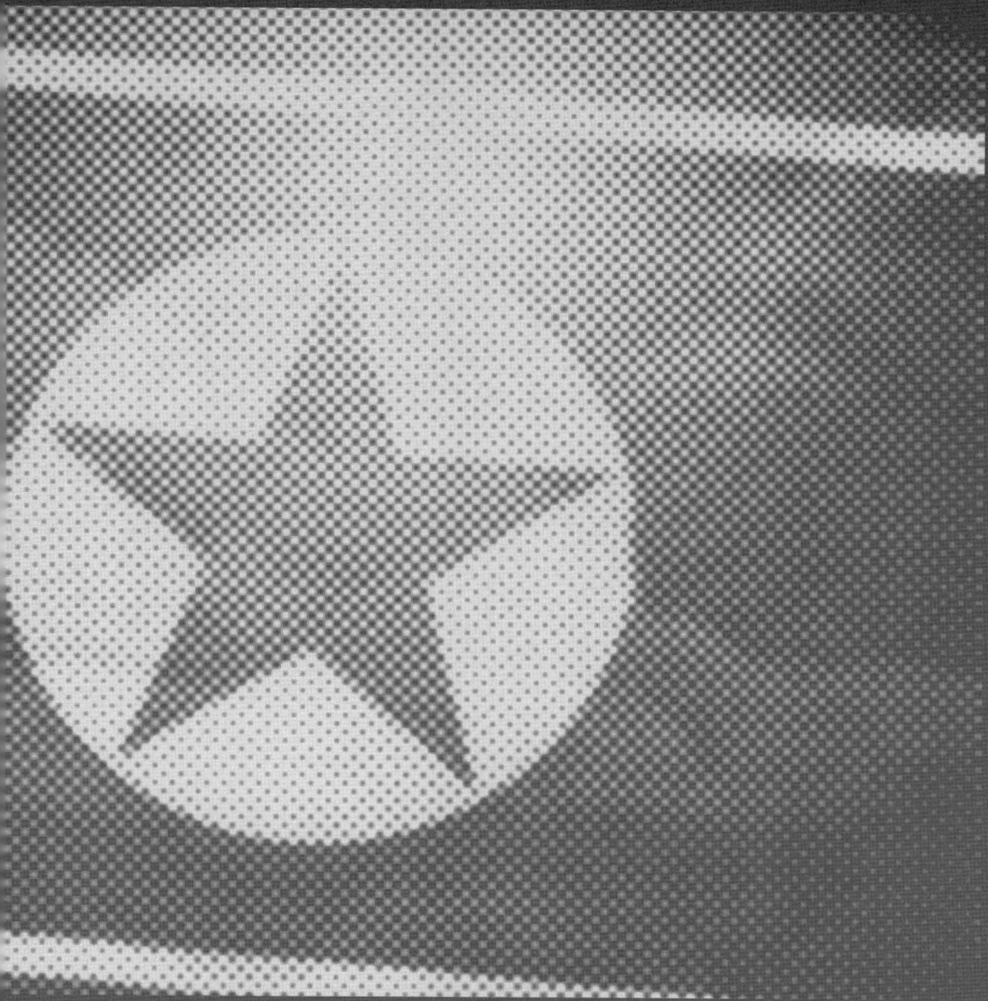

제1장 북핵 위협 대응: 태만

제2장 전시 작전통제권 환수: 시행착오

제3장 전력증강: 분산

제4장 탄도미사일 방어: 루머

제1장
북핵 위협 대응: 태만

북한은 1960년대부터 시작해 수십 년 동안 핵무기 개발을 집요하게 추진해 왔다. 2013년 2월 12일 제3차 핵실험을 통해 핵무기 개발은 물론이고, 미사일에 탑재해 공격할 수 있을 정도로 '소형화·경량화'하는 데 성공했다고 발표했으며, 2016년 1월 6일 제4차 핵실험 이후에는 '수소탄'을 개발했다고 주장했다. 정보가 제한되어 북한의 핵 능력을 정확하게 파악할 수는 없으나, 마음만 먹으면 언제든지 한국을 핵무기로 공격할 수 있는 능력을 갖추었다고 보아야 한다.

북한의 지속적이고 집요한 핵무기 개발 노력을 파악하면서도 한국은 그에 부합되는 방어대책을 제대로 강구하지 않았다. 6자회담과 같은 외교적 노력으로 비핵화하겠다는 목표에만 집착해 왔고, 동맹국인 미국의 지원에만 의존하고 있는 실정이다. 한국은 유엔에서 결의된 다각적인 경제제재로 북한을 압박하고 있고, 미국의 대규모 핵 억제력을 과시함으로써 북한의 핵 사용을 억제하도록 하고 있다. 북한이 핵무기 개발을 시도한 것이 어제오늘의 일이 아닌데, 어째서 한국의 대응책 마련은 늦어진 것일까?

1. 핵 위협의 수준별 대응방법

세계적 발전 경과　　핵무기 위협에 대한 대응은 이론보다는 실천이 앞
서는 모습을 보였는데, 최초에 적용한 방법은 '억
제'[抑制, deterrence: 억지(抑止)라는 독특한 용어를 쓰는 학자들
도 있지만, 국방부에서는 억제라고 말한다]였다. 상대방이 공격(제1격, the first strike)
하면 대규모 핵전력으로 반격해(제2격, the second strike) 초토화시킬 수 있
다는 능력을 과시함으로써 상대방이 핵 공격을 하지 못하도록 한다는
개념이다. 이것은 '대량보복전략'(Massive Retaliation)으로 출발해 '상호확
증파괴전략'(MAD: Mutual Assured Destruction)으로 정착되었고, 최대한의 피
해를 가한다고 해서 최대억제(maximum deterrence)로 분류되었다. 영국과
프랑스의 경우 소수의 핵무기로 상대방이 소중하게 생각하는 최소한
의 표적을 타격할 것이라는 위협을 통해 상대방의 핵 공격을 억제한다
는 개념, 즉 최소억제(minimal deterrence) 전략을 채택하고 있다.

억제의 약점은 상대방이 합리적이지 않을 경우, 즉 상대방이 공멸
을 각오하거나 대규모 보복의 위험을 모르거나 우연(chance)이 개입할
경우 작용하지 않을 수도 있다는 것이다. 그래서 미국의 케네디(John F.
Kennedy) 대통령은 '비합리적인 적'의 '오산'(miscalculation)에 의해 핵 공격
이 감행될 수도 있다는 가정하에 핵 대피소 등을 구축하는 민방위(civil
defense)를 강조했다(Industrial College of Armed Forces, 1962: 12). 소련과 스위스
를 비롯한 유럽 국가들도 유사한 우려를 바탕으로 핵무기 공격을 받더
라도 국민들의 생존을 보장할 수 있도록 대피소들을 구축하고, 경보 및
대피체제를 발전시켰다.

그러나 민방위의 경우 아무리 철저하게 대비해도 피해의 최소화만 가능할 뿐이라는 결정적인 약점이 존재한다. 그래서 1983년 미국의 레이건(Ronald W. Reagan) 대통령은 '전략적 방어구상'(SDI: Strategic Defense Initiative)을 발표해 공격해 오는 상대의 핵미사일을 공중에서 요격(interception)한다는 방어로 개념을 전환했고, 이것이 20년 정도 지나 부시(George W. Bush, 아들) 대통령에 의해 탄도미사일 방어(BMD: Ballistic Missile Defense, 한국에서는 상당수가 'MD'라는 약어를 쓰지만 세계적으로 사용되는 보편적 용어는 'BMD'이다)로 구현되었다.

군사적인 대비와 함께 핵무기의 비확산(non-proliferation)이라는 외교적 노력도 강조되었다. 인류가 보유하는 핵무기의 숫자가 줄어들수록 핵전쟁 가능성도 감소될 것이기 때문이다. 그리하여 1968년 핵확산금지조약(NPT: Nuclear non-Proliferation Treaty)이 체결되었고, 이에 세계 대부분의 국가들이 가입해 핵 확산을 자제하고 있다. 북한의 핵문제가 대두되었을 때 국제사회가 제일 먼저 저지 명분으로 제시한 것이 비핵화였고, 지금도 북한 핵무기의 완전하고, 검증 가능하며, 불가역적인 폐기(CVID: Complete, Verifiable, Irreversible Dismantlement)에 노력하고 있다.

개발된 핵무기를 군사적으로 제거하는 것도 당연히 고려되어 왔다. 이스라엘은 1981년과 2007년 이라크와 시리아가 건설하는 핵 발전소를 사전에 공격해 파괴한 바 있고, 1991년 걸프전쟁에서 미국은 'Great Scud Hunt'라는 명칭으로 이라크의 미사일발사대를 발견해 파괴 및 제거한 바 있다. 이것은 탄도미사일 방어체제 구축에 비해 '매우 효과적이고 매우 저렴한 하나의 방법'으로 인식되고 있다(Allen et al., 2000: 37).

이렇게 볼 때 지금까지 인류사회가 핵 위협에 대응해 온 방법은 억제, 민방위, 요격(탄도미사일 방어), 타격이었다. 이러한 방법들은 핵 위협의 심각성이나 기술적 발전에 따라서 그 비중과 신뢰성이 변화되었고, 특정 상황에서 어떤 방법을 사용할 것인가는 해당 국가가 처한 상황과 여건에 따라 달라질 것이다.

핵 위협 수준별 변화　　핵 위협에 대한 대응방법 결정에 있어 가장 중요하게 고려해야 할 사항은 대비해야 할 핵 위협의 수준이다. 상대방이 핵무기를 개발하고자 노력하고 있는 수준이라면 외교적 비핵화가 주안이 될 것이고, 개발한 상태라면 억제에 주안을 두면서 방어 방안도 일부 강구하게 될 것이다. 이 경우 기존의 방안이 대체되는 것이 아니라 새로운 방안이 추가되기 때문에 핵 위협이 강화될수록 더욱 많은 대응방법이 동원되어야 하고, 구성이 복잡해지며, 방법별 우선순위와 비중이 달라진다. 핵무기 개발의 수준을 핵 개발 본격화, 핵 개발 성공, 소형화 · 경량화, 다종화 · 다수화, 전략무기화로 구분할 경우 각 수준별로 어떤 방법들이 동원되어야 하는가를 알기 쉽게 정리해 제시하면 〈그림 1.1〉과 같을 수 있다.

　　〈그림 1.1〉을 보면 상대방의 핵무기 개발이 본격적으로 시작되었다고 판단될 경우 동원되는 주된 대응방법은 외교적 비핵화이지만 억제의 방법도 고려해야 한다. 상대가 핵무기 개발에 성공하게 되면 억제가 본격적인 방안으로 추가되고 방어까지 고려해야 한다. 상대방이 핵무기의 소형화 · 경량화를 달성했다면 방어에 중점을 두면서 대피까지도 고려하게 된다. 상대방이 다종화 · 다수화에 성공했을 경우 대피까지 본격적으로 고려하면서 상대방의 요구를 어느 정도 수용할 수 있다

그림 1.1 핵 위협 강화에 따른 대응방법과 비중의 변화

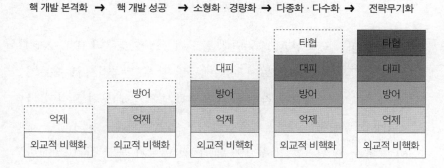

핵 개발 본격화 → 핵 개발 성공 → 소형화 · 경량화 → 다종화 · 다수화 → 전략무기화

주: 농도는 각 방법의 비중 차이로 짙을수록 비중이 큼. 점선은 검토 수준.
출처: 박휘락, 2015: 141.

는 타협까지 고려해야 한다. 그리고 상대방이 최종적으로 전략무기화
에 성공했을 경우에는 지금까지의 모든 대안을 총동원해야 할 뿐만 아
니라 특히 타협의 필요성도 진지하게 고려하지 않을 수 없다. 이러한
방안들은 선택하는 것이 아니라 상황에 따라 불가피하게 채택해야만
하는 것이고, 각각 방안들을 생각한 시점부터 구현하는 데까지 걸리는
소요시간을 고려할 때 한 단계 정도 앞서서 추진해야 할 것이다.

2. 북한의 핵 위협 수준 평가

핵무기 개발 및
소형화 · 경량화
북한은 1960년대 중반에 소련으로부터 IRT-2000 연구용 원자로를 제공받은 후 본격적으로 핵무기 개발에 착수했다. 은밀하게 진행해 오던 노력이 국제사회에 노출되자 1993년 핵확산금지조약(NPT: Nuclear Non-Proliferation Treaty) 탈퇴를 선언했고, 그 후 1994년 10월 미국과 북한 간의 '제네바 합의'와 6자회담국과의 2005년 '9 · 19 공동성명' 등으로 국제적 압력에 굴복해 핵무기 개발을 포기한다고 약속하기도 했다. 그러나 북한은 2006년 10월 9일 제1차 핵실험을 실시함으로써 국제사회의 기존 노력을 무용하게 만들었고, 그 이후 수차례의 핵실험을 실시하여 북한은 플루토늄탄은 물론이고, 우라늄탄도 제작하였고, 지금도 그 수와 질을 계속하여 개량해 나가고 있다. 북한은 상당한 숫자와 위력의 핵무기를 개발한 것으로 평가하지 않을 수 없다.

핵무기 개발 다음의 중요한 단계는 탄도미사일에 탑재해 공격할 수 있도록 핵무기를 '소형화 · 경량화'하는 것이다. 탄도미사일에 탑재하려면 미사일의 직경(스커드-B의 경우 90cm)보다 작고(소형화), 탑재중량(스커드-B의 경우 1t, 사거리가 늘어날수록 탑재중량은 다소 줄어든다)보다 가벼워야(경량화) 하기 때문이다. 북한 스스로 제3차 핵실험 후 "소형화 · 경량화된 원자탄을 사용했다."라고 주장했고, 1차 핵실험 이후 미사일에 탑재할 정도로 소형화 · 경량화한 다른 국가들의 사례와 비교해 볼 때 북한이 이에 성공했을 가능성은 매우 높다. 북한은 2016년 9월 9일 제5차 핵실험을 실시한 후 표준화 · 규격화된 핵탄두의 위력을 성공적으로 입증하였다고 주장하였는데, 이 말에 신빙성이 있다고 볼 경우 북한은 바람직한 크기와 무게의 핵무기 개발에 성공한 이후 이것을 지속적으로 생산해 나가고 있는 것으로 보인다. 특히 소형화 · 경량화는 상대적인 개념으로서 미국의 입장에서는 대륙간 탄도미사일에 탑재할 정도냐의 기준을 맞춰서 평가하지만, 북한과 인접한 한국의 입장에서는 스커드-B에 탑재할 정도로만 줄여도 소형화 · 경량화했다고 보아야 한다.

북한이 한국을 핵무기로 공격할 경우 몇 발만 투하해도 주요 도시들이 치명적인 피해를 입는다는 점에서 북한이 보유하고 있는 미사일의 수 자체는 중요하지 않으나 북한은 스커드 미사일 800여 기, 노동 미사일 50여 기 등 총 1천 기 정도의 다양한 미사일을 보유하고 있고(권태영 외, 2014: 164), 이동식 발사대(TEL: Transporter Erector Launcher)도 200대 이상 보유하고 있다(Department of Defense, 2013: 15). 따라서 북한이 핵탄두를 장착한 '핵미사일'을 보유하게 되었다면, 언제라도 한반도의 어떤 곳이든 공격할 수 있고, 비핵탄두와 섞여서 기습적으로 발사할 경우 핵미사일을 식별해 요격하는 것은 거의 불가능할 수 있다.

다종화 · 다수화　　　소형화 · 경량화 이후 추진되는 핵무기의 개발 단계는 '다종화 · 다수화'이다. 핵무기의 양을 증대시키는 과정으로서, 북한의 경우 영변 핵 발전소의 중단으로 추가 추출이 어려워 플루토늄 핵무기의 생산은 제한된다. 대신에 실험이 필요 없을 정도로 간단하고 북한에 많이 매장되어 있다고 하는 고도로 농축된 우라늄(HEU: Highly Enriched Uranium, U235의 순도를 증대)을 통한 핵무기 제조는 가능하다. 북한은 2012년에 우라늄 농축시설을 서방 과학자들에게 공개했는데 그것과 더불어 추가적인 비밀 시설도 있을 것으로 추정되고 있다. 미국의 북한 핵 전문가인 헤커(Sigfried Hecker)는 "2015년 1월 북한이 이미 플루토늄 핵무기 6개와 우라늄 핵무기 6개로 도합 12개의 핵무기를 보유하고 있다"고 주장한 적이 있다(2015). 올브라이트(David Albright) 역시 "북한이 우라늄 핵폭탄을 만들었다면서 하, 중, 상의 세 가지 증강속도로 구분할 경우 북한은 2020년에는 하 20개, 중 50개, 상 100개까지 증대시킬 것"으로 추정했다(2015: 19-30).

북한이 증폭핵분열탄(bosted fission bomb) 개발에 성공했을 가능성도 낮지 않다. 이것은 동일한 양의 핵물질로 그 위력만 2-5배 증대시키는 방법으로서 소규모의 핵융합을 통해 다량의 중성자를 일시에 공급함으로써 핵분열 연쇄반응의 효율을 높이는 것이다. 소규모 핵융합을 위해서는 중수소와 삼중수소가 필요한데, 중수소는 바닷물에서 쉽게 추출할 수 있지만, 삼중수소는 리튬6에 중성자를 대량으로 조사하는 과정이 필요하고, 북한이 영변의 5MWe 원자로를 이러한 목적으로 사용했을 수 있다(정영태 외, 2014: 27-31). 실제로 북한 관영 조선중앙통신은 2015년 9월 15일 "5MW 흑연감속로의 용도가 조절 변경됐으며 재정비되어 정상 가동을 시작했다."는 원자력연구원장의 발언을 공개한 적이 있다(《조선일보》, 2015.9.16: A1). 더구나 2016년 1월 6일 북한이 4차 핵실험을 실시한 후 제조했다고 발표한 수소탄이 이것일 가능성이 높고, 실제로 2016년 3월 초 김정은이 공개한 핵탄두의 모형이 이것일 수도 있다. 당시 그는 "우리 식의 혼합장약 구조로서 열핵반응이 순간적으로 급속히 전개되는 핵탄두"라고 언급했다. 이러할 경우 북한은 상당한 위력을 가진 핵무기를 보유하게 될 것이고, 진정한 수소폭탄의 개발도 가능할 것으로 보인다.

전략무기화　　'다종화·다수화'와 함께 북한이 추진하고 있는 것으로 판단되는 것은 전략무기화이다. 이것은 미국을 핵무기로 공격할 수 있는 능력, 즉 장거리 폭격기, 대륙간 탄도미사일(ICBM: Intercontinental Ballistic Missile), 잠수함발사 탄도미사일(SLBM: Submarine Launched Ballistic Missile) 중 하나 이상을 보유하는 것을 말한다. 이 중에서 장거리 폭격기 개발은 쉽지 않기 때문에 북한은 대륙간 탄도미사일과 잠수함발사 탄도미사일 개발에 매진하고 있다.

　　우선 ICBM의 경우 북한은 1998년부터 장거리 미사일 시험발사를 실시했고, 2012년 12월 12일 1만km 정도의 비행능력을 과시했으며, 2016년 2월 7일에는 2012년보다 더욱 안정적으로 비행시키면서 위성을 궤도에 올리는 데 성공한 것으로 평가되었다. 북한은 평양 동창리의 장거리 미사일발사대를 기존 50m에서 67m 크기로 늘렸고, 수차례의 고출력 엔진시험을 실시하였으며, 대기권 재돌입 기술개발에도 진력하고 있다. 앞으로 북한이 대기권 재돌입을 포함한 장거리 미사일 시험발사에 성공할 경우 핵미사일로 미국을 공격할 수 있는 능력이 입증될 것이고, 그렇게 되면 자국의 주요 도시에 대한 북한의 핵미사일 공격을 각오하지 않으면서 미국이 한국을 지원하기는 어려운 상황이 될 수 있다.

　　SLBM의 경우 북한은 2015년 5월 8일 잠수함에서 탄도미사일을 발사해 내는 사출(射出) 시험에 성공했고, 같은 해 11월 28일에도 시험을 실시했다. 그리고 2016년 4월 23일에는 30km 이상을 비행했고, '대

성공'이라고 주장했다. 아직은 개발해 나가는 단계로 평가되지만, 잠수함은 추적이나 발견이 어렵고, 미국의 괌, 알래스카, 하와이 등에 대한 핵 공격도 가능하다는 점에서 심각한 우려가 될 수 있다.

증폭핵분열탄은 핵융합 과정을 활용하고 있다는 점에서 북한은 수소폭탄의 제조에 성공할 수도 있다. 수소폭탄은 원자폭탄의 수백 배-수천 배의 폭발력을 갖고 있다는 점에서 전략무기라고 보아야 한다. 북한이 수소폭탄을 탄도미사일에 탑재해 미국을 공격할 능력을 구비하게 될 경우 한반도의 안보지형은 근본적으로 바뀔 수밖에 없다.

평가　　　지금까지 드러난 사실이나 전문가들의 분석에 근거할 때 북한은 핵무기의 소형화 · 경량화에는 성공했고, 다종화 · 다수화에도 상당한 진전을 이룩한 상태이며, 전략무기화를 추진해 나가고 있는 단계라고 보아야 한다. ① 핵 개발 본격화, ② 핵 개발 성공, ③ 소형화 · 경량화, ④ 다종화 · 다수화, ⑤ 전략무기화라는 5단계 중에서 4단계에 주력하면서 5단계로 이행해 나가는 수준이라고 평가할 수 있다. 대비방안을 구현하는 데 소요되는 시간을 감안할 경우 한국은 북한이 ⑤ 전략무기화에 성공했을 상황까지도 고려해 대응방법을 고민해야 할 것이다.

북한 정권으로서도 핵무기를 사용할 경우 엄청난 후과(後果, consequence)가 예상되기 때문에 핵 사용에 대한 결정을 쉽게 내릴 수는 없을 것이다. 그러나 북한이 잃을 것이 없는 상황으로 몰리거나 상황이 갑자기 악화되어 이성적이지 않게 될 경우 사용 결정을 내릴 수 있는 개연성은 배제할 수 없다. "핵무기는 약자들의 최종병기"라는 말처럼(프레스, 2013: 68), 앞으로 국제적 고립이 더욱 심화될 경우 북한이 어떤 결정을 내릴지 알 수 없다. 나아가 북한은 한국에 대해 정치적 압력을 행사하거나 군사적 도발을 감행한 후 한국의 반격을 방지하고자 핵무기 사용으로 위협할 수도 있고, 그러한 과정에서 자신의 요구가 제대로 수용되지 않을 경우 실제로 핵무기를 사용할 가능성도 배제할 수는 없다.

3. 한국의 대응방법 평가

외교적 비핵화   북한의 핵무기에 대한 한국의 최우선적인 접근은 외교적 노력을 통한 비핵화로서 그의 핵심은 미국과 북한 간의 직접협상이나 6자회담이었다. 미북 간 직접협상은 1993년 북한이 국제원자력기구(IAEA: International Atomic Energy Agency)가 요구하는 특별사찰에 불응해 핵확산금지조약 탈퇴를 선언함으로써 비롯된 위기상황에서 카터(Jimmy Carter) 전 미국 대통령이 중재해 맺은 1994년 10월 '제네바 합의'로 한때 성공을 거두는 것으로 보였다. 이 합의를 통해 북한은 핵무기 개발을 포기하기로 했는데, 대신에 미국은 2기의 발전소를 건설해 주고 건설 중 필요한 전력의 생산을 위해서 매년 50만 톤씩 중유(重油)를 제공하기로 했다. 이 합의는 상당한 기간 동안 지켜지는 듯했으나 2002년 10월, 북한 고위인사가 고농축 우라늄을 이용한 핵 개발 계획을 시인하자 미국은 중유 공급을 중단하기로 했고, 결국 합의는 붕괴되고 말았다.

미북 간 직접협상이 교착되자 미국, 러시아, 일본, 중국, 한국, 북한이 참여하는 6자회담이 시작되었다. 6자회담은 2003년 4월부터 가동해 2005년 9월 '9·19 공동성명'을 통해 북한의 핵무기 개발 프로그램 포기와 NPT 및 IAEA 안전조치 복귀라는 합의를 도출하기도 했다. 그러나 북한은 2007년 12월 말까지 현존 핵 프로그램을 '완전하고 정확하게' 신고한다는 합의사항을 지키지 않았다. 그리고 북한은 2008년 8월 26일 '핵 불능화 중단 성명'을 발표했고, 이로써 6자회담도 중단되고 말았다. 미국과 한국의 6자회담 대표들이 가끔 만나서 회담의 재개 가능성을 탐색하고 있지만, 전망이 밝은 것은 아니다.

원래부터 존재해 온 측면이 있지만, 북한이 수십 개의 핵무기를 개발했을 가능성이 있는 상황이 되자 외교적 비핵화에 대한 회의론이 증대되고 있다. 6자회담과 같은 외교적 노력이 오히려 북한의 핵 능력 강화를 위한 시간만 제공한다는 비난도 적지 않게 제기되고 있다. 특히 중국은 6자회담만을 요구한 채 북한 핵에 대한 다른 의미 있는 조치에 대한 관련 국가들의 협의 자체를 차단하고 있는 측면도 있다. 명분은 좋지만 6자회담은 북한이 동의해야 열리는 것이라서 회담의 개최 여부도 불투명하고, 어떤 합의를 도출하거나 이행시킬 수 있는 동력은 더더욱 상실했다고 보아야 한다.

억제　　　　억제는 상대방에게 성공하지 못하거나 기대되는 이익보다 더욱 큰 피해를 입을 것이라는 사실을 인식시켜 공격하지 못하도록 하는 전략인데, 한국은 핵무기를 보유하고 있지 않기 때문에 미국이 대신해 핵무기로 응징보복하겠다는 다짐을 하고, 그것을 북한에게 전달해 억제하는 방식, 즉 '확장억제'(extend deterrence) 개념에 의존하고 있다. 이러한 개념하에서 미국은 한국의 상황과 여건에 부합되도록 '맞춤형 억제전략'(tailored deterrence strategy)을 수립한 상태이고, 최근에는 '탐지(Detect)·교란(Disrupt)·파괴(Destroy)·방어(Defend)'라는 '4D' 개념으로 구현방안을 더욱 구체화해 나가고 있다.

여기에서 문제가 되는 것은 북한이 실제로 한국에 대해 핵 공격을 감행할 경우 미국이 확장억제로 약속하고 있는 즉각적인 대규모 핵 응징보복을 결행할 것인가 하는 것이다. 미국의 고위관리들은 기회가 있을 때마다 확장억제의 이행을 확약하지만, 실제 결행 여부는 당시 상황에 따라서 결정될 수밖에 없기 때문이다. 이의 이행을 위해서는 미국이 중국과의 핵전쟁을 각오해야 하고, 수십만의 북한 주민들을 살상해야 하며, 주변국에 대한 낙진의 피해까지 각오해야 할 것이다. 미국의 약속 이행 의지는 확실하더라도 북한이 그렇지 않다고 오판해 버리면 억제는 기능하지 못할 수도 있다.

핵 확장억제가 지니는 과도한 부담으로 인해 일각에서는 비핵무기를 통해 유사한 억제효과를 추구할 것을 주장하기도 한다(Baum, 2015). 미국이 '핵우산'(nuclear umbrella)이라는 용어를 '확장억제'로 바꾼 것 자체가 그러한 융통성을 확보하기 위한 의도일 수도 있다. 그러나 미국의 재래식 무기 위력이 아무리 막강하다고 하더라도 비핵무기에 의한 응징보복이 북한의 핵무기 공격보다 더욱 큰 피해를 끼치기는 어렵고, 이에 대해 북한 지도부가 어느 정도 두려워할 것인지도 확실하지 않다. 이러한 주장이 제기되는 것 자체가 한미연합 핵 억제의 효과를 낮출 수 있다.

한반도 위기 때마다 미국이 전략폭격기, 핵잠수함 등을 출동시켜 억제력을 과시하지만, 근본적으로 억제는 북한이 어떻게 받아들이느냐에 좌우되는 것으로서 확신하기 어렵다. 앞으로 북한이 미국 본토를 타격할 수 있는 ICBM이나 SLBM을 보유하게 되거나 수소폭탄을 개발하는 데 성공할 경우 미국은 응징보복 자체를 결행하기 어려운 상황을 맞이할 수 있다.

방어　　　핵전쟁이 일단 발발하면 너무나 참혹한 결과가 예상 가능하기 때문에 억제하는 것이 최선이지만, 그것이 실패할 경우도 고려하지 않을 수 없다. 한국의 경우, 북한이 폭격기로 핵 공격을 가할 경우에 충분히 요격할 수 있고, 아직 북한이 잠수함발사 핵미사일은 구비하지 못한 상태이기 때문에 지상에서 발사되는 북한의 핵미사일을 사전에 파괴하거나 공중에서 요격하는 방법을 방어의 핵심으로 조직하고 있다.

북한이 핵미사일을 발사하고자 할 때 미리 공격해 파괴해 버리는 것을 '선제타격'(preemptive strike)이라고 한다. 한국에서는 '킬 체인'(kill chain)이라 지칭하면서 30분 이내에 북한 핵미사일 발사를 '탐지 → 식별 → 결심 → 타격'한다는 개념으로 접근하고 있다. 다만, 정밀유도탄을 장착한 F-15 등의 공군기나 순항미사일을 활용할 수 있어서 타격에는 문제가 없지만, '탐지 → 식별 → 결심'을 위한 정보력과 신속 및 정확한 지휘통제체제와 관행은 미흡한 점이 적지 않다. 북한도 나름대로 다양한 기만책을 강구할 것이라 더욱 탐지와 식별이 어려울 수 있다.

불확실성이 큰 현장에서 정확한 보고가 이루어지고, 타격 가능한 시간 내에 명확한 결정이 내려지도록 하는 것도 무척 어렵다.

이러한 점에서 기술적인 어려움은 있지만 안정적인 방어책으로, 공격해 오는 북한의 핵미사일을 공중에서 요격하는 '탄도미사일 방어'(BMD)가 있다. 이것은 창을 막는 방패와 같기 때문에 기술만 성숙될 경우 북한 핵 위협을 소멸시킬 수도 있는 게임 체인저(game changer)가 될 수 있다. 다만, 탄도미사일은 워낙 빨리 비행해 아직 100% 요격할 수 있는 기술이 발달되어 있지 않고, 한국은 북한과 근접해 요격 가능한 시간이 매우 제한된다는 어려움이 있다. 지금까지 한국은 '한국의 미사일 방어＝미국 MD 참여'라는 일부 인사들의 반대(정욱식, 2003)에 가로막혀 BMD 구축이 많이 지체되었고, 최근 중거리 지대공미사일(M-SAM)과 장거리 지대공미사일(L-SAM)을 자체적으로 개발해 '한국형 미사일 방어'(KAMD: Korea Air and Missile Defense)를 구축한다는 계획이라고 하지만 빨라야 2020년대 중반에 배치될 수 있는 수준이라서 문제가 많다.

평가　　　　북한은 핵무기의 소형화·경량화를 넘어서 다종화·다수화를 추진하면서 전략무기화를 지향하고 있지만, 한국의 대응 수준은 그에 맞추어 격상되지 못한 상태이다. 여전히 외교적 비핵화에 집착하고 있고, 미국의 확장억제에 전적으로 의존하고 있으며, 선제타격과 BMD 능력은 매우 미흡하다. 북한의 핵 능력은 5단계 중에서 4단계에 이르렀지만 한국의 방어는 아직 2단계를 대상으로 하는 수준에 머물고 있는 상태로 평가된다.

한국 정부와 군대는 다음 사항을 자문해 볼 필요가 있다. "만약, 이 순간에 북한이 핵미사일로 한국을 공격한다면 어느 정도 국민들을 보호할 수 있는가?", "지금 충분한 보호능력이 없다면 3년 후에는, 5년 후에는 갖추어지는가?" 이에 대한 대답이 미흡하다면 지금부터라도 원점에서 모든 것을 재검토해 새롭게 노력해야 할 것이다.

4. 한국이 논의해 오지 않은 대응방법

반성의 차원에서 한국 정부와 군대가 근본적으로 자책해야 할 사항은 사용 가능한 다양한 핵 위협 대응방법 중에서 몇 가지는 한국이 논의를 회피해 왔다는 사실이다. 그것은 바로 민방위(civil defense)와 예방공격 또는 예방타격(preventive attack or preventive strike)이다. 두 가지 모두 외국에서는 핵 위협과 관련해 너무나 당연하게 논의 및 구현되는 사항이지만, 한국에서는 그렇지 않았다.

핵 민방위　　　　'민방위'는 전쟁에서 피해를 최소화하기 위한 민간인 중심의 노력으로서 핵무기가 등장한 이후 전 세계적으로 추진되었다. 스위스는 영세중립국임에도 1951년부터 대피소 설치에 착수했고, 1963년에는 모든 주민들이 지하대피소를 갖추도록 법제화했으며, 현재 모든 국민들을 수용할 수 있는 규모의 대피소를 보유하고 있다. 냉전시대 소련은 민방위를 핵전략의 중요한 부분으로 간주하면서 연방에는 민방위를 담당하는 국방성 차관, 공화국 및 군관구에는 민방위 참모를 편성해 전략적 차원에서 민방위를 추진했고, 그 당시 구축한 시설의 상당 부분이 현재 러시아에 계승되고 있다. 미국도 1960년대 케네디 대통령이 강조한 이후 민방위가 연방비상관리국(FEMA: Federal Emergency Agency)의 핵심적 과업이 되었다.

핵폭발에 대한 피해를 최소화하기 위한 민방위, 즉 핵 민방위는 크게 대피소(shelter)로 이동해 핵폭발의 효과가 감소될 때까지 피신하는 조치, 그리고 핵 공격이나 핵 피해가 없을 것으로 판단되는 지역으로 이동하는 소개(疏開, evacuation)로 구성되는데, 이것들은 방어적인 성격이 크지만 상대방의 공격을 억제하기 위한 적극성도 내포되어 있다. 핵전쟁도 불사하겠다는 의지를 과시하거나 생존할 수 있다는 점을 상대방에게 과시함으로써 상대방으로 하여금 핵 공격을 해도 피해를 주지 못해 보복만 당할 것으로 판단하도록 하고, 그 결과 도발을 자제하도록 만들 것이기 때문이다. 민방위는 피해 최소화를 위한 보험이면서도 적의 핵무기 사용에 영향을 끼치는 군사전략이라는 것이다(Panofsy, 1966).

그런데도 일반적인 국가들이 민방위 조치를 선뜻 강구하지 못하는 것은 대대적인 민방위 조치를 시행할 경우 억제력에 자신이 없는 것으로 상대에게 비추어져 상대의 핵 공격을 부추길 수도 있다고 생각하기 때문이다. 핵시대 민방위의 역설(paradox)이라고 표현되듯이(Delpech, 2012: 43) 높은 민방위 태세는 상대방에게 대량살상에 대한 죄책감을 줄임으로써 핵무기 공격을 쉽게 결심하도록 만들 수도 있다. 또한 모든 국민들을 보호할 수 있을 정도의 대피소를 구축하려면 상당한 시간과 비용이 투자되어야 하고, 오히려 국민들을 불안하게 만들 수 있다.

한국의 경우 재래식 민방위 체제는 상당할 정도로 구축되어 있다.

1975년 '민방위 기본법'을 제정해 현재까지 적용하고 있고, 국민안전처에 민방위과가 편성되어 있으며, 370만 명 정도의 민방위 대원이 지역별로 편성되어 있다. 다만, 아직까지 핵폭발에 대비한 조치는 적극적으로 논의되고 있지 않다. 원래의 민방위 범위에 '핵무기 공격' 상황이 포함되어 있기는 하지만(소방방재청 2013, 55) 필요한 정도로 논의되지 않고 있고, 2014년 4월 16일 세월호 침몰사건 이후 국민들의 일상생활에 대한 안전으로 중점이 전환되어 있는 상태이다. 대피소의 경우 재래식 전쟁에 대비하기 위한 수준에 머물고 있다.

북한이 핵무기로 공격할 경우 선제타격이나 탄도미사일 방어가 모두 충분하지 않은 상태이기 때문에 한국은 핵 민방위까지 동원하지 않을 수 없다. 최악의 상황까지 대비해야 하는 것이 국방이기 때문이다. 정부는 핵 민방위의 개념과 외국의 사례를 연구하고, 한국의 상황과 여건에 부합되는 최선의 시행방법들을 정립해 실천해 나가야 한다. 국민안전처를 중심으로 핵폭발 시 정부의 각 기관과 국민들이 무엇을 어떻게 해야 할 것인지를 정립하고, 국민들에게 관련 정보를 적시적절하게 제공할 수 있는 체제를 구축해 나가야 한다. 민방위 훈련을 할 경우 당연히 핵 공격 상황을 포함시켜야 할 것이다.

핵 민방위와 관련해 실제적으로 중요한 사항은 유사시 국민들이 핵폭발로부터 안전을 보장받을 수 있는 대피소를 구축하는 것이다. 그래야 핵폭발 경보를 듣거나 최초 핵 공격에서 살아남은 국민들이 대피해 계속 생존할 수 있기 때문이다. 정부는 핵폭발이나 낙진으로부터 안전을 보장할 수 있는 공공대피소를 구축해야 하고, 그곳으로 대피해 생존하는 데 필요한 경보 및 이동 관련 조치들을 강구해야 할 것이다. 새로이 구축하려면 상당한 비용이 소요된다는 점에서 대형 건물의 지하

공간, 지하철 공간, 지하주차장 등을 보강해 공공대피소로 지정 및 활용할 필요가 있다. 국민 각자도 가정이나 직장 주변에 가족 및 개인 대피소를 구축해 나갈 필요가 있다. 이미 구축된 건물의 지하공간을 핵대피가 가능하도록 보강하고, 앞으로 건물을 신축할 경우에는 핵 대피 공간을 포함시키며, 이를 권장하기 위한 법률을 제정해 그에 따른 장려금을 지급할 수 있어야 한다.

예방타격　　선제타격에 필수적인 적의 공격 징후 파악과 순간적인 결심이 너무나 어렵기 때문에, 시간적 여유를 가진 상태에서 충분한 정보를 수집하고 철저하게 연습한 이후에 파괴하는 예방타격(preventive strike)도 적극적으로 논의해 볼 필요가 있다. 이것은 적의 공격이 임박하지는 않지만, 아무런 조치를 강구하지 않을 경우 미래에 속수무책이 될 우려가 있어서 미리 행동하는 조치이다. 북한의 공격 징후가 없는 상태에서 북한의 핵무기를 제거해 버리는 작전을 말한다. 이것은 평시에 일방적으로 군사작전을 시행하는 것이기 때문에 당연히 정당성에 대한 비판이 발생할 수 있지만, 선제타격에 비해서 성공의 가능성이 높은 것은 분명하다. 핵무기의 경우 한 발의 공격만으로도 대량살상이 가능하다는 점에서 핵 위협에 대한 예방공격의 필요성은 점점 강화되고 있는 추세이다(Yoo, 2004: 18).

실제로 이스라엘은 1981년 이라크의 오시라크(Osirak) 발전소, 2007년에도 시리아의 다일 알주르(Dair Alzour) 발전소를 건설 단계에서 예방타격으로 파괴했다. 그 당시에는 국제적 비난을 받았으나 이로 인해 이스라엘은 핵 위협을 사전에 예방할 수 있었다. 유엔을 중심으로 이스라엘의 행위를 비판하기는 했지만 제재에까지 이르지 않은 것은 국제사회가 그 불가피성을 어느 정도는 인정했기 때문이다. 미국도 2003년 이라크가 핵무기를 개발했을 가능성이 있다고 판단해 이라크전쟁을 시작했고, 이러한 점에서는 예방공격이라고 할 수 있다 (Silverstone, 2007: 1).

지금까지 한국에서는 예방타격에 관한 사항을 거의 토론하지 않았다. 남북한 간의 전면 전쟁이나 전면 핵전쟁으로 상황을 악화시킬 수 있는 예방타격의 위험성을 크게 생각했기 때문이다. 북한의 핵확산금지조약(NPT) 탈퇴 선언으로 조성된 위기상황에서 1994년 페리(William Perry) 미 국방장관이 북한의 영변 핵 시설에 대한 예방 차원의 정밀타격(surgical strike) 방안을 검토하자 한국의 김영삼 대통령은 "미국이 우리 땅을 빌려서 전쟁을 할 수 없다."면서 극력 반대했다고 한다(《세계일보》, 2013.4.3: 30). 결국 페리 장관은 이 방안을 제외시켰는데(Carter and Perry, 1999: 128) 당시 예방타격을 실시했더라면 지금과 같은 북한의 핵무기 위협은 없었을 것이라고 추론할 수 있다.

당연히 예방공격은 위험성도 지니고 있다. 실패할 경우 북한의 핵무기 공격을 자초할 수도 있고, 성공했다고 하더라도 이에 대한 보복으로 북한이 생화학무기를 비롯한 다른 대량살상무기를 사용할 수 있으며, 지상군을 투입해 남침을 감행할 수도 있다. 위험한 만큼 이에 대한 국민들의 공감대 획득도 쉽지 않을 것이다. 또한 이러한 위험과 비난 가능성을 무릅쓰고 결단을 내릴 수 있는 정치지도자가 있을지도 확신하기 어렵다. 이스라엘의 예에 비추어 보면 한국은 훨씬 이전에 예방타격을 결행했어야 하는 상황임에도 누구도 예방타격을 선뜻 언급하지 않는 이유이다.

5. 결론과 교훈

북한의 핵무기 개발은 오랜 시간을 두고 지속되었으나 그동안 한국은 위협이 강화되는 정도에 맞는 대응조치를 강구하지 못했다. 6자회담으로 대변되는 외교적 비핵화는 몇 번의 합의를 도출하기도 했으나 북한에게 핵무기 개발을 위한 시간만 제공한 채 실질적인 성과를 거두지 못했고, 억제는 미국의 확장억제에 전적으로 의존하고 있는 실정이며, 선제타격과 탄도미사일 방어를 중심으로 하는 방어 조치의 신뢰성은 매우 낮은 실정이다.

더욱 반성이 필요한 것은 핵 대응을 위한 매우 실질적인 조치라고 할 수 있는 민방위와 예방타격에 대해서는 거의 논의하지도 않았다는 사실이다. 북한이 수십 개의 핵무기를 개발한 상황에서도 민방위는 아직도 재래식 민방위 수준에 머물고 있고, 예방타격은 한 번도 검토하지 않은 채 북한의 핵무기 개발을 방관한 셈이 되었다. 한국의 무행동(inaction)이 이스라엘의 경우와는 전혀 다른 참담한 결과를 초래한 셈이다.

이제 정부와 군대는 북한의 핵무기 위협으로부터 국민들의 생명과 재산을 보호하기 위한 더욱 실질적인 방법과 수단을 모색하는 데 모든 역량을 집중할 필요가 있다. 그동안 노력해 온 선제타격력이나 탄도미사일 방어능력을 조기에 구비하는 데 최선을 경주해야 할 뿐만 아니라 어떤 대안도 제외하지 않고 논의할 수 있어야 한다. 오로지 북한의 핵 위협으로부터 국민들을 보호하고, 나아가 민족의 영속을 보장하는 데 총력을 기울일 필요가 있다.

제2장
전시 작전통제권 환수: 시행착오

2003년 출범한 참여정부는 한국군이 한미연합사령관의 작전통제를 받는 것이 '군사주권'을 포기한 것이라는 문제의식에서 출발해 2005년 10월 제37차 한미연례안보협의회의(SCM: Security Consultative Meeting)에서 이의 환수(미 측 입장에서는 전환)를 미 측에 공식적으로 요구했고, 수차례의 협의를 거쳐 2012년 4월 17일로 환수 일자를 결정했다. 그러나 2010년 3월 23일 북한이 한국의 군함인 천안함을 격침시키자 환수가 시기상조라고 판단한 한국은 2015년 12월 1일로 1차 연기를 요청해 미국 측의 동의를 얻었다. 2013년 출범한 박근혜 정부는 아예 '조건에 기초한' 방식으로 변경해 작전통제권 환수는 사실상 무기 연기되었다. 이로써 전시 작전통제권이 환수되면 행사할 권한이 없어져서 해체되도록 되어 있었던 한미연합사(CFC: ROK-US Combined Forces Command)는 존속하게 되었고, 한미동맹은 안정을 되찾았다.

그동안 한미연합사령부는 해체될 예정이었기 때문에 임무로 부여받은 한반도 전쟁 억제와 유사시 전쟁 승리를 위한 대비에 철저하지 못한 점이 없지 않았다. 해체될 수도 있는 사령부가 매사에 적극성을 띠기는 어려울 것이기 때문이다. 북한의 도발이 점점 잦아지고 있지만 과거에 비해서 한미연합사령관의 존재가 부각되지 않은 것이 그 한 사례일 수 있다. 그렇다면 작전통제권(Authority of Operational Control)은 어떻게 해서 이양되었고, 왜 환수하겠다고 한 것일까?

1. 지휘통일의 원칙과 작전통제권

지휘통일의 원칙　전쟁에서의 승패는 너무나 중요한 사항이기 때문에 역사를 통해 수많은 사람들은 승리를 보장할 수 있는 방법의 탐구에 연금술사와 같은 노력을 기울였고, 그 결과로 종합된 것이 '전쟁의 원칙'(Principles of War)이다. 전쟁의 원칙은 '전쟁수행을 지배하는 기본적인 원리'로서, '전쟁의 법칙과 원리에 기초를 두어 경험 요소에 의해 산출'되었고, 이것을 적절하게 적용하면 군사작전을 성공적으로 수행할 수 있다고 믿어지고 있다(육군본부, 1992: 24).

중국의 '무경칠서'(武經七書: 《손자병법》, 《오자》, 《사마법》, 《위료자》, 《이위공문대》, 《삼략》, 《육도》)를 통해 제시되고 있듯이 전쟁에서 승리를 보장할 수 있는 원칙에 관한 토의는 동서양을 막론하고 활발했지만, 현재 사용되는 전쟁원칙은 영국의 풀러(John Frederick Charles Fuller, 1878-1966)가 그 당시까지 서양에서 논의되어 온 내용들을 종합해 제시한 데 기인한다. 풀러는 '목표의 유지(Maintenance of Objective), 공세적 행동(Offensive Action), 기습(Surprise), 집중(Concentration), 병력절약(Economy of Force), 보안(Security), 이동성(Mobility), 협동(Co-Operation)'의 여덟 가지를 전쟁원칙으로 선정했고, 이것은 제1차 세계대전 후 영국군과 미군에 의해 수용됨으로써 공식화되었다.

미군은 풀러의 원칙을 일부 수정해 1949년부터 '목표(Objective), 공세(Offensive), 집중(Mass), 병력절약(Economy of Force), 기동(Maneuver), 지휘통일(Unity of Command), 보안(Security), 기습(Surprise), 간명(Simplicity)'의 아홉 가

지를 사용하고 있다. 한국군의 경우에는 미군의 전쟁원칙을 한국의 실정에 맞도록 조정해 사용했고, 1999년에는 미군의 9개 원칙에 정보, 창의, 사기의 원칙까지 추가해 12개의 원칙으로 확대했으며, 2002년 합참에서는 명칭을 '군사작전 원칙'으로 바꾸어 '목표, 정보, 방호, 지휘통제, 주도권, 통합, 지속성, 사기'로 지금까지 사용하고 있다(합동참모본부, 2002a: 57-62).

이 중에서 지휘통일(unity of command)의 원칙은 "투입된 모든 군사력들을 지도할 수 있는 적절한 권한을 가진 단일의 지휘관하에서 공동의 목표를 추구할 수 있는 방향으로 모든 군사력이 운용되는 것"(U.S. Joint Chiefs of Staff, 2006: A-2)을 의미한다. 최근에는 지휘통일과 함께 노력통일(unity of effort)이라는 말도 사용되고 있다. 여기에서 노력통일은 통일된 결과에 중점을 둠으로써 그 방법상에서는 자율성과 융통성을 강조하는 개념이고, 지휘통일은 지휘관의 권위나 법적이거나 제도적인 강제력을 통한 확실한 통일을 중요시한다.

대부분의 국가에서는 지휘통일에 관한 전쟁원칙을 유지하고 있다. 다만, 영국에서는 '협동'(cooperation), 일본에서는 '통일', 중국에서는 '지휘통일의 원칙과 협조'라고 하여 용어와 내용만 조금씩 다를 뿐이다(박휘락, 2006: 18). 한국군의 군사작전 원칙에는 '통합의 원칙'으로 명칭이 변화되어 유지되고 있다.

지휘통일 원칙에 관한 전사   '군대=지휘통일'이라고 할 정도로 군대에서는 이것을 매우 강조하고 있기 때문에 지휘통일의 원칙에 관한 전사의 대부분은 그것이 제대로 유지되지 않았을 경우이다. 지휘통일이 미흡한 전사(戰史, military history)상의 대표적인 사례는 칸나에 전투(Battle of Cannae)로서, B.C. 216년에 일어난 이 전투에서 카르타고의 한니발(Hannibal)은 5만 4천 명 정도의 병력으로 8만 7천 명 로마군의 대부분을 전사시키거나 포로로 획득하는 섬멸적인 승리를 거두었는데, 그 요인 중 하나는 로마군의 미흡한 지휘통일 때문이었다. 당시 로마군은 바로(Gaius Terentius Varro)와 파울루스(Lucius Aemilius Paullus)가 교대로 사령관 직책을 수행하고 있었는데, 이러한 지휘의 이원화로 일관성 있는 훈련이나 지시 이행을 보장하기 어려웠다. 이 전투 이후 로마는 스키피오(Scipio Africanus)를 카르타고와의 전쟁에 관한 단일의 총사령관으로 추대함으로써 카르타고를 멸망시킬 수 있게 된다.

현대전에서 지휘통일의 문제점은 주로 연합작전에서 발생하고 있다. 제1차 대전의 경우 1918년 3월 독일군의 '루덴도르프 공세'에 대처함에 있어서 영·불·미군 간의 협조가 원활하지 못했고, 따라서 미국의 퍼싱(John J. Pershing) 장군과 영국의 헤이그(Douglas Haig) 장군을 비롯한 군 지휘관들은, "지휘통일의 원칙은 연합국이 따라야 하는 의심할 바 없는 옳은 것이고 최고사령관(supreme commander) 없는 행동의 통일은 불가능하다."라면서 포슈(Ferdinand Foch) 장군을 영·불·미군을 지휘할 수 있는 최고사령관에 임명하도록 건의하게 되었다. 이에 따라 연합국 수뇌들은 포쉬를 최고사령관으로 임명해 전체 군사작전에 대한 '전략적 지도'(strategic direction) 권한을 부여하게 되었다(Rice, 1997: 155).

제2차 세계대전의 초기에도 영국과 프랑스가 단일지휘관의 임명에 동의하지 못해 지휘통일에 문제점이 발생했으나, 1941년 12월 아르카디아(Arcadia) 회담으로부터 시작해 미국의 루스벨트 대통령과 영국의 처칠 수상이 주기적으로 회동함으로써 전체 전쟁의 수행방향이 통일되기 시작했다. 그리고 "지휘통일만 보장되면 연합국 문제의 10분의 9는 해결된다."는 미국 마셜(George Marshall) 장군의 건의를 수용해 영국의 와벨(Archibald Wavell) 장군을 사령관으로 하는 ABDACOM(Australian, British, Dutch, American Command)을 구성하고, 연합참모본부를 설치함으로써 지휘통일을 제도적으로 보장했다. 1942년 후반 아프리카 작전에서부터 미국의 아이젠하워(Dwight Eisenhower) 장군을 동맹군의 최고사령관으로 지정하면서 완전한 형태의 연합작전사령부를 구성했고, 1943년 12월에는 그를 동맹원정군 최고사령관(Commander, Supreme Headquarters Allied Expeditionary Forces)으로 임명했다. 이러한 지휘통일 노력은 연합국의 중요한 승리 요인으로 분석되고 있다(육군사관학교 전사학과, 2004: 443).

베트남전쟁에서는 지휘통일이 제대로 이루어지지 않은 것으로 평가되고 있다. 미국의 경우 공중작전은 하와이에 있는 태평양사령부가, 지상 작전은 미국의 베트남 군사지원사령부가, 외교적 노력은 사이공의 미 대사가 책임지고 있었고, 베트남의 국내 문제는 베트남의 다양한 단체들이 수행함으로써 지휘통일이 이루어지지 못했다(Collins, 2002: 84). 연합작전에서도 오스트레일리아군과 뉴질랜드군은 미군의 작전통제를 받고 있었으나, 베트남군과 한국군은 '병행사령부 구조'(parallel command structure)로 각국의 지휘관이 통제하도록 함으로써 지휘통일이 이루어지지 못했고(Rice, 1997: 161), 이로써 미군의 막대한 전비 지출과 인명 손실에도 불구하고 제반 노력이 공동의 목표로 집중되지 못하고, 결국은 패배하게 되었다.

최근의 전쟁에서는 형식적으로는 단일의 사령부를 설치하지만 참여 국가들의 자존심을 고려해 느슨한 관계를 맺는 정도로 지휘통일이 덜 철저해지고 있다. 1991년 걸프전쟁에서는 미국의 슈워츠코프(Norman Schwarzkopf) 사령관이 걸프전쟁 연합군사령관(commander of the Coalition Forces in the Gulf War)으로 임명되기는 했으나 연합작전사령부가 존재한 것은 아니었고, 협조를 통한 노력통일에 만족했다(육군사관학교 전사학과, 2004: 531). 2003년 이라크전쟁에서도 최초에는 연합군 지상구성군사령부(Coalition Forces Land Component Command), 안정화 단계로 접어든 7월에는 연합합동특수부대 7(Combined Joint Task Force 7), 그리고 2004년 5월 15일에는 이라크 다국적군(Multinational Force Iraq)으로 지휘기구를 설치하기는 했으나 미군과 영국군 이외에는 협조와 조정에 국한되었다. 미국이 막강한 전력으로 선도하고 있기 때문에 연합국들 간의 지휘통일이 전세에 결정적인 영향을 미치지는 않았으나 문제점이 존재했던 것은 사실이다. 그 결과로 이라크전쟁에서 미군은 안정화작전에서 상당한 어려움을 겪었고, 유럽 국가가 지휘하던 기간 동안에는 아프가니스탄 사태가 계속 불안했었다.

작전통제권   '작전통제'는 일반인들에게는 생소하지만 보편적인 군사용어의 하나로서, 부여된 작전상의 임무와 관련해서만 제한적으로 지휘를 받는 관계를 지칭한다. 모든 사항을 통제할 수 있는 '지휘'에 비해서 제한적인 권한으로서, 주로 대부대급이나 합동작전(육군, 공군, 해군을 함께 포함하는 작전)에 사용된다. 연합작전(국가가 다른 군대로 구성된 작전)에서는 별도의 언급이 없어도 이 관계가 적용되는 것으로 인식된다. 작전통제는 지휘에 해당되는 권한 중에서 군수, 행정, 군기, 내부조직 및 편성, 훈련 등은 제외된다. 한국식으로 표현할 경우 양병(養兵)에 관한 사항을 제외하고 용병(用兵) 중에서

도 부여된 임무에 관련된 사항만 통제한 것으로, 최소한만 통제하면서
도 관련 부대들의 노력을 한 방향으로 지향시키는 데 목적이 있다.

작전통제는 일상적인 용어라서 교범에도 그 내용이 명확하게 정
의되어 있다. 미군에 의하면, "작전통제는 예하 부대의 편성, 사령부와
부대의 운용, 임무 할당, 목표 지정, 그리고 임무 수행에 필요한 권위적
지시를 하달하는 권한이다. … 이것은 군수, 행정, 군기, 내부편성, 부대
훈련에 관한 사항은 포함하지 않는다."(DoD, 2012: 231)로 정의하고 있고,
한국군에서도 미군과 유사하게 정의하고 있다. "작전통제는 작전계획
또는 명령상의 특정 임무나 과업을 수행하기 위해 비교적 제한적이고
단기적으로 지휘관에게 위임된 권한으로서, 지정된 부대에 임무 및 과
업 부여, 부대 전개 및 재할당 등의 권한을 말하며, 행정 및 군수, 군기,
내부편성, 부대훈련 등에 대한 책임과 권한을 포함하지 않는다."(합동참
모본부, 2002b: 30)

작전통제권은 한국군과 미군 간에만 존재하는 특이한 관계가 아
니다. 제2차 세계대전, 한국전쟁, 베트남과 이라크전쟁 등에서 적용되
었고, 지금도 대부분의 연합작전에서 자연스럽게 적용되고 있다. 서부
유럽의 전쟁 억제와 유사시 승리를 보장해야 하는 임무를 부여받은 북
대서양조약기구(NATO: North Atlantic Treaty Organization)도 유사시 미 유럽사
령관이 유럽 최고동맹사령관(SACEUR, Supreme Allied Commander Europe)이 되
어 회원국에서 제공하는 모든 부대들을 작전통제해 군사작전을 준비
하거나 수행하도록 되어 있다. 그는 전략적인 군사지시를 예하 사령관
에게 하달할 뿐만 아니라 다국적 차원의 지원, 증원, 부대편성을 조정
할 수 있는 권한까지도 보유하고 있다(Public diplomacy Division of NATO, 2006:
93).

2. 작전통제권 문제의 변천

6 · 25전쟁 시의 작전통제권 이양

한국군에 대한 작전통제권 문제는 6 · 25전쟁에 기원을 두고 있다. 1950년 6월 25일 북한군이 한국을 기습적으로 공격하자 그 이틀 후인 6월 27일 유엔 안전보장이사회(UN Security Council)는 한국을 무력으로 침공한 북한을 격퇴하고자 회원국들에게 군대를 파견할 것을 결의했다. 그러자 영국과 프랑스는 제2차 세계대전의 경험에 근거해 파견되는 모든 군대들을 통합적으로 지휘할 수 있는 일원화된 사령부를 설치해야 한다고 판단했다. 따라서 미국에게 유엔군을 지휘할 사령부를 구성하고 그 사령관을 임명하도록 하는 결의안(제84호, S/1588)을 발의했고, 이것이 7월 7일 안전보장이사회를 통과했다. 이에 따라 미국은 당시 극동군사령관이었던 맥아더 장군을 유엔군사령관에 임명했고, 그를 지원하기 위한 유엔군사령부를 창설하게 되었다.

미국에서 유학하면서 제2차 세계대전의 진행사항을 파악하고 있었을 이승만 대통령의 경우 다수 국가 군대를 일원적으로 지휘하는 사항의 중요성을 인식했을 가능성이 높다. 이승만 대통령은 유엔군사령관이 임명된 며칠 후인 1950년 7월 14일에 "현 작전상태가 계속되는 동안 일체의 지휘권을 이양하겠다."는 서한을 보냈고, 이로써 한국군은 유엔군사령관의 작전통제를 받게 되었다(여기에서 '지휘권'이라는 용어를 사용했지만, 실제로는 작전통제권이다. 자국군에 대한 인사, 군수, 행정 등은 이양할 수 있는 성격이 아니고, 실제로도 그렇게 되지 않았다). 이로써 한국군과 유엔군의 작전은 긴밀하게 통합되었고, 그 덕분에 북한군의 공격을 격퇴할 수 있었다.

작전통제권이 문제가 된 원인은 6 · 25전쟁이 공식적으로 종료되지 못한 채 휴전 상태로 너무 오랫동안 지속되고 있기 때문이다. 임시적인 작전통제 관계를 종료할 수도 없고, 계속할 경우 자주성이 없는 것처럼 보이기 때문이다. 북한이 언제 침략할지 알 수 없고, 유엔군사령부가 존속하고 있는 상황에서 한국군에 대한 작전통제권을 원상회복하기는 어려운 것이 사실이다. 결국 한국과 미국은 양국 간의 상호방위조약이 발효되는 1954년 11월 7일 '한국에 대한 군사 및 경제 원조에 관한 대한민국과 미합중국 간의 합의의사록'을 작성하면서 "국제연합사령부가 대한민국의 방위를 책임지고 있는 동안 대한민국 국군을 국제연합사령부의 '작전통제'(당시 '작전지휘'로 번역했는데, 이것은 그때는 operational control에 해당하는 한국군 용어가 없었기 때문일 것이다)하에 둔다."라고 명시하게 되었고, 이 관계가 현재까지 이어지고 있다.

5 · 16 이후 작전통제권 행사의 범위 조정 한국군에 대한 유엔군사령관의 작전통제는 1961년의 5 · 16에 의해 처음으로 논쟁의 대상이 되었다. 유엔군사령관의 작전통제를 받도록 되어 있는 한국군 부대가 유엔군사령관에게 보고하지 않은 채 책임지역을 벗어났기 때문이다. 이것을 묵과할 수 없다고 판단한 당시 맥그루더(Carter Magruder) 유엔군사령관은 이동한 부대들에게 원대 복귀할 것을 지시했고, 동시에 5 · 16에도 반대한다는 성명을 발표했다. 그러나 5 · 16이 성공해 버림에 따라 맥그루더 사령관도 현실을 수용하는 수밖에 없었고, 따라서 그와 같은 사례가 재발하지 않도록 하는 타협안에 동의하게 되었다.

즉 1961년 5월 26일 국가재건최고회의와 유엔군사령부는 한국이 작전통제권을 유엔군사령관에게 귀속시키는 대신에 유엔군사령관은 공산 침략으로부터 한국을 방위하는 데만 작전통제권을 행사하도록 합의했고, 30사단과 33사단 등 일부 부대는 작전통제 대상에서 제외해 국가재건최고회의에 이양했다. 이로써 작전통제권의 행사 범위가 공산 침략에 대한 한국의 방위로 국한되고, 필요에 따라 한국군의 일부 부대가 제외될 수 있다는 선례가 만들어졌다.

한미연합사령부 창설 한미연합사령부 창설은 국내적 요소와 국제적 요소가 결합되어 발생했다. 국내적으로는 1968년 1월 21일 발생한 청와대 습격사건과 같은 달 23일 발생한 미국 정보함 푸에블로(Pueblo) 호 납치 사건에 대해 유엔군사령관이 차별되는 대응조치를 강구함에 따라 한국 정부가 미국의 진의를 의심하기 시작한 것이었다. 국제적으로는 1969년 11월 닉슨(Richard Nixon) 독트린이 발표되고, 2사단과 함께 한국에 주둔하고 있었던 7사단이 1971년 철수했으며, 닉슨에 이어서 카터(Jimmy Carter) 대통령이 당선 직후 주한미군 전체를 철수시키겠다는 입장을 발표하는 상황이 연속되었다. 이때부터 한국 정부는 한미연합 지휘체제와 관련해 변화가 필요함을 인식하기 시작했다(최영진·심세현, 2008: 187-194).

이러한 분위기와 함께 1973년 소련을 중심으로 한 공산권에서 장기간의 휴전으로 필요성이 없어졌다면서 유엔군사령부를 해체할 것을 총회에 제안했고, 따라서 한미 양국은 유엔군사령부의 해체에 대비한 조치들을 논의하게 되었다. 그러다가 1975년 유엔총회에서 공산권의 해체 결의안과 민주주의 진영의 존속 방안이 동시에 통과되는 상황이 벌어지자 한국은 당시 북대서양조약기구(NATO: North Atlantic Treaty Organization)를 참고해 한미 양국군 간의 연합사령부를 창설할 것을 미측에게 요구했다(류병현, 2007: 77-78). 이에 따라 양국은 실무적인 협의에 착수했고, 결국 1977년 7월 서울에서 개최한 한미 국방장관 간의 연례적 회담인 제10차 SCM에서 창설에 관한 제반 사항에 합의한 후, 1978년 11월 7일 한미연합사령부를 창설했다. 이후부터 한국군에 대한 작전통제권은 유엔군사령관이 아니라 유엔군사령관 겸 한미연합사령관이 행사하는 것으로(유엔군사령관과 연합사령관은 동일한 사람이라서 실제로 변화될 것은 없었다) 전환되었다. 그리고 '한미군사위원회에서 제공하는 한국군 부대'로 그 대상이 되는 부대들의 범위도 명확해졌다.

평시 작전통제권 환수　　1980년대에 한국의 국력이 어느 정도 신장되면서 국민들 사이에는 한미연합사가 행사하는 작전통제권을 환수해야 한다는 여론이 대두되기 시작했다. 당시 노태우 대통령은 민주화와 반미감정의 열기가 고조된 상황에서 대통령 선거를 치러야 했고, 따라서 군 출신임에도 작전통제권 환수를 선거공약으로 내세웠다(고대원, 2010: 31). 미국도 1989년 주한미군의 단계적 철수 방안에 대한 검토를 요구하는 '넌·워너 수정법안'(Nunn-Warner Amendment)과 '동아시아전략구상'(East Asia Strategic Initiative) 등이 발표됨에 따라 한반도에 관한 정책을 새롭게 검토해야 할 상황이었다.

　　한미 양국은 수년에 걸친 협의를 통해 작전통제권을 전환할 시기는 아니라는 결론에 이르렀지만, 한국 국민들의 요구를 어느 정도는 충족시켜야만 한다고 인식했다. 따라서 작전통제권을 평시와 전시로 분리하고, 그중에서 평시 작전통제권만 한국 합참으로 전환하기로 했다. 그래서 1994년 10월 개최된 제26차 SCM 및 한미 양국 합참의장 간의 연례적 회담인 제16차 군사위원회회의(MCM: Military Committee Meeting)에서 한미 양국은 작전통제권에 관한 약정을 개정하고 전략지시 2호를 하달해 한국군에 대한 한미연합사령관의 작전통제의 시기를 방어준비 태세(DEFCON)-3(1에서 5단계까지 있는데, 1이 전쟁 임박이고, 5가 평화 시이며, 현재는 4단계이다)으로 명시했고, 따라서 그 이전의 작전통제권은 한국 합참이 행사하는 것으로 조정되었다.

다만, 한미 양국은 평시 작전통제권이 환수될 경우 전시로의 전환이 유기적이지 못할 수 있다는 판단하에서 '연합권한위임사항'(CODA: Combined Delegated Authority)이라는 명칭으로 평시와 전시를 연결하는 데 필요한 몇 가지 기능을 한미연합사에게 재위임했다. 그것은 '전쟁 억제와 방어 및 정전협정 준수를 위한 연합 위기관리, 전시 작전계획 수립, 교리 발전, 연합연습의 계획과 실시, 연합 정보관리, C4I 상호 운용성' 등에 관한 사항이었다(이상철, 2004: 223). 한국 국민들의 자존심은 어느 정도 충족시키면서 한미연합사가 싸우는 대로 훈련 및 준비할 수 있도록 배려한 셈이다.

참여정부의 전시 작전통제권 환수 추진   참여정부는 출범과 동시에 전시 작전통제권 환수를 중요한 정권 차원의 과제로 인식했다. 최초 국방장관으로 임명한 조영길 장관이 소극적이라고 판단되자 2004년 7월 당시 국방비서관이었던 윤광웅 예비역 해군 중장을 국방장관으로 임명해 이를 적극적으로 추진하도록 독려했다. 윤 장관은 '협력적 자주국방'이라는 슬로건을 통해 전시 작전통제권을 환수하되 자주국방력을 강화한다는 방향으로 노력했다. 그래서 윤 장관은 '국방개혁 2020'을 추진했고, 동시에 2005년 10월 21일 서울에서 열린 제37차 SCM에서 전시 작전통제권 환수 문제를 미 측에 공식적으로 제기했으며, 양국이 이 문제에 대한 협의를 '적절히 가속화'(appropriately accelerate)한다는 합의를 이끌어 냈다.

미국의 경우 처음에는 전시 작전통제권의 전환에 미온적이었으나 럼즈펠드(Donald H. Rumsfeld) 장관의 지시에 의해 수용하는 방향으로 정책을 변경했을 뿐만 아니라 오히려 조기에 전환하겠다는 의견까지 제시했다. 즉 2006년 7월 서울에서 열린 한미 양국 실무자 간의 회의에서 미 측은 "2009년에 한국 측에 전시 작전통제권을 전환하고 싶다"는 입장을 밝혔고, 이로써 전시 작전통제권 환수는 급물살을 타게 되었다.

2009년 전환이라는 미국의 제안은 한국 보수층에게는 충격으로 받아들여져서, 전직 국방장관들과 예비역 장성들은 물론이고, 전직 외교관, 대학교수들까지 나서서 전시 작전통제권의 조기 환수에 반대한다는 입장을 공개적으로 표명하기 시작했다. 이로 인해 전시 작전통제권 환수를 둘러싸고 참여정부의 지지층과 보수층 사이에 심각한 견해 차이가 부각되었다. 그러는 가운데 2006년 10월의 제38차 SCM에서 한미 양국은 전시 작전통제권을 "2009년 10월 15일-2012년 3월 15일 사이에 전환한다"고 합의했고, 2007년 2월 김장수 국방장관과 미국의 게이츠(Robert Gates) 신임 국방장관은 워싱턴에서 회담을 가진 후 2012년 4월 17일로 날짜를 결정했다.

**이명박 정부의
1차 연기**
　　보수적인 성향의 이명박 정부에는 참여정부의 전시 작전통제권 환수에 동의하지 않는 인사들이 적지 않았다. 예비역 장성들을 중심으로 한 반대여론도 존재했고, 한미연합사를 해체해야 한다는 사실에 부담을 느끼지 않을 수 없었다. 그러다가 2010년 3월 26일 천안함 사태가 발생하자 당시 김태영 국방장관은 이를 전시 작전통제권 환수 문제를 재검토하는 계기로 삼았다. 참여정부에서는 향후 북한의 위협이 감소될 것이라는 전제하에 이 사안을 추진했는데, 천안함 사태로 보아 그렇지 않은 것으로 드러났다는 것이 이유였다. 다만, 이를 전면적으로 중단하는 것은 국민 정서상 수용되기 어렵다는 차원에서 어느 정도 연기하기로 결정했고, 따라서 미국과의 협의를 거쳐 2015년 12월 1일까지 3년 8개월 정도를 연기하게 되었다.

　　당시 이명박 정부는 북한의 위협 등 한반도 안보상황의 불확실성과 불안정성, 2012년은 역내 국가들의 지도부 교체 등으로 정치·안보적으로 유동성이 높은 시기이며 국민의 절반 이상이 안보 불안을 이유로 전시 작전통제권 환수의 연기를 희망한다고 했는데(국방부, 2010: 67), 이 요소들은 실제로 중요했다기보다는 연기의 명분으로 나중에 만들어 낸 측면이 적지 않았다.

**박근혜 정부의
재연기**
　　박근혜 대통령은 선거공약에서 전시 작전통제권의 환수를 지속적으로 추진한다는 입장을 취했으나 취임 후 이것이 단순한 권한 하나만 환수하는 것이 아니라 한반도의 전쟁 억제와 유사시 승리를 보장하는 근간인 한미연합사를 해체하는 것이고, 한국의 안보에 지대한 영향을 줄 수 있다는 것을 새삼스럽게 인식하면서 입장을 바꾼 것으로 추정된다. 박근혜 대통령은 취임 직후인 2013년 5월 미국을 방문해 가진 한-미 정상회담에서 오바마 대통령과 달리 예정된 시점을 언급하지 않은 채 이 문제에 관해서 "한-미 연합 방위력을 강화하는 방향으로 준비·이행되는 것으로 의견을 같이했다."라고만 언급했다. 김관진 당시 국방장관은 2013년 6월 싱가포르의 회의에서 헤이글(Chuck Hagel) 미 국방장관을 만나 전시 작전통제권 문제에 대한 재검토를 요청했다. 이후 한미 양국군은 이에 관한 실무협의를 추진했고, 결국 2013년 10월 2일 제45차 SCM에서 "조건에 기초한 전시 작전통제권 전환을 추진해 나가겠다." 는 입장을 발표함으로써 이 문제에 관한 방향을 새롭게 설정했다.

전시 작전통제권 환수 및 한미연합사 해체의 재연기는 2014년 4월 25일 박근혜 대통령과 오바마 대통령이 청와대에서 가진 정상회담에서 최종적으로 결정되었고, 이 결정은 2014년 10월 23일 개최된 제46차 SCM에서 구체화되었다. SCM 공동성명에서 양 국방장관은 핵심 군사능력 구비와 안보환경의 안정을 조건으로 제시하면서, 그 적정한 시기는 "양국 국가통수권자들이 SCM 건의를 기초로" 결정할 것이라고 명시했다. 언론에서 '사실상 무기 연기'로 표현했듯이 이로써 전시 작전통제권 환수는 중단되었고, 상당한 기간 동안 한미연합사는 현재의 모습으로 존속되게 되었다. 다만, 자주를 향한 국민들의 정서와 일부 인사들의 요구를 고려해 한미 양국군은 전시 작전통제권 환수를 위한 조건에 관한 협의를 계속하고 있다.

3. 전시 작전통제권 환수를 둘러싼 시행착오

오해의 측면　　참여정부가 전시 작전통제권 환수를 추진해 온 근본적인 논리로 내세운 '군사주권' 회복이라는 명분은 오해에 의해 비롯된 측면이 적지 않다. 대부분의 국가에서 작전통제권은 군사적 효율성을 위한 불가피한 조치로 인식하지 군사주권 침해로 인식하지는 않기 때문이다. 작전통제는 작전상 부여된 임무 수행에 관해서만 통제를 받는다는 용어로서, 다양한 부대, 육·해·공군의 다양한 군종(軍種, service), 다양한 국적(nationality) 군대들의 군사적 노력을 한 방향으로 결집하기 위한 편의적 조치일 뿐이다. 오히려 각국의 주권을 침해하지 않는 최소한의 범위에서 꼭 필요한 사항만 통일시키기 위해 통상적으로 사용하는 지휘(command)라는 용어 대신에 이것을 만들어 사용하는 것이다.

상당수의 국민들은 현재의 한미연합사령관이 미군이기 때문에 미군이 한국군을 작전통제하는 것으로 이해하지만, 실제로 한미연합사령부는 한국과 미국이 50%씩의 지분을 갖고 있고, 한미 양국 합참의장과 국방장관에 의해 공동으로 지시받는 한미연합사령관에 의해 지시된다. 한국의 합참의장과 국방장관은 한미연합사령관에게 필요한 지시를 내릴 수 있다. 그렇게 하지 못한다면 그들이 자기 권한을 제대로 행사하지 못하는 것일 뿐, 한미연합사의 존재가 문제가 되어야 하는 것은 아니다. 미군대장이 한미연합사령관인 것이 불만이라면 그것을 한국군이 담당하겠다거나 교대로 담당하자고 제안하는 것이 타당하지 한미연합사를 해체할 일은 아니다.

전시 작전통제권 환수와 관련해 일부 국민들이 지녔던 대표적인 오해 중의 하나는 그것이 한미연합사 해체와는 상관없다는 인식이었다. 작전통제권 자체가 전문적인 군사용어라서 국민들은 그의 환수가 실제적으로 어떻게 구현되는지 이해하기가 어려웠고, 이것을 주도하는 사람들이 국민들을 불안해하지 않도록 만들고자 의도적으로 한미연합사 해체라는 말은 사용하지 않았기 때문이다. 전시 작전통제권을 '전작권'으로 줄여서 통용함으로써 보통 국민들이 그 사안의 내용이 무엇인지를 이해하는 것은 더욱 어려워졌다. 그러나 1994년의 '평시' 작전통제권에 이어 이번에 '전시' 작전통제권마저 환수되어 버리면 행사할 권한이 없는 한미연합사는 해체되어야 한다. 전시 작전통제권이 환수된 이후에도 한미연합으로 인한 어떤 조직이 존재할 수는 있지만 그것은 협조기구에 불과하고, 작전통제권을 갖고 있지 않다면 사령부가 될 수 없다. 예비역 장교들은 그것을 알고 있기 때문에 전시 작전통제권 환수에 극력 반대했던 것이다. 일부 예비역 장교들은 '전시 작전통제권 환수'가 아닌 '한미연합사 해체'라는 용어로 이 문제를 논의하면 국민여론이 달라질 것이라고 주장하기도 했다(김성만, 2009: A37).

집단사고의 측면　집단사고(集團思考, Groupthink)는 어떤 집단이 특정한 사고에 집착해 다른 요소들을 고려하지 않음으로써 합리적인 정책 결정에 이르지 못하는 형태를 지적하는 용어이다. 응집력이 높은 집단일수록 통일된 형태의 견해를 갖거나 통일된 방향으로 결정하고자 노력하고, 한번 집단사고에 사로잡히면 자신들의 생각과 다른 내용은 일체 인정하거나 받아들이지 않게 된다(Janis, 1982: 1).

전시 작전통제권 환수를 추진했던 참여정부의 경우, 소위 '386'이라는 닉네임으로 불리기도 했듯이, 정책 결정자들의 응집성이 강했던 것은 사실이다. 이들은 대북관이나 대미관에서 집단사고 성향을 적지 않게 드러냈고, 이것이 전시 작전통제권 환수를 추진하게 된 측면이 있다. 그 당시 언론의 보도를 분석한 어느 연구결과에서는 당시의 정책 결정자들은 전시 작전통제권 문제에 관해 다양성을 인정하거나 다른 의견을 경청하는 자세를 보이지 않았고, 자신들의 오류를 수정하려는 의지도 약했으며, 집단 내부의 성찰 노력도 없었다고 평가하고 있다(김정모·정은령, 2012: 129). 전시 작전통제권 환수는 '자주' 또는 '군사주권 회복'을 위해 반드시 추진해야 할 정권의 목표가 되었고, 따라서 한미연합사를 해체할 경우 수반되는 위험은 무엇이고, 어떻게 보완할 것인지에 대한 논의가 충분하게 이루어지지 않았다. 노무현 대통령이 2006년 12월 21일 민주평화통일자문회의 제50차 상임위원회 회의 연설에서 작전통제권 환수에 대해 부정적인 입장을 표명하는 군 수뇌부들을 원색적인 용어로 비판하면서 강력한 추진 의사를 표명한 이후에는 더욱 다른 의견이 제기될 수 있는 여지가 줄었다.

전시 작전통제권 환수에 대한 참여정부의 결정을 집단사고로 규정하는 연구결과도 없지 않다. 김명수는 군사주권 회복이라는 노 대통령의 의도와 "전쟁은 없다"는 참모들의 집단사고(group think)가 결합되어 전시 작전통제권 환수가 결정되었다고 주장하고 있고(2009: 140-141), 박상중도 "노무현 대통령의 강력한 의지와 청와대 안전보장회의 중심의 찬성 정책공동체에 의해 '군사주권 회복'이라는 대의명분을 중시한 정치적 결정이었다."고 분석하고 있다(2013: 127). 실제로 참여정부가 전

시 작전통제권을 본격적으로 추진하기 전인 2003년과 2004년 국방대
학교에서 매년 실시하는 범국민 안보의식 조사 항목에 한미동맹 관계
저해의 요인으로 '전시 작전통제권 미환수'라는 답변이 포함되어 있었
는데, 이것을 선택한 사람은 응답자 중 7.3%(2003)와 8.3%(2004)에 불과
했다(국방대학교 안보문제연구소, 2003-2004). 다시 말하면, 전시 작전통제권
환수 추진은 범국민적인 요구가 아니라 당시 정책 결정자들의 집단사
고의 산물이었다고 보아야 한다.

위험의 측면　　　전시 작전통제권 환수의 결정이 번복된 것은 그것
　　　　　　　　　을 추진할 경우의 위험이 크다는 것이 나중에 드러
　　　　　　　　　났기 때문인데, 그중에서 가장 심각한 것은 한미연
합군의 지휘통일을 보장하기 어렵다는 것이다. 전시 작전통제권이 환
수되어 한미연합사가 없어지면 북한이 도발할 경우 한국군은 한국군
대로 미군은 미군대로 군사작전을 수행하게 되고, 협조를 통한 조정은
적시적이거나 충분하기가 어렵다. 한미연합사령부가 해체되면 한반
도 방어를 위한 모든 활동은 한국군이 지원을 받고(supported) 미국이 지
원하는(supporting) 관계로 변화되는데, 여기에서 '지원'은 "지시에 의거
다른 부대를 도와주거나 방호를 제공하거나 필요한 전투력을 보충 또
는 유지해 주는 활동"(합동참모본부, 2002b: 31)으로서 지원부대에게 더욱
긴급한 과제가 발생해 지원하지 못할 경우 그에 대해 책임을 물을 수
(accountability) 없다. 공통의 상급부대가 존재할 경우 지원을 잘 해 주지
않는 부대를 그 상급부대가 처벌할 수 있지만, 미군이 한국군을 제대로
지원하지 않을 경우 이를 처벌할 수 있는 상급부대는 없다.

한미연합사령부가 해체될 경우 예상되는 또 하나의 심각한 위험은 유사시 미 증원군의 파견 여부와 규모 감소의 가능성이다. 전쟁에 대한 개입은 워낙 중요한 문제이기 때문에 어떤 국가가 약속을 했다고 해서 병력을 파견할 것으로 확신하기는 어렵다. 비록 공약을 했다고 하더라도 모든 국가들은 그 당시 상황에서 국익에 관한 제반 사항을 다시 따져 보고, 국론을 물어보는 절차를 거칠 것이다. 다만, 한미연합사령부가 존재할 경우 그 사령관인 미군대장이 한반도 전쟁 억제와 승리의 주된 책임을 부여받은 상태라서 본국의 개입과 증원병력 파견을 적극적으로 요청할 것이고, 그러할 경우 현지 사령관의 의견을 존중하는 미군의 전통상 수용될 가능성이 높다.

한미연합사령부가 해체되면 평시의 전쟁 억제 태세가 약화될 우려가 있다. 북한의 도발을 억제하기 위해서는 침략을 하더라도 성공하지 못하거나 예상되는 이익보다 더욱 큰 손해를 볼 수밖에 없다는 사실을 북한이 인식하도록 해야 하는데, 한국군만의 전력으로 그렇게 하는 것은 쉽지 않을 것이기 때문이다. 북한이 주한미군 철수를 줄곧 주장해 온 근본적인 이유는 미군이 개입할 경우 전쟁에서 패배할 것이 자명하기 때문이다. 실제로는 한미 양국이 충분한 보완조치를 취해서 문제가 없더라도, 1950년 미 국무장관 애치슨이 미국의 방어선에서 한국을 제외시킨 발언이 한국전 발발의 한 요인이었다고 분석되듯이, 한미연합사령부 해체는 한미 양국의 의지를 북한에게 오판하도록 만들수 있다. 북한이 핵무기를 보유한 상황에서 북한이 오판해 버리면 민족 공멸의 핵전쟁까지도 발발할 수 있다.

한미연합사령부가 해체되면 유엔군사령부에 관한 제반 사항이 매우 복잡해지고, 정리해야 할 사항이 적지 않다. 한국군에 대한 작전통제권이 유엔군사령부로 다시 환원되어야 한다는 등의 법리적 논쟁은 차치하더라도 한국전쟁의 휴전협정 당사자로서 유엔군사령부의 위상과 역할을 재강화하는 것이 쉽지 않을 것이고, 한국의 입장에서 어떤 것이 바람직한지도 판단하기 어렵기 때문이다. 현재는 한미연합사령관이 유엔군사령관을 겸직하고 있고, 한미연합사령부의 참모가 유엔군사령부의 참모를 겸직해 문제가 없지만, 한미연합사령부가 해체되면 새로운 사령관과 참모 부서를 지정해 임무를 수행해야 한다. 미국의 '한국사령부'(Korea Command)가 유엔군사령부의 역할을 겸직할 가능성이 높은데, 그러할 경우 한국군은 유엔군사령부와 접촉하는 것이 더욱 어려워지고, 어떤 상황에 의해 유엔군사령부 중심으로 한반도 문제가 논의될 경우 한국이 논의에서 배제될 가능성도 있다.

실질적인 측면에서 당장 문제가 될 사항은 정전협정 위반 사태가 발생해 유엔군사령관이 이를 처리하고자 해도 사용할 수 있는 부대가 없다는 것이다. 지금까지는 유엔군사령관이 바로 한미연합사령관이었기 때문에 한미연합사령부 예하의 부대들을 사용하면 문제가 없었다. 그러나 한미연합사령부가 해체되면 미군과 한국군은 별도의 사령부를 갖게 되기 때문에 유엔군사령부와 직접적인 관련이 없게 되고, 따라서 유엔군사령부 예하의 병력은 없어진다. 또한 한미연합사령부가 해체되어 한국군이 유엔군사령부와 거리를 갖게 될 경우 일본에 있는 유엔군사령부 후방기지들을 활용할 수 있는 명분이 사라지는 불리점도 적지 않다. 지금까지 한국군은 한미연합사령부의 일부분으로서 유엔군사령부가 제공하는 다양한 편의를 활용할 수 있었지만, 한미연합사령부가 해체될 경우 이러한 한국군의 지위는 도전받을 수밖에 없기 때문이다.

4. 결론과 교훈

2003년 출범한 참여정부는 전시 작전통제권 환수를 적극적으로 추진했고, 이로 인해 국민들은 '자주'와 '동맹' 중에서 어느 것을 우선시할 것이냐를 두고 분열되었다. 다행히 그동안 전시 작전통제권 환수는 위험한 시도인 것으로 드러나 두 번에 걸쳐서 연기했고, '조건에 의한' 환수로 시기를 특정하지 않음으로써 상당한 기간 동안 현 체제가 존속되는 것으로 결정되었다.

그러나 전시 작전통제권 환수가 논의되어 온 동기와 과정을 되돌아보면 반성과 교훈의 소지가 적지 않다. 한미 양국군 군사작전의 효과적 통합을 위한 조치가 주권 침해로 오해되었고, 상당수의 국민들은 전시 작전통제권을 환수해도 한미연합사는 건재하는 것으로 생각해 찬성한 측면이 있기 때문이다. 노무현 대통령을 비롯한 참여정부 주요 정책 결정자들의 '집단사고'에 의해 사안의 본질이나 위험에 대한 깊은 고민 없이 일방적으로 추진된 측면도 적지 않다. 그 과정에서 한미연합사령관은 소극적으로 임무를 수행할 수밖에 없었고, 결과적으로 북한의 핵무기 개발에 대한 한미연합 차원의 대응책이 적극적으로 논의되거나 적시적으로 개발되지 못했다. 오랜 시행착오 끝에 이제 원래대로 돌아왔지만, 아직도 과거와 같은 적극성을 회복하지는 못하고 있다.

앞으로도 어떤 계기에 의해 전시 작전통제권 문제가 또다시 부상될 경우 동일한 시행착오를 반복하지 않고자 한다면, 대체적으로 다음과 같은 방향으로 논의를 전개할 필요가 있다. 첫째로 작전통제권이란 군사적 편의에 관한 사항이지 군사주권과는 직결되지 않는다는 점을 이해할 필요가 있다. 둘째는 전시 작전통제권 환수가 아닌 한미연합사 해체 여부로 토론함으로써 논쟁의 초점을 분명하게 만들 필요가 있다. 셋째는 북한의 핵 위협 정도와 긴밀하게 연계해 토의함으로써 핵 공격이라는 최악의 상황에서도 국가와 국민들을 보위할 수 있는 태세를 강구해야 할 것이다. 넷째는 이러한 군사적인 문제에는 이념적 차이가 반영되지 않도록 유의할 필요가 있다.

참여정부가 추진한 전시 작전통제권 환수를 상당수의 국민들이 찬성한 이면에는 국군에 대한 불만도 일부 존재한다. 수십 년 동안 상당한 국방예산을 사용해 전력증강에 노력했으면서도 여전히 미군에만 의존하고 있다는 불만이다. 따라서 전시 작전통제권을 둘러싸고 지금까지 발생한 시행착오는 당연히 교정해 나가야 하겠지만, 더욱 중요한 것은 자주적인 국방역량 확보를 위한 한국군의 집중적인 노력이다. 이로써 자주국방이 어느 정도 구현된다면 한미연합사의 존재 여부는 더 이상 심각한 의제가 되지 않을 것이다.

제3장
전력증강: 분산

한국은 1970년대 자주국방을 추진한 이후 지속적으로 전력 증강(군에서는 방위력 개선이라는 용어로 전환했지만, 그 뜻이 너무 소극적이라서 전통적이면서 보편적인 전력증강이라는 용어를 사용하고자 한다)을 추진해 왔고, 경제성장의 덕분으로 적지 않은 국방예산을 투자할 수 있었다. 그럼에도 불구하고 자주국방태세는 여전히 미흡하다. 결국 국민들은 "그 많은 국방비는 다 어디로 갔나?"라며 군을 질책하고 있다. 무엇이 문제일까?

이에 대해 너무나 많은 이유가 열거될 수 있고, 고쳐야 할 사항도 너무나 많을 것이다. 우리 군의 정신자세, 우리 군의 군사이론, 우리 군의 전문성 등 대부분의 전력요소들이 강화되기보다는 퇴보해 왔고, 그것은 영혼 없는 무기 및 장비 증강으로 연결되었을 것이다. 다만, 이것은 너무나 근본적일 뿐만 아니라 추상적이라서 교정의 엄두가 나지 않는다. 교정 가능하면서도 현실적인 요소 중의 하나는 전력증강의 방향에 있어서 샴페인을 너무 일찍 터뜨린 측면이 있다는 것이다. 즉 한국에게 가해지고 있는 위협을 정확하게 분석한 후, 한미 양국군의 분업을 통해 가장 효율적으로 대응해야 할 상황이 지속되고 있는데도, 자주를 중시해 미군에 대한 의존도를 줄이는 방향으로 성급하게 전환한 점이 있다는 것이다.

특히 현재 북한은 상당한 숫자의 핵무기를 개발해 한국을 위협하고 있다. 이제 한국은 핵 위협 방어 측면에서 지금까지의 전력증강 방향을 냉정하게 반성해 볼 필요가 있다.

1. 위협기반과 능력기반의 국방기획

주어진 상황에서 어떤 전력을 중점적으로 증강해야 할 것인가를 결정하는 데 있어서 대조적인 방식은 위협기반기획(threat-based planning)과 능력기반기획(capabilities-based planning)이다. 냉전시대에는 자유민주주의 진영과 공산주의 진영이 철저하게 대립했기 때문에 세계 대부분의 국가들은 위협기반기획을 적용했다. 미국은 1973년 국방장관 직속으로 '순수위협 평가실'(Office of Net Assessment)을 설치해 소련과 미국의 전력 격차, 즉 소련의 위협 정도를 판단했고, 그 결과를 전력증강 소요(requirements)로 활용했다. 그러나 냉전 종식으로 명백한 적이 사라지자 소요 도출의 근거가 사라졌고, 따라서 미국 부시(George W. Bush, 아들) 행정부의 럼즈펠드(Donald Rumsfeld) 국방장관은 '국방변혁'(Defense Transformation)을 추진하면서 능력기반기획으로 전환했다(DoD, 2006: vi).

위협기반기획은 명확한 적국 또는 잠재적국, 즉 명확한 위협이 존재할 때 그를 능가하거나 효과적으로 대처할 수 있는 규모와 형태의 군사력을 증강해 나가는 방법이다. 우리에 대한 '위협'은 바로 적의 '능력'이기 때문에 이 방식에서는 적의 능력보다 더욱 강하거나 더욱 효과적인 전력을 확보해 나가게 된다. 그래서 경고시간, 전개 및 교전 일정, 전투의 순서를 포함하는 전쟁의 구체적 각본을 작성하고, 그러한 각본에 대응하기 위해 필요한 전력증강의 소요를 도출한다(Chu, 2005: 160). 격투기 선수의 경우를 예로 들면, 싸우기로 결정된 상대방의 능력과 전술 등을 파악해 그보다 우월한 역량과 기술을 확보해 나가는 방식이다.

위협기반기획은 역사를 통해 대부분의 국가가 사용해 온 일반적인 방식으로서, 적보다 우월한 군대로 발전시켜 나간다는 측면에서 전력증강의 기준이나 방향이 명확하고, 적과의 1:1 비교에 집중하기 때문에 효율적인 전력증강이 가능하며, 열세를 보완한다는 명분이라서 국민적인 공감대를 획득하기도 쉽다. 대신에 이 방식은 적의 능력을 근거로 하기 때문에 수동적이고, 적에 대한 파악이 정확하지 않을 경우 전력증강 방향이 잘못될 수 있으며, 대비하지 않은 다른 적으로부터 공격을 받았을 경우에는 기습을 허용할 우려가 있다(박휘락, 2007: 9-10; Davis, 2002: 8).

위협기반기획에 대조되는 방식은 능력기반기획인데, 이것은 명확한 적국이나 잠재적국이 존재하지 않을 때, 즉 위협기반기획을 선택할 수 없거나 선택해서는 곤란한 경우에 적용하게 되고, 적의 능력이 아니라 나의 '능력'을 기준으로 삼는다. 이것은 예상되는 모든 위협에 대처할 수 있는 다양한 '능력들'(capabilities)을 구비하는 데 중점을 두는 것으로(Chu, 2005: 163-164), 싸울 상대가 결정되지 않은 상태라서 어떤 적과 시합을 하더라도 승리할 수 있는 다양한 역량과 기술을 확보해야 하는 격투기 선수의 경우에 비유할 수 있다.

능력기반기획의 장단점은 위협기반기획의 장단점과 반대인데, 우선 장점으로는 능동적인 전력증강이 가능하고, 착오의 가능성도 적으며, 기습을 당할 가능성이 줄어든다(박휘락, 2007: 11-12; 이창석, 2014: 44). 그러나 단점으로는 대규모의 노력과 재원이 소요되고, 군사력 건설의 기준이 불명확하며, 따라서 전력증강에 대한 국민적 공감대 획득이 쉽지 않다(박휘락, 2007: 11-12; 이창석, 2014: 44). 위협기반과 능력기반의 핵심내용을 비교해 보면 〈표 1.1〉과 같다.

위협기반기획과 능력기반기획 중 어느 것을 채택할 것이냐는 것

표 1.1 위협기반 국방기획과 능력기반 국방기획의 비교

구분	위협기반 국방기획	능력기반 국방기획
내용	적 또는 가상 적의 군사력을 기준으로 방어가 충분하거나 능가하는 군사력 건설	어떤 상대와 전쟁을 하더라도 승리할 수 있는 충분한 군사력 건설
적용 상황	분명한 적이 존재할 때	분명한 적이 존재하지 않을 때
장점	– 대비 기준 명확 – 대비 노력 효율성 증대 – 전력증강에 대한 국민적 공감대 형성 용이	– 적의 변화에 따라가는 수동적 전력증강 – 적에 대한 오판 경우 실수 가능성 – 예상외 적 공격 시 취약
단점	– 능동적 전력증강 가능 – 이상적, 균형 잡힌 군대 발전 가능 – 어떤 적에 대해서도 대응 가능	– 군사력 소요 도출 기준 불명확 – 상당한 예산과 노력 필요 – 전력증강에 대한 국민적 공감대 형성 곤란

은 해당 국가의 상황과 여건에 따라 결정되어야 하지만, 위협이 어느 정도 심각하거나 명확하느냐가 핵심적인 영향요소이다. "현재 한국처럼 대처해야 할 위협(예: 북한)이 분명한 경우 위협기반기획이, 그렇지 않고 위협이 불확실하거나 아니면 중장기적 차원에서 발생할 미래전에 대비한 소요기획에는 능력기반이 적절할 것이다"(김종하, 2008: 181). 다만, 미국의 럼즈펠드 장관이 능력기반기획을 강조할 때도 군 전문가들은 "단기간의 위험에 대처하기 위한 '위협기반기획'과 어떠한 장기적인 위협에도 군대가 확실하게 대비하도록 하는 '능력기반기획'을 결합할 것을 강조"했듯이(Office of the Assistant Secretary for Public Affairs of DoD, 2005: 13), 대부분의 경우 이 둘의 조화를 도모하게 된다. 실제에 있어서도 이 두 가지 방식은 혼합되어 적용되고 있고, 단지 그 비중만 조금씩

다를 뿐이다. 위협이 심각하거나 국방비가 제한될수록 위협기반기획
의 비중이 커져야 하고, 반대로 위협이 약하거나 국방비가 충분할수록
능력기반기획의 비중이 높아질 것이다.

2. 동맹과 국방기획

어느 국가든 자체적인 역량만으로도 국방이 가능하면 최선이지만, 이
것은 너무나 많은 비용과 노력을 투자해야 하는 방법으로서 효율적이
지 않다. 리처드슨(Lewis Richardson, 1881-1953)이 군비(軍備)경쟁모델(Arms
Race Model)에서 주장한 바와 같이 군비가 강화되면 결국 경제력이 약해
져서 나중에는 군비를 증강할 재원이 없어지는 악순환이 초래되기 때
문이다. 세계에서 가장 강한 군사력을 보유하고 있는 미국도 다수의 동
맹을 체결해 효율적인 국방을 추구하고 있는 것이 이러한 이유 때문
이다.

한국은 6 · 25전쟁 종결과 동시에 미국과 동맹을 체결했지만 국력
이 어느 정도 강화되자 자주성에 대한 염원이 발현되기 시작했다. 동
맹의 필요성과 이점을 이해하면서도 그 위험을 최소화하고자 하는 노
력이 강조되었고, 따라서 스나이더(Glen H. Snyder)가 제기한 동맹의 위험
성, 즉 연루(entrapment)와 방기(放棄, abandonment)의 개념과 그 위험성을 최
소화하는 방안이 적극적으로 연구되었다. 동시에 미국의 세계전략에
연루되지 않기 위한 노력이 미국에 의한 방기를 초래할 수도 있다는

염려를 바탕으로 유사시 미국의 지원을 확보하려면 어느 정도의 자율성 양보도 필요하다는 알트펠드(Michael F. Altfeld)와 모로(James D. Morrow)의 '자율성-안보 교환'(autonomy-security trade-off) 모델도 논의되었고, 이 두 가지가 한미동맹 논의의 윤곽을 형성했다.

그러나 위 논의들이 전제하고 있는 사항이면서 동맹 체결의 근본적인 목적에 해당되는 것은 우리의 군사력과 동맹국의 군사력을 결합해 더욱 강력한 연합(combined, 국적이 다른 군대끼리의 결합 현상) 군사력을 창출하는 것이다. 알트펠드와 모로도 "서로를 방어해 주기 위해 각각의 군사력을 전개시킨다는 가능성을 증대시킴으로써 국력의 내부적 원천을 대체하는 데 기여하는 것이 동맹"이라는 인식을 바탕으로 그들의 이론을 전개하고 있다(Morrow, 1991: 907). 월트(Stephen M. Walt)도 "동맹의 일차적인 목표는 그들 각각의 이해를 증진할 수 있는 방향으로 동맹국들의 능력을 결합하는 것"(1997: 157)이라고 정의하면서 이것이 보장되지 않을 경우 동맹은 해체될 수 있다고 분석하고 있다.

약소국의 입장에서 보면 동맹은 더욱 능력 결합의 목적이 크다. 강대국으로부터 추가적인 능력을 제공받지 못하면 국가의 안보를 보장할 수 없어서 동맹을 체결한 것이기 때문이다. 그래서 약소국은 "어느 정도의 자율성을 포기하더라도" "동맹의 지원을 구매"하고, 이로써 '국가안보'와 '국민경제'를 동시에 충족시키고자 한다(Altfeld, 1984: 523-544). 그렇기 때문에 강대국의 안보지원을 받아야 할 정도로 안보가 위험한 상황일수록, 다른 말로 하면 외부의 위협이 클수록 약소국은 강대국과의 동맹을 강화시켜야 하고, 이를 위해 자율성도 적극적으로 양보하게 된다.

제대로 활용한다면 동맹은 매우 효과적인 재원 및 노력 절약 방안이다. 도출된 전력 소요 중의 일부를 동맹국의 지원력으로 대체할 경우 최소한의 전력만 증강하면 되고, 결과적으로 시간과 재원을 상당히 절약할 수 있기 때문이다. 그래서 약소국의 입장에서는 강대국인 동맹국의 군사력에 대해 어느 정도로 의존할 것이냐를 두고 논쟁을 한다. 의존을 할수록 효율적이지만 자주성이 침해당할 수 있기 때문이다. 전력 증강에 있어서도 의존도를 줄이기 위해서는 강대국이 지원해 주는 전력을 대체하는 방향이어야 하고, 의존도를 유지하겠다면 동맹이 지원하지 못하는 부분을 보완하는 방향으로 노력해야 한다. 대부분의 경우 위협이 커지거나 가용한 예산이 적으면 대체보다는 보완 쪽으로 전력을 증강함으로써 연합전력의 극대화를 도모해야 하고, 위협이 줄어들거나 가용한 예산이 많으면 보완보다는 대체 쪽으로 전력을 증강해 자주성을 확대해야 한다.

약소국의 입장에서 강대국인 동맹국의 군사력을 대체 또는 보완하느냐는 동맹국의 지원역량에 의해서도 달라진다. 우리가 필요로 하는 모든 군사력을 동맹국이 지원할 수 있다면 약소국은 어느 분야를 증강하든 상관이 없고, 증강하는 만큼 동맹의 노력을 대체하게 될 것이다. 한국이 1970년대에 추진한 자주국방 노력이 그러했다. 그러나 동맹이 모든 것을 지원할 수 없는 상황이라면 약소국은 동맹국이 지원하지 못하는 분야를 집중적으로 보완해 나가는 것이 우선이다. 위협으로부터 국민들을 보호하는 것이 우선이기 때문이다. 예를 들면, 동맹국이 지상군은 강력하지만 해공군력이 약할 경우 약소국은 해공군력 증강에 중점을 둘 필요가 있고, 동맹국이 해공군력은 강하지만 지상군이 약할 경우 지상군 위주로 군사력을 증강할 필요가 있다. 동맹을 통한 군사력 결합 모델의 근본적인 취지는 분업체제를 통해 서로의 시너지를 극대화하는 것이기 때문이다.

---

3. 한국의 위협 평가

현재 상태에서 한국에 대한 위협은 어떠한가? 분명한 상황인가, 아니
면 불분명한 상황인가? 심각한가, 아니면 심각하지 않은가? 심각하다
면 어떤 위협이 가장 심각한가?

북한의 재래식 위협　　한국이 지금까지 중점을 두어 대비해 온 것은 북
　　　　　　　　　　　한의 정규전 위협이었다. 북한은 1950년에 전쟁
　　　　　　　　　　　을 발발한 적이 있고, 지금도 그의 휴전 상태이
며, 현재 110만 명이나 되는 대군을 유지하고 있고, 언제 도발할지 알
수 없는 상황이기 때문이다. 그동안 노력해 온 결과로 상당히 개선되기
는 했지만, 남한의 수적인 열세는 여전하고, 질적인 우위를 통한 상쇄
정도는 판단하기 어렵다.《국방백서》를 근거로 남북한의 주요 군사력
을 비교해 보면 〈표 1.2〉와 같다.
　〈표 1.2〉를 보면 북한은 육군의 규모, 해군의 전투함정, 공군의 전
투임무기 숫자에 있어서 남한에 비해 2배 이상의 우위를 보유하고 있
다. 해공군의 경우 질적인 우위가 양적인 열세를 어느 정도 상쇄할 수
있다 하더라도, 육군의 경우에는 그것이 쉽지 않고, 6 · 25전쟁에서와

표 1.2 남북한 주요 군사력 비교

구분		한국	북한
병력	육군	49.5만 명	102만 명
	해군	7.0만 명(해병대 2.9만 명 포함)	6만여 명
	공군	6.5만여 명	12만여 명
주요 전력	육군사단	44개(해병대 포함)	81개
	전차	2,400여 대(해병대 포함)	4,300여 대
	전투함정	110여 척	430여 척
	잠수함정	10여 척	70여 척
	전투임무기	430여 대	820여 대
	헬기	690여 대	300여 대
	예비병력	310만여 명	770만여 명

출처: 국방부, 2014: 239.

같이 한반도에서의 전쟁은 지상군의 비중이 높아서 육군의 열세를 해
공군력으로 보완할 수 있다고 말할 수는 없다. 육군의 대부분을 차지하
는 예비병력의 경우 숫자도 열세이지만 조직화된 정도를 고려할 때 북
한이 훨씬 강력하다고 보아야 할 것이다. 따라서 북한의 정규전 위협에
대해 한국은 동맹국의 지원이 필요한 상황이라고 보아야 한다.

　이 외에도 재래식 위협에는 북한의 국지도발, 소규모 침투, 사이버
전 등 다양한 형태의 비정규전(irregular warfare)이 포함된다. 이러한 도발
은 정규전 도발을 위한 전 단계거나 그 일환으로 사용될 수도 있을 것
이다. 다만, 이 중에서 사이버전과 같은 위협에 대해서는 새로운 전력

증강 소요가 필요할 수 있지만, 나머지의 경우에는 보유하고 있는 정규군의 일부분만 투입하면 되는 성격이고, 따라서 전력증강 소요를 새롭게 도출할 위협의 형태라고 보기는 어렵다.

북한의 핵 위협　　앞으로의 전력증강에서 가장 중요한 기준으로 삼아야 할 요소는 북한의 핵무기 위협이다. 핵무기는 가장 치명적인 대량살상무기(WMD: Weapons of Mass Destruction)로서 태평양전쟁에서 보듯이 한두 개만으로도 전쟁의 승패를 결정할 수 있고, 다수가 사용될 경우 국토를 불모지대로 만들어 버릴 수도 있는 너무나 위험한 무기이기 때문이다. 20kt급 핵무기가 지면폭발 방식으로 사용될 경우 24시간 이내 90만 명이 사망하고, 136만 명이 부상하면서 낙진에 의한 추가 피해도 적지 않게 발생한다(김태우, 2010: 319). 6·25전쟁의 3년여 기간 동안에 한국에서는 군인 사망 및 실종이 약 16만 명, 민간인 사망·납치·실종이 76만 명인데, 이를 합한 정도의 인원이 한 발의 핵무기에 의해 사망하게 된다.

북한도 핵무기 사용을 함부로 결정할 수는 없지만, 그렇다고 해서 절대로 사용하지 않을 것이라고 말할 수는 없다. 미국 하버드 대학의 로젠(Stephen Peter Rosen) 교수는 1950년 6·25전쟁에서 미국은 최소 세 번 이상 중국에 대해 핵무기 사용으로 위협했고, 1956년 수에즈 해협에 관한 위기에서도 소련이 영국, 프랑스, 이스라엘에 대해 핵무기 사용으로 위협한 적이 있다면서 북한의 핵무기 사용 가능성을 고려해야 할 것임을 시사하고 있다(2015: 23). 1973년 이집트가 기습적으로 공격해 이스라엘군의 피해가 급증하자 다얀(Moshe Dayan) 당시 이스라엘 국방장관은 핵무기 사용권한을 부여받았고, 총 13개의 핵탄두를 준비했다고도 한다(Farago, 2015: 84).

북한은 이미 핵무기를 탄도미사일에 탑재해 공격할 정도로 소형화·경량화하는 데 성공했고, 계속해서 핵무기의 양과 질을 향상시키고 있으며, 고농축 우라늄(HEU12)을 통한 핵무기 개발에도 성공했을 가능성이 높다. 2016년 3월 초 김정은은 핵무기 관련 과학자·기술자를 만난 자리에서 핵폭탄의 모형과 이를 탑재할 미사일들을 공개하면서 "핵탄을 경량화해 탄도로켓에 맞게 표준화, 규격화를 실현했다"고 언급했고, "핵탄두들을 임의의 순간에 쏠 수 있게 항시 준비해야 한다"고 지시한 바 있다.

북한의 핵무기 능력은 시간이 갈수록 강화되고 있고, 한국의 방어력 구비는 지체되고 있다. 지금 증강해야 할 무기체계를 모두 열거해 예산을 집중한다고 하더라도 상당한 시간이 소요되어야 어느 정도의 방어력이 구비될 것이다. 그러므로 북한의 핵 위협 대응을 위한 전력의 증강을 서둘러 추진해야 한다.

주변국의 위협　　한국의 입장에서 주변국 위협의 잠재성도 무시할 수 없다. 국제사회에는 영원한 우방도 적도 없다는 시각에서 보면 모든 주변국들이 잠재적국이기 때문이다. 그중에서 한국에게 위협의 잠재성이 적지 않은 국가는 중국이다. 중국은 북한의 동맹국이고, 한국과 이념이 다르며, 팽창주의적 성향을 점점 강화하고 있기 때문이다. 위협 여부와 정도는 적국의 능력과 의도를 종합해 평가하는데, 의도와 무관하게 230만 명에 달하는 중국의 막강한 군사력은 한국에게는 심각한 잠재적 위협이다.

비록 미국에 대응하기 위한 목적이 크지만, 중국은 최근 적극방어 전략을 기반으로 핵전력과 해·공군 전력의 현대화에 매진하고 있다. 육군도 항공, 기계화 및 특수작전 부대들을 발전시킴으로써 공지일체, 원거리 기동 및 신속대응능력을 강화하고 있다(국방부, 2014: 18-19). 특히 중국은 2016년에 로켓군을 창설함으로써 핵미사일, 전략핵잠수함, 전략폭격기 부대, 우주방어부대 등을 통합하고, 전체 육군 작전을 일사불란하게 지휘하기 위한 지휘부도 창설했다. 현재는 항공모함을 1척 보유하고 있으나 앞으로 제2, 제3의 항공모함을 건조해 나간다는 계획이다. 2010년의 천안함 폭침이나 연평도 포격, 주한미군 사드(THAAD: Terminal High Altitude Area Defense) 배치에 대한 반대 등에서 보듯이 중국은 한국에 대해 우호적이지 않아서 잠재적 위협으로 간주해야 할 필요성이 커지고 있다.

미국을 매개로 해서 한국과 간접적인 동맹 관계일 뿐만 아니라 자유민주주의 이념을 공유하고 있지만, 대륙 진출의 꿈을 버린 적이 없고, 중국과의 대결관계가 악화될 경우 한반도를 확보하고자 기도할 수 있다는 차원에서 일본 위협의 잠재성도 무시할 수 없다. 일본은 그동안 군사력을 지속적으로 증강해 왔을 뿐만 아니라 최근에는 '집단적 자위권'을 명분으로 군사력의 활동 영역을 크게 확장시켰다. 그래서 일본이 집단자위권에 관한 법률들을 통과시켰을 때 한국에서는 일본 자위대가 한국의 영해나 영공에 진출할 가능성을 심각하게 우려했던 것이다. 일본이 보유하고 있는 대체적인 전력을 한국과 비교해 보면 〈표 1.3〉과 같다.

〈표 1.3〉을 보면 전체 병력의 숫자나 육군의 경우 일본은 한국에

표 1.3 한국과 일본의 군사력 비교

구분		일본	한국
병력	총병력	247,150	630,000
	육군	151,050	495,000
	해군	45,500	70,000
	공군	47,100	65,000
육군	사단	9	44
	전차	777	2,400여 대
	장갑차	1,023	2,700여 대
	야포	589	5,600여 문
해군	전투함정	53	110여 척
	상륙함정	4	10여 척
	기뢰전함정	30	10여 척
	지원함정	80	20여 척
	잠수함정	18	10여 척
공군	전투임무기	340	400여 대
	감시통제기	37	60여 대
	공중기동기	65	50여 대
	훈련기	248	160여 대
	공중급유기	5	–

출처: 국방부, 2014: 236-239.

비해 열세하지만, 해군력에 있어서 잠수함과 다양한 지원함정의 경우 일본의 보유 수가 크고, 공군력의 경우에는 전투임무기가 한국과 유사할 뿐만 아니라 공중급유기를 보유하고 있어 일본의 활동영역이 더욱 넓다. 일본의 인구 규모, 경제력과 기술력을 고려할 때 단기간에 폭발적으로 전력을 증강할 수 있을 것이다.

평가　　　　국가 또는 군이 부여받은 본연의 임무는 어떤 외부 위협이 도래하더라도 국민들의 생명과 재산을 보호하는 것이기 때문에 특정 위협만을 선택해 대비할 수는 없다. 다만, 대부분의 국가들은 제한된 재원으로 전력증강을 해야 하기 때문에 위협의 우선순위에 따라 대비의 강도를 조절해야 하고, 외교력을 통해 위협의 강도를 낮추며, 동맹을 통해 다른 국가와 공동으로 대응하게 된다.

현재 상태에서 한국이 모든 역량을 집중해 대비해야 할 위협은 북한의 핵무기에 의한 위협이다. 북한은 핵무기 사용으로 위협하면서 어떤 정치적 요구조건을 수용하도록 강요하거나 그것이 수용되지 않을 경우 한국의 주요 도시에 핵 공격을 가할 수도 있다. 나아가 북한은 화학무기를 사용해 한국군의 전방군대를 무력화시킨 후 서울로 신속하게 진격해 점령한 상태에서 한국군이나 미군이 반격할 경우 핵무기를 사용하겠다고 위협할 수 있다. 특히 북한의 핵 위협은 재래식 전면전 발발과 연계될 것이고, 따라서 핵 위협과 재래식 전면전을 동시에 대비해야 한다는 점에서 어려움이 적지 않다.

주변국의 전력증강에 대해서도 장기적으로 대비해 나가지 않을 수 없다. 다만, 중국의 군사력은 워낙 막강하다는 점에서 한국은 동맹국인 미국과의 연합대응에 의존할 수밖에 없고, 일본의 경우에는 공통의 동맹국인 미국이 존재한다는 점에서 전력증강에 반영해야 할 정도로 급박한 위협이라고 보기는 어렵다. 즉 주변국의 위협은 북한 핵위협의 심각성과 한국의 제한된 국방예산을 고려할 때 '계산된 위험'(calculated risk)으로 간주하면서 군사적 대비보다는 동맹과 외교를 통해 해결하는 것이 더욱 합리적이라고 할 것이다.

4. 주요 위협별 한국군의 대응태세 평가

북한 핵 위협 대응   한국에게는 북한의 핵무기가 가장 심각하고 집중적으로 대비해야 할 위협이지만, 보유하고 있는 능력은 매우 제한적이다. 우선 북한의 핵무기 사용을 억제하기 위해서는 북한이 공격할 경우 "감내할 수 없는 피해"를 가할 수 있어야 하는데(정재욱, 2012: 139), 이를 위한 한국군의 능력은 매우 미흡하다. 일단 한국은 핵무기를 보유하고 있지 않고, 공군기와 지대지(地對地) 미사일과 같은 재래식 무기로 보복한다 해도 그 위력이 감내할 수 없는 피해를 끼칠 정도가 되지 못한다.

억제가 실패했을 경우 한국은 북한의 핵미사일이 발사되기 전에 지상에서 타격할 수 있어야 하는데, 이에 관한 한국의 능력 역시 충분하지 못하다. 즉 '킬 체인'이라는 명칭으로 30분 이내에 '탐지 → 식별 → 결심 → 타격'의 과정을 거쳐 선제타격하겠다는 개념인데, 이 중에서 '타격' 능력은 어느 정도 구비되어 있다고 하더라도 '탐지 → 식별

→ 결심'을 위한 정보 및 지휘통제 역량은 매우 미흡한 상태이다.

　선제타격이 실패하면 공중에서 요격해야 할 것인데, 한국군이 현재 보유하고 있는 PAC-2 요격미사일은 직격파괴(hit-to-kill) 능력이 없어서 PAC-3로 개량하기로 한 상태이고, 2020년 중반까지 중거리 및 장거리 지상 요격미사일을 자체적으로 개발해 중첩성을 강화한다는 계획이지만, 개발될 때까지는 능력이 무척 제한된다.

　가장 심각한 핵 위협에 대해 한국군은 자체적인 억제 및 방어력을 거의 확보하지 못하고 있는 상태이고, 따라서 미국의 지원에 의존하지 않을 수 없다. 미국의 지원은 불확실할 수 있지만, 외교적 노력을 통해 그 확실성을 높여야 한다. 대신에 한국은 미국이 지원해 주지 않거나 한국 자체적으로 노력하는 것이 효과적인 분야에 중점을 두어서 전력을 증강해 나가는 것이 현실적인 선택이다.

북한 재래식 전면적 위협 대응　6·25전쟁 이후 지속적으로 대비해 온 결과 북한의 재래식 전면전에 대한 한국군의 대비태세는 어느 정도 구비된 상태라고 보아야 한다. 병력의 숫자는 적지만 방어의 이점(지형의 활용 등)을 활용하거나 질적인 우위를 고려할 경우 상쇄 가능한 부분도 적지 않다. 한국군은 수 개의 방어선을 계획해 진지공사 등 상당한 전투준비태세를 갖추어 둔 상태이고, 지속적으로 훈련 및 보완을 실시하고 있다.

　우려되는 것은 예정되어 있는 육군의 대규모 감축이다. 2014년 3월 발표된 '국방개혁 기본계획 14-30'에 의하면, 한국군은 당시 63만 3천 명인 병력을 2022년까지 52만 2천여 명으로 감축하는데 이 중에서 육군만 11만 명을 감축하도록 되어 있고, 군단은 8개 → 6개, 사단은 42개 → 31개, 기갑·기보여단은 23개→16개로 감축될 예정이다. 육군의 경우 현 병력의 4분의 1 정도(현재의 49만 5천 명 → 38만 7천 명)에 해당되는 규모의 병력을 감축해야 하는데, 이것은 한국군 전체의 방어개념과 부대 편성을 바꿔야 할 수준의 큰 변화이다. 무기 및 장비 보강을 통해 병력 감축을 보완한다고 하더라도 소요되는 기간과 재원을 고려할 때 방어태세의 상당한 약화는 불가피하다.

설상가상으로 미국도 육군을 대규모로 감축시키고 있다. 국방예산의 대규모 삭감으로 인해 2001년 9·11 테러 이후 57만 명에 이르렀던 미 육군의 규모를 2014년 현재 약 52만 명 정도로 감축시켰고, 2018년까지 49만 명 정도로 추가 감축시킨다는 계획이며, 44만-45만 명으로 감축되는 것은 물론이고, 42만 명으로 감축시켜야 할 수도 있다고 전망되고 있다. 그 결과 40여 개의 여단전투단(BCT: Brigade Combat Team) 중에서 10여 개를 해체할 예정이다. 그렇게 되면 유사시 한국에 대한 증원의 적시성과 충분성은 낮아질 수밖에 없을 것이다. 미 육군 스스로도 45만 명으로 감축하는 것이 "현 방어 전략을 수행할 수 있는 최소한의 수용 가능한 전력"이고, 42만 명으로 감축된다면 그것은 "방어 전략을 구현할 수 없는 부족한 능력"이라고 평가하고 있다(Feickert, 2014: 18).

이렇게 볼 때 북한의 재래식 전면전 위협에 대해서는 지금까지의 노력으로 어느 정도의 대비가 갖추어졌다고 할 수 있지만, 육군이 감축된다면 문제점이 발생할 수 있고, 특히 미 육군이 대규모로 감축되어 동맹에 의한 지원의 적시성과 충분성이 낮아질 경우 추가적인 대응방안이 필요한 상황이 될 수 있다.

　　　　한국은 현재 심각한 상황에 직면하고 있다. 북한의 핵 위협은 날로 증강되어 가고 있는데, 이에 대해 유효한 방어수단은 구비하지 못하고 있을 뿐만 아니라 노력한다고 하더라도 상당한 시간이 소요될 전망이기 때문이다. 더군다나 한국은 유사시 미군의 증원 전력을 활용해 북한군의 공격을 막아내고 반격을 감행한다는 개념인데, 미 육군의 대폭적인 병력 감축은 이러한 개념의 실효성 자체를 의심하게 만들고 있다. 한국도 현재 육군을 감축한다는 계획이어서 상황은 더욱 어려워지고 있다.

　　나아가 한국의 경제성장률, 국가의 재정운용계획, 그 속에서의 국방비 할당 비율 등을 고려할 때 국가 차원에서 군이 필요로 하는 충분한 국방비를 지원하는 것 자체가 어렵다. 국방예산의 가용 정도는 국가의 경제성장에 좌우되는데, 한국의 경우 2000년대에는 5% 정도의 성장이 가능했으나 2010년대에는 2-3% 정도의 성장률에 머물고 있을 뿐만 아니라 시간이 흐를수록 성장률이 낮아질 것으로 예상되고 있다. 국가예산에서 차지하는 국방비 비중이 획기적으로 증대되지 않는 한 향후 국방예산이 3% 이상으로 증대되기는 어렵다고 보아야 한다. 즉, 한국군은 국방예산이 극도로 제한되는 상황 속에서 북한의 핵 위협과 전면전을 방어해야 하는 절박한 상황에 처해 있다고 보아야 한다.

　　설상가상으로 그동안 한국이 '율곡계획'이라는 자주국방 노력에 의해 획득해 온 대부분의 무기 및 장비가 수명 연한에 도달함에 따라서 그것을 교체해야 하는 부담도 적지 않다. 언론에서도 '기초 약한 대한민국 육군'이라고 평가하면서 트럭·지프 등 각종 차량의 80%가 수명 연한을 넘어섰다면서 '창끝부대'로 불리며 대대급 이하 전투력은 매우 낙후되어 있고, 1개 대대를 현대화하려면 190여억 원의 예산이 소요되어야 할 정도라고 평가한 적도 있다(유용원, 2013.7.17: A30). 어떤 무기 및 장비를 획득해 30년을 사용한다고 할 경우 획득비용은 28%에 불과하고, 운영유지비용이 72%에 해당된다는 연구결과를 참고할 경우(GAO, 2003: 14), 시간이 갈수록 현존 전력의 관리에 더욱 많은 국방예산이 소요될 것이고, 그러할수록 새로운 무기 및 장비의 획득을 위한 예산 투자는 줄어들 것이다.

5. 결론과 교훈

냉정하게 볼 때 한국의 현 상황은 자존심이 아니라 생존 차원에서 전력증강의 방향을 결정해야 할 상황이다. 미군의 전력을 최대한 활용하면서 자주국방 노력을 경주했던 1970년대의 방식으로 회귀해야 한다고 볼 수도 있다. 그동안 한국은 남북한 화해협력의 기대를 바탕으로 다양한 위협에 대한 대비를 강조하는 능력기반기획을 적용하고자 노력해 왔고, 첨단 전력을 증강해 미군의 지원력을 대체함으로써 자주성을 강화하고자 노력해 왔지만, 북한의 핵 위협이라는 심각한 과제가 더 이상 그것을 계속하도록 허용하지 않고 있다. 이제는 전통적인 위협기반기획의 비중을 강화함으로써 단기간 내에 북한의 핵 위협으로부터 국가와 국민을 보호할 수 있는 능력을 구비할 필요가 있고, 한미동맹에 근거한 미군과의 효과적인 분업체제에 근거해 미군이 지원하기 어려운 분야를 집중적으로 증강함으로써 최소한의 비용으로 최대한의 안보효과를 달성할 수 있어야 한다.

이러한 점에서 한국은 중점적으로 대비해야 할 위협을 최우선적으로 식별하고, 우선순위를 설정해 대비를 위한 모든 노력과 예산을 효율적으로 할당할 필요가 있다. 당연히 북한의 핵 위협이 최우선적으로 대비해야 할 위협일 것이고, 그다음으로는 북한이 핵 위협 상황하에서 수도권을 대상으로 제한전을 수행하거나 전면전을 발발할 경우일 것이다. 국지도발, 테러, 사이버전 등의 위협은 별도로 군사력을 증강하기보다는 기존 군사력 운용방법의 변화를 통해 대응할 필요가 있고, 계산된 위험(calculated risk)으로 간주해 무시할 수도 있어야 한다. "무소불비 무소불과"(無所不備 無所不寡: 모든 분야를 대비하면 어느 분야도 충분하지 않아진다)라는 《손자병법》의 경구를 명심해야 할 상황이다.

그런 다음에 한국은 북한에 의한 핵 위협과 전면전에서 승리하기 위해 전체적으로 무엇이 필요하고, 그중에서 미국의 지원을 받을 수 있는 것이 무엇인가를 식별해 내며, 미국 지원이 불가능한 부분은 한국군이 집중적으로 증강할 수 있어야 한다. 한국군은 미군이 지원 가능한 부분에서 과감하게 노력과 재원을 절약해 미군이 지원해 주지 못할 부분을 중점적으로 증강해 나가고, 이로써 단기간 내에 상당한 방어력을 구비하고자 노력해야 할 것이다.

이제 한국은 핵무장한 북한이 도발할 수 있는 모든 각본(scenario)을 상정하고, 그에 따른 대비책을 점검해 미흡한 부분을 증강하는 방향으로 노력할 필요가 있다. 북한은 한국과의 정책적 대립이나 충돌이 극단적으로 치달을 경우 그에 대한 한국의 일방적 양보를 강요하고자 한국의 어느 도시에 1-2발의 핵무기를 사용할 수도 있다. 또한 서북도서 공격과 같은 국지도발을 감행한 후 한국이 강력하게 대응할 경우 북한은

제1부 반성과 교정

핵무기 사용으로 위협하거나 실제로 사용할 수도 있다. 또한 북한은 기습적인 공격으로 수도권을 장악한 후 한국이 반격할 경우 핵무기로 공격하겠다고 위협할 수 있다. 이 경우 북한은 비지속성 화학탄을 사용해 전선의 한국군을 무력화시킨 후 인구밀집지대로 조기에 진입해 빌딩 등으로 은폐 및 엄폐된 가운데 서울로 진입할 수 있고, 진입한 이후에는 남한 정권만 타도한 후 철수하겠다면서 한미연합군의 반격 명분을 약화시키며, 그래도 한미연합군이 반격한다면 한국의 도시나 군부대를 대상으로 핵무기 공격을 가하겠다고 엄포를 놓을 수 있다. 이와 같이 한국과 한국군은 핵무장한 북한이 사용 가능한 모든 각본들을 열거하고, 그 위험성과 가능성을 기준으로 우선순위를 식별하며, 각본별로 어떻게 대응하겠다는 방향을 설정하고, 그러한 대응방향을 구현하기 위해 증강해야 할 전력의 소요를 도출해 내야 한다.

지상군과 해공군의 전력을 균형적으로 증강해 나가되, 지상군의 무기 및 장비가 노후화된 부분은 조기에 현대화해 줄 필요가 있다. 해공군력은 북한에 비해 수적으로는 열세하더라도 질적인 우위는 확보하고 있지만, 육군은 수적으로 열세일 뿐만 아니라 질적인 우위의 상쇄도도 적기 때문이다. 해공군의 경우에도 미군이 지원해줄 수 있는 원거리 작전용 첨단 전투력보다는, 미군의 지원이 어렵거나 우리가 수행하는 것이 효과적인 단거리 작전용 중급의 전투력을 중심으로 군사력을 증강해 나가야 할 것이다. 한국군의 모든 간부들은 자군중심주의(parochialism)에서 벗어나 현 상황에서 어떤 것이 최선인가를 자유로우면서도 객관적으로 논의해 최선의 전력증강 방향을 결정할 수 있어야 할 것이다.

제4장
탄도미사일 방어: 루머

지속적인 투자와 기술개발만 가능하다면 북한의 핵미사일 위협에 대한 가장 안전하고 신뢰성 있는 대응책은 탄도미사일 방어(BMD: Ballistic Missile Defense)이다. 이것은 평화적일 뿐만 아니라 방어적이고, 평소에 노력한 만큼 누적되는 부분이 많으며, 완성되면 국민들에 대한 보호력이 크기 때문이다. 그래서 미국은 핵미사일에 대한 방어의 핵심적인 조치로 이를 추진해 왔고, 수십 년 노력한 결과 상당한 능력을 구비하게 되었다. 그렇다면 당연히 한국도 북한이 핵무기 개발을 시작하는 순간부터 BMD에 노력해야 했었다. 그런데 현재 한국은 그 능력이 무척 미흡한 상태이다. 왜 이렇게 되었을까?

누구도 믿고 싶지 않은 불편한 진실이지만, 한국의 BMD는 루머에 의해 제대로 추진되지 못했다. "한국이 나름대로의 미사일 요격체제를 구비하는 것이 미국 MD의 일부가 된다."(지금도 반대론자들은 계속 'MD'라는 용어를 쓰지만, 세계적인 보편적 용어는 'BMD'이다)는 루머는 자주를 중시하는 국민정서와 결합되어 이에 관한 한국군의 노력을 결정적으로 방해했다. 최근에는 주한미군의 사드(THAAD) 요격미사일 배치에 대해서도 유사한 루머가 제기되어 수년 동안 비생산적인 논쟁을 계속해 왔다. 이러한 루머는 비단 BMD나 사드를 둘러싸고만 제기되는 것이 아니라 국가안보의 다양한 분야에서 횡행하고 있고, 부지불식간에 상당한 피해를 주고 있다. 따라서 북한의 핵 위협으로부터 국민들의 생명을 보호하고자 한다면 이 루머의 존재와 그 악영향부터 명확하게 인식하고 해소하고자 하는 노력이 필요하다.

1. 루머와 확증편향

루머　　일반적으로 어떤 불확실한 사실이 유포되는 것을 소문 또는 가십(gossip)이라고 하는데, 그중에서도 악의성이나 유해성이 클 경우에는 유언비어(流言蜚語) 또는 루머(rumor)라고 말한다. 루머는 '전파 당시 진위 여부가 확실하지 않은 정보' 중에서 악의성이 큰 것이다(권세정·차미영, 2014: 46). 루머는 바이러스와 같이 사람을 감염시키는 '마음의 감염'(infection of the mind)으로서, 전염병과 유사하게 확산된다(Nekovee et al., 2008: 2).

　　어느 국가나 사회에도 각 분야에 걸쳐서 어느 정도의 루머는 존재하지만, 최근 한국에서 발생한 루머는 안보 분야라서 그 피해가 심각하다. 예를 들면, 2010년 3월 26일 북한의 잠수정에서 발사한 어뢰가 한국의 군함인 천안함을 격침시킴으로써 해군 병사 40명이 사망하고 6명이 실종되었는데, 이 사건 직후 인터넷 공간을 중심으로 천안함이 낡아서 좌초되었다거나 한국 정부가 고의로 격침시켰다거나 훈련 중이던 미 잠수함에 의해 오폭 또는 충돌되었다는 루머가 급속히 확산되었다. 이것은 한국 사회를 혼란스럽게 만드는 데 그치지 않고 유엔에까지 전달되어 결의안 결정 과정에도 영향을 미쳤다. 나중에 법원에 의해 이것이 루머라는 것이 판명되었고, 확산시킨 당사자는 처벌을 받았지만, 그 루머로 인해 초래되었던 사회적 혼란의 피해는 적지 않았다.

　　악의성이 적을 경우 루머는 정보를 전달하는 유용한 도구일 수 있다(권세정·차미영, 2014: 46). 아무런 정보가 없어서 불안한 상태일 때 루머는 불안감을 다소 해소해 주거나 최소한의 행동기준을 마련해 주는 사회적 커뮤니케이션의 한 형태로 기능하기 때문이다(최영, 2010: 80). 그러나 악의성이 커질 경우 루머는 상당한 해악을 끼치기 때문에 어느 학자는 '루머폭탄'(Rumor Bomb)이라는 용어를 제시하고 있다(Harsin, 2006: 84-110). 루머폭탄은 루머 피해의 심각성과 악의성을 강조하려는 용어로서 사회를 불안하게 만들고자 하는 목적하에서 고의적으로 루머를 퍼트리는 행태이다. 한국에서는 '악성 루머'라는 말이 사용되기도 한다.

과거에 루머는 입에서 입으로 전해졌으나 인터넷이 등장하면서 현대에는 글로 전달되는 사례가 증대되고 있다. 그리고 인터넷을 통해 집단적으로 신속히 유포되기 때문에 현대의 루머는 조기에 신념화되거나 내면화되는 경향을 보이고 있다. 루머를 유포하는 사람들은 자신의 주장을 믿지 않거나 부인하는 사람들에 대해 배타적이거나 적대적인 태도를 취하게 되고, 나중에는 해당 루머에 대한 태도와 동조 여부가 내용의 진실성보다 더욱 중요하게 된다(한정석, 2013: 7).

확증편향　　　루머는 그 특성상 그다지 오래 기능하지 않기 때문에 루머로 전파된 내용이 실제적인 믿음으로 지속되는 것은 확증편향(confirmation bias) 때문이다. 확증편향은 "진리 여부가 불확실한 가설 혹은 믿음을 부적절하게 강화하는 행위"로서(Nickerson, 1998: 175), 한번 듣거나 믿은 것을 그대로 유지하고자 하는 경향이다. 확증편향에 빠지면 "기존 인식에 일치하거나 이전에 믿는 바와 모순되지 않는 방향으로 새로운 정보를 획득하거나 처리"하고(Allahverdyan and Galstyan, 2014: 1), "현재의 신념이나 대안(결과정보 포함)과 일치하는 정보만을 주로 탐색"하게 된다(이양구, 2010: 25).

확증편향은 다음과 같은 요인에 의해 발생한다고 분석되고 있다. 기본적으로 인간은 자신이 옳다고 믿는 바가 진실이기를 바라는 마음이 크고, 진위와 상관없이 어떤 가설을 빈번하게 들으면 신념화하게 되며, 어떤 가설을 일단 수용해 버린 상태에서는 매우 설득력 있는 증거가 제시되지 않는 한 그 가설을 진실로 보려 하며, 가설의 타당성을 설명하는 과정에서 그 가설에 대한 신뢰가 더욱 강해지고, 오류를 인정하지 않으려는 습성이 있으며, 가설에 관한 토론이나 연구 등의 학습과정이 수반됨에 따라 가설에 대한 신뢰가 점점 강해진다는 것이다(이예경, 2012: 6). 처음 어떤 내용을 들은 상태에서 반대의 입장을 듣지 않은 채 시간이 경과할수록 확증편향은 커질 가능성이 높다.

확증편향은 모든 사람들에게 공통적일 뿐만 아니라 무의식적으로 형성되기 때문에(이예경, 2012: 4), 의도적으로 노력하지 않을 경우 쉽게 없어지지 않는다. 개인의 경우 확증편향의 영향임을 모른 채 자신의 신념으로 오해할 개연성도 높다. 따라서 확증편향을 제거하고자 한다면 반대 입장에서 생각하도록 강요하거나, 정확하게 판단하지 않을 경우 심각한 피해가 발생할 수 있다는 책임감을 부여하거나, 집단을 형성해 충분한 토론을 보장하거나, 심리상태를 안정시키는 등의 의도적인 조치가 강구되어야 한다(이예경, 2012: 7-12). '악마의 변호인'(devil's advocate) 개념에서 보듯이 반대의견을 의무적으로 제시하는 사람을 지정하는 등으로 확증편향을 약화시킬 수 있는 의도적 장치를 강구하기도 한다.

이렇게 볼 때 어떤 잘못된 내용이 루머로 전파될 경우 시간이 지나면서 옳은 정보가 많아지면서 균형을 이루어 진실로 가까워지는 것이 아니라 확증편향으로 인해 루머가 진실로 인식되는 현상이 발생한다. 특정 사안에 대한 사회적 오해는 루머로부터 시작해 확증편향에 의해 고정되는 셈이다. 그사이에 새로운 루머가 계속 유입될 경우 확증편향은 더욱 강해질 것이다.

---

2. 한국의 BMD와 사드 배치 논란의 경과

탄도미사일 방어를 둘러싼 논란

1991년 걸프전에서 이라크가 탄도미사일로 미군 막사를 공격해 30명 정도의 사망자가 발생한 것을 목격하고 나서 한국군은 미국이 개발한 요격 미사일 구매를 검토할 정도로 탄도미사일의 방어에 적극적인 관심을 보였다(Allen et al., 2000: 34). 그러다가 북한과의 화해협력정책을 중시하는 정부가 들어서면서 북한에 대한 자극을 최소화한다는 차원에서 탄도미사일 방어에 소극적인 입장으로 전환했다. 1999년 3월 5일 외신과의 회견에서 천용택 당시 국방장관은 "TMD(전구미사일 방어: Theater Missile Defense)는 북한의 미사일에 대한 효과적인 대응수단이 아닐 뿐만 아니라 한국은 TMD에 참여할 경제력과 기술력이 없다"고 말했고, 김대중 대통령도 1999년 5월 5일 CNN과의 회견에서 TMD 불참 입장을 확인했다. 이로부터 탄도미사일 방어와 관련해 '참여'라는 말이 사용되기 시작했고, 정치지도자들은 북한의 미사일 위협과 방어책에 관해 '최대한 발언을 자제하거나 드러난 사실만을 언급'하는 경향을 보였다(이상훈, 2006: 153-154).

2001년 출범한 미국의 부시(George W. Bush) 대통령이 미국 본토에 대한 방어체계인 NMD(National Missile Defense)와 해외 미군 보호용인 TMD를 'MD'(Missile Defense)로 통합해 적극적으로 추진하기 시작했다. 그러나 일부 시민운동가와 단체들은 이것을 세계 패권 장악을 위한 미국의 책략으로 해석하면서 한국의 불참을 요구했고(정욱식, 2003), 미국의 MD에 참여하거나 탄도미사일 방어체제를 구축할 경우 주변국을 자극해 동북아시아의 긴장과 군비경쟁을 촉발하거나 북한을 자극해 남북 관계의 진전을 방해할 수 있다고 주장했다(평화와 통일을 여는 사람들, 2008). 이러한 주장은 반미감정을 촉매제로 해서 한국 사회 전체로 확산되었고, 국방부의 정책 결정에도 영향을 미쳤다. 결국 2003년 국방부는 종말단계(終末段階, terminal phase)의 상층방어(upper-tier defense)와 하층방어(lower-tier defense) 중에서 하층방어만 추진한다는 방침을 정하고, 이를 '한국형 미사일 방어'(KAMD)라고 명명했으며, '미 MD 불참'을 선언하게 되었다(《조선일보》, 2003.6.11: A1). 그리하여 미 MD 불참을 요구하는 세력들의 반대는 회피할 수 있었으나 탄도미사일 방어에 관한 미국과의 어떤 협력도 제대로 진전시킬 수 없었고, 탄도미사일 방어의 일반적 조건 중 하나인 다층방어(multi-layered defense)를 추진하지 못함으로써 공격해 오는 상대의 미사일을 단 한 번만 요격하겠다는 원초적인 한계를 지니게 되었다.

보수 지향의 이명박 정부가 들어서면서 BMD(럼즈펠드 미 국방장관 사임 이후 미국은 BMD로 환원)의 필요성은 인식했으나 이전 정부가 정립한 방침으로 인해 미국과 협력을 추진하거나 종말단계 하층방어 이상의 능력을 갖는 요격미사일의 필요성을 검토하지는 못했다. 종말단계 하층방어를 위한 무기체계를 확보하면서도 공격해 오는 미사일에 대한 직격파괴(直擊破壞, hit-to-kill: 미사일의 몸통을 직접 타격해 파괴하는 것) 능력을 갖추지 못한 PAC(Patriot Advanced Capabilities)-2 미사일 2개 대대를 구입한다는 결정을 내림으로써 더욱 방어의 신뢰성이 낮아졌다. 이 기간 동안 한국의 탄도미사일 관련 논의에서는 항상 '미 MD 참여' 여부가 질의되었고, 정부가 그렇지 않다고 부정해도 의심은 계속되었다.

이러한 상황은 박근혜 정부까지도 계속되어 취임 후 2013년 10월 개최된 첫 번째 SCM(Security Consultative Meeting, 한미연례안보협의회의)을 전후해 MD 참여를 둘러싼 미국의 압력에 대한 추측성 보도가 봇물을 이루었고, 급기야 김관진 당시 국방장관이 특별 기자회견을 통해 "미 MD에 참여할 의사도 없고, 미국이 요청한 적도 없다"는 내용을 발표하기에 이르렀다. 그래도 의혹은 진정되지 않았고, 한국 사회는 '미 MD 참여 여부'를 중심으로 논란을 계속했다. 지금까지 한국의 탄도미사일 방어에 관한 토론의 주제는 그 필요성이나 추진전략에 관한 것이 아니라 '미 MD 참여 여부'였고, 한국도 BMD가 필요할 것이라는 미 측 인사의 조언은 '미 MD 참여 압박'으로 해석되어 비판되었다.

사드 배치를 둘러싼 논란　사드를 둘러싼 논란은 BMD에 관한 논란의 연장선에서 발생했는데, 미국 측에서 BMD에 관한 어떤 언급만 있으면 '미 MD 참여 압박'으로 해석하는 분위기가 존재하는 상황 속에서 2014년 5월 28일(현지 시각) 제임스 위너펠드(James A. Winnefeld) 미 합참차장이 "사드의 한국 배치 검토 중"이라고 말한 내용과 2014년 6월 3일 스캐퍼로티(Curtis Scaparatti) 한미연합사령관이 본국에 "사드 전개(배치)를 요청했다"고 말한 내용이 보도되었다. 그러자 일부 진보 성향의 인사들은 사드는 미국을 공격하는 중국의

ICBM을 요격할 수 있기 때문에 중국이 좌시하지 않을 것이라면서 사드 배치의 위험성을 강조하기 시작했다. "미국이 한국 내 배치를 검토 중인 사드가 '북한뿐만 아니라 중국과 러시아와 같은 인접국까지 커버' 할 수 있다. … 중국은 미국의 한국 내 MD 배치를 동북아의 화약고인 한반도에 미국이 위험한 인화물질을 갖다 놓는 것으로 여긴다. … 미국 주도의 MD가 중국 자신을 겨냥하고 있다고 믿고 있기 때문이다"라는 주장이었다(정욱식, 2014b). 이러한 논리를 바탕으로 《싸드》(THAAD)라는 소설도 발간되었는데, 이 책에서는 픽션과 논픽션을 혼합해 "한국이 사드를 받는다면 미국 편에 서서 중국과 전쟁을 하자는 뜻에 다름 아 닙니다. … 중국은 반드시 복수를 합니다."라는 논리를 전개하고 있다 (김진명, 2014: 289). 이러한 주장들은 사드에 관한 사항이 제대로 알려지 지 않은 초기에 상당한 설득력으로 국민들에게 유포되었다.

사드를 둘러싼 한국에서의 논란은 중국에까지 전달되었고, 급기 야 2014년 7월 한중 정상회담에서 시진핑(習近平) 주석이 박근혜 대통 령에게 한국이 주권국가임을 언급하면서 미국의 사드 배치를 허용하지 않도록 요청했다고 전해진다(《조선일보》, 2015.3.17: A1). 그리고 2014년 9월 30일 미국외교협회 간담회에서 로버트 워크(Robert Work) 미 국방부 부 장관이 사드의 배치 방안을 한국 정부와 '협의 중'(working out)이라고 밝 히자 한국 언론은 미국과의 협의를 숨겼다면서 정부를 공격했고, 한중 양국 지식인들과 언론은 서로의 입장을 전하면서 논란을 가열시켰다.

2014년 후반기부터 2015년 초반기는 중국의 관리들이 사드 배치 에 대한 반대 입장을 적극적으로 개진한 시기이다. 2014년 11월 26일 한국 국회에서 추궈훙(邱國洪) 주한 중국대사가 사드 배치에 관한 중국 의 부정적 입장을 공개했고, 2015년 2월 4일 서울에서 열린 한중 국방장관 회담에서 창완취안(常萬全) 중국 국방부장(장관)은 중국군 수뇌부로서는 처음으로 의제에 없던 사드 문제를 꺼냈으며, 3월 중순에는 류젠차오(劉建超) 중국 외교부 부장조리가 방한해 사드 배치를 둘러싼 압력성의 발언까지 서슴지 않았다.

2015년 3월 하순부터 사드 배치를 둘러싼 논란은 미군 관리들의 방한에 즈음한 추측성 보도 중심으로 전개되었다. 2015년 3월 하순 뎀프시(Martin E. Dempsey) 미 합참의장, 4월 중순 카터(Asheton Carter) 미 국방장관, 5월 중순 케리(John Kerry) 미 국무장관 등이 방한했는데, 이들의 방한계획이 발표될 때마다 국내 언론은 사드 배치를 위한 미국의 압력이 있을 것으로 예측했고, 이러한 예측은 논란을 증폭시켰다. 예측과 달리 이들의 방문에서 사드 문제가 언급되지 않자, 케리 국무장관이 주한미군 장병을 방문한 자리에서 "(북한 위협과 관련) 우리는 모든 결과에 대비해야 하고 … 이것이 바로 우리가 사드와 (병력·함정 배치 등) 다른 것들에 관해 말하는 이유"라고 언급한 것을 사드 배치에 대한 압력으로 과장해 해석하기도 했다(《조선일보》, 2015.5.19: A1).

사드 관련 논란에 대해 정부는 협의를 부정하거나 가능하면 침묵을 지키는 태도를 보였다. 중국 국방부장의 방문 후 한민구 국방장관은 "미 측이 사드 배치를 결정하거나 협의한 바가 없다."라고 설명했고, 중국 외교부장조리의 방문 이후 청와대는 사드 배치에 관한 "(미국의) 요청, 협의, 결정이 없었다."는 소위 '3 No'라는 입장을 발표했다. 그리고 실제로 한미 양국 정부는 국내여론이 긍정적이지 않다는 판단하에 사드에 관한 협의 자체를 추진하지 않았다.

북한의 제4차 핵실험 이후 경과　　2016년 1월 6일 북한이 제4차 핵실험을 실시해 수소폭탄의 개발에 성공했다고 발표하자 다수의 인사들이 다양한 토론장에서 사드의 배치 필요성을 강조하기 시작했다. 급기야 야당에서도 "북한 핵무장에 가장 좋은 대비책은 미국이 한국에 사드를 배치하는 것"이라면서 "그동안 (사드 배치를) 주저한 것은 중국의 강력한 반대 때문인데, 중국도 지금 상황에서 자위권 차원의 사드 배치를 반대할 명분이 없다"고 사드 배치를 요구하게 되었다(연합뉴스, 2016.1.14). 언론에서도 사드가 중국의 군사 활동을 탐지한다든가, 사드가 배치되면 한국이 미국 미사일 방어체계의 전진기지가 될 것이라는 등의 주장은 오해이고, 중국이 사드 배치를 반대하는 것은 이것을 빌미로 "한반도와 역내에 대한 미국의 입김을 차단하고, 북핵 문제를 둘러싼 대한(對韓) 대북(對北) 관계의 주도권을 유지하려는 고도의 외교적 수사"라면서 오해 해소 차원의 기사를 게재하기도 했다(《동아일보》, 2016.1.20: A3). 그럼에도 불구하고 일부 시민단체들은 야당의 사드 배치 지지발언을 비난하면서 철회를 주장했고, 이후에는 야당도 시민단체들의 의견대로 다시 반대로 회귀했다.

　　북한의 제4차 핵실험과 장거리 미사일 시험발사 이후 사드 배치에 관한 정부의 입장은 상당할 정도로 달라졌다. 제4차 핵실험 이후 가진 2016년 1월 13일의 연두 기자회견에서 박근혜 대통령이 주한미군의 사드 배치 문제를 제기했고, 한민구 국방장관도 2015년 1월 25일 문화방송과의 대담에서 "군사적 관점에서 볼 때 미국 사드체계의 한반도 배치를 검토할 필요가 있다."고 말했다. 그러다가 2016년 2월 7일 북한이 장거리 미사일을 시험발사하자 국방부는 사드 배치 문제를 미군과 협의하겠다고 공식적으로 발표했고, 이에 따라 사드 배치가 급물살을 타기 시작했다. 국민들도 사드 배치에 찬성하는 의견이 2015년 2월에 비해서 12% 정도 증대되어 67.7%가 찬성했다(《중앙일보》, 2016.2.15: A2).

2016년 7월 8일 한국 정부는 한미실무단의 건의에 근거하여 미군의 사드를 한국에 배치하기로 결정하였고, 7월 13일에는 배치 장소를 경북 성주로 결정하였다. 이에 대하여 해당 주민들이 반발하여 부지교환 등이 요구되었고, 중국이 압력을 행사하였으나 2017년 3월부터 사드 장비가 한국으로 이동하여 배치되었다.

평가　　　북한의 핵미사일 위협이 심각해지는 가운데서도 한국은 어떤 것이 최선의 BMD 구축의 방향일까를 고민하기보다는 미국의 BMD에 참여해서는 안 된다는 일부 진보 성향 인사들의 의혹에서 헤어나지 못했다. 결과적으로 일본이 직격파괴(hit-to-kill) 능력을 가진 지상의 PAC-3와 해상의 SM-3 요격미사일을 구입할 때 한국은 직격파괴 능력이 없어 BMD에는 부적합한 지상의 PAC-2와 해상의 SM-2 요격미사일을 구입했다. 아직도 한국은 BMD에 대한 명확한 개념을 정립하거나 그의 구현을 위한 체계적인 일정계획을 수립하지 못한 상태이다. 루머의 영향이 얼마나 큰지를 알 수 있다.

BMD를 둘러싼 논란은 주한미군의 사드 배치를 둘러싼 논란으로 좁혀져서 2014년 여름부터 한국 사회의 에너지를 극도로 소모했다. 사드에 관해 토의하느라 현 상황에서 한국이 채택해야 할 최선의 BMD 개념과 그림, 무기체계 개발 및 확보계획 등은 제대로 토론되지 못했다. 그사이에 북한은 핵미사일을 점점 증강시켰고, 김정은은 임의의 순간에 발사할 준비를 갖추라고 지시한 상황이 되고 말았다. 지면이 아까운 점이 있지만, 사드에 관한 논란이 해소되지 않을 경우 BMD에 관한 다른 토의로 넘어가기 어렵다는 점에서 쟁점에 대한 명확한 정리가 필요하다.

3. 사드 배치를 둘러싼 루머와 진실

사드란?　　'사드'(THAAD)는 적의 미사일 공격을 받을 것으로 예상되는 지역에서 나를 향해 공격해 오는 상대의 미사일을(T: Terminal), 상대적으로 높은 고도에서(HA: High Altitude), 다소 넓은 지역을 방어하는(AD: Area Defense) 무기체계이다. 이것은 미국의 본토가 아니라 해외 주둔 미군을 방어하기 위해 개발한 무기로서, 트럭에 실려 있고, 비행기로 공수가 가능하며, 발사대, 요격 미사일, 레이더, 화력통제장치로 구성된다.

사드는 1987년 시범사업으로 최초 제안되어 1992년부터 개발이 시작되었고, 수차례의 실패를 거쳐서 1999년에 성공한 후 2000년부터 제작 단계에 돌입했다. 2005년 최초 시험발사를 실시한 이래 지금까지 13번의 시험에서 11번 요격에 성공했고, 작전적 현실성 시험도 5회 성공했다. 결국 미 육군은 사드를 개발 및 구매하는 것으로 결정했고, 2015년까지 5개 포대를 납품받아 확보했으며, 2개의 포대에 대한 구매 계약을 체결해 둔 상태이다.

표 1.4 사드의 제원

구분	제원
중량	900kg
길이	6.17m
직경	34cm
속도	마하 8.24 or 2.8km/s
작전거리	200km
고도	150km

사드의 정확한 성능은 군사기밀이라서 공개되고 있지 않다. 그러나 위키피디아에서는 〈표 1.4〉와 같이 설명하고 있는데, 이것은 한국 언론에서 보도된 내용과 대동소이하다.

한국에서 제기된 사드 논란에서 핵심적인 내용으로 부각된 것은 사드가 사용하는 레이더의 성능이다. 이것은 AN/TPY-2 레이더로서, 트럭에 견인되어 이동되는데, 레이더의 면적은 $9.2m^2$로서 버스 정도의 크기이다. 요격미사일과 상관없이 전진배치 모드(forward-based mode)로 독자적으로 사용될 때는 탄도미사일의 초기비행단계를 탐지해 추적할 수 있고, 사드에 부착되어 종말모드(terminal mode)로 사용될 때는 공격해오는 적 탄도미사일에 대한 감시, 추적, 식별 및 사격통제 기능을 수행하게 된다. 이 레이더의 성능 역시 비밀로 분류되어 정확하게 파악하기는 어렵지만, 한국 합참에서 10여 년간 전략무기 개발 업무를 담당해온 신영순은 〈표 1.5〉와 같이 사드의 레이더를 다른 국가의 레이더와 비교해 제시하고 있다.

표 1.5 탄도미사일 방어에 사용되는 레이더의 성능 비교

구분	AN/TPY-2 (THAAD, 미국)	EL/M 2080 (ARROW, 이스라엘)	MSR (ASTER, 프랑스)
주파수 대역	X	L	S
최대 탐지거리(km)	1,000	1,000	1,000
안테나 면적(m^2)	9.2	5.2	5.5(송신)/14(수신)
안테나 빔폭(도)	0.7	2	1.6

출처: 신영순, 2015: 29.

〈표 1.5〉를 보면 사드가 사용하고 있는 AN/TPY-2는 이스라엘이나 프랑스가 사용하고 있는 레이더와 유사하게 탐지거리는 1,000km 정도이지만, 안테나의 면적이 크고 빔을 쏘는 폭이 좁은 점을 고려할 때 정확성이 다소 우월한 레이더일 가능성이 높다.

사드 논란의 쟁점　　주한미군의 사드 배치를 반대하는 논리로 가장 먼저 제기된 내용은 사드가 한반도에 배치되면 중국이 미국을 향해 발사하는 ICBM을 요격할 수 있고, 그렇게 되면 중국의 핵 억제태세가 무력화되기 때문에 중국이 좌시하지 않을 것이며, 따라서 미국과 중국 간에 무력충돌까지도 발생할 수 있고, 그러면 한국은 그 사이에서 희생자가 될 수밖에 없다는 내용이었다. 평면지도를 떠올리는 사람들에게는 중국과 미국 사이에 한국이 존재하고, 사드의 성능이 무척 탁월한 것으로 강조됨에 따라서 이러한 주

장은 상당한 설득력을 가진 채 확산되었다. 다만, 시간이 흐르면서 둥근 지구로 인해 중국 ICBM의 경로가 한반도 상공이 아닌 시베리아 지역이고, 사드의 요격고도도 제한된다는 점이 제기됨에 따라 이 주장은 점점 사라졌다.

사드가 중국의 ICBM을 요격할 수 없다는 점이 밝혀지자 이번에는 사드가 사용하고 있는 레이더의 위험성이 강조되었다. "사드와 한 묶음으로 움직이는 X-밴드 레이더는 유효 탐지 반경이 1000km에 달해 오산 공군기지에 배치되면 중국 동부의 군사활동까지 들여다볼 수 있다"(정욱식, 2014a)는 주장이었다. 보수 성향의《조선일보》도 "레이더의 탐지거리가 1,800km에 달해 서해안 지역에 배치될 경우 중국이 미국을 위협하는 전략무기인 ICBM이나 SLBM의 발사를 일찌감치 탐지할 수 있다"(2014.6.4: A6)라고 주장할 정도였다. 이러한 논리 역시 초기에는 상당한 확실성과 호기심으로 보도되었다. 시간이 흐르면서 이에 대한 반대 논리가 제기되어 잠잠해지기도 했으나 중국의 왕이(王毅) 외교부장이 유사한 논리를 강조함에 따라서 이 논리가 확실하게 진정된 것은 아니다.

사드가 중국의 ICBM을 요격 및 탐지한다는 것에 대해 그렇지 않다는 주장이 강력하게 제기되자 새롭게 등장한 사드 배치에 대한 반대 논리는 비용에 관한 것이었다. "사드는 2조 원짜리 고고도 머니게임"이라는 말이 회자되었고(《중앙일보》, 2015.3.18: A8), "막대한 비용도 골칫거리다. 사드 포대당 비용은 2조 원이고, 수백 명에 이르는 운용 인력에 장비 수송과 유지·관리까지 고려하면 총비용이 4조-6조 원에 달한다. 미국이 사드 배치를 북핵에 대비하는 '긴급소요' 항목으로 상정해 방위비 분담금에 비용을 추가해 달라고 요청할 가능성도 있다."(《문화일보》, 2013.5.18: 3)는 보도도 있었다.

사드 배치에 관한 비용 문제는 미군의 사드 배치라는 원래의 사안을 한국의 사드 구매와 혼동되도록 만들었다. 집권 여당인 새누리당의 경우 2015년 4월 1일 의원총회를 열어서 사드의 '도입' 문제를 논의했는데, 공론화 여부에 대해서는 결론을 내리지 못했으나 "도입 자체에 반대하는 의견은 없었다."는 것이 회의 결과라고 보도되었다(《조선일보》, 2014.4.2: A5). 국민들 중에도 미군의 사드 배치와 한국군의 사드 구매를 혼동하는 사람이 적지 않았고, 이것이 잘못되었기에 주요 일간지에서 "현재의 사드 논의는 1차적으로 주한미군에 들여오느냐 마느냐 하는 문제다. 한국군의 사드 도입 여부는 별개 사안이다."라는 점을 촉구하는 사설을 싣기도 했다(《조선일보》, 2014.5.20: A31).

사드 관련 쟁점의 진실 여부   그동안의 논란을 통해 드러났듯이 사드가 미국을 공격하는 중국의 ICBM을 요격할 수 있다는 것은 사실이 아니다. 사드는 해외 배치된 미군들을 보호하기 위해 미 육군이 개발한 무기로서 종말단계에서 타격하도록 설계되어 있기 때문에 자신을 공격해 오는 상대의 탄도미사일은 요격할 수 있지만 다른 목표를 향해 비행해 나가는 탄도미사일은 요격할 수 없다. 또한 사드의 사거리는 200km이고, 고도는 150km 정도에 불과한데, 중국이 미국을 향해 발사하는 ICBM의 고도는 대부분 1,000km 이상이기 때문에 사드 요격미사일의 사거리를 초과한다. 더욱 중요한 사실은 "중국에 배치된 대부분의 ICBM은 미국을 공격할 경우 시베리아와 알래스카 상공을 경유하지 한국 상공을 경유하지 않는다"(신영순,

2014: 27)는 것이다. 즉 사드는 미국이 중국의 탄도미사일 위협에 대응하기 위한 무기가 아니다.

사드에 부착되어 사용되는 레이더의 경우에도 1,000km 정도의 범위를 담당하지만, 통상적인 운용 범위는 600여 km이다(《조선일보》, 2015.2.24: A1). 이것은 상대방 미사일의 발사 여부를 탐지하는 용도가 아니라 인공위성 등으로부터 발사 정보를 받아 '추적'하는 용도이고, 탐지용으로 전환하는 것은 쉽지 않다. 설령 전환했다고 하더라도 지구곡률(地球曲率)로 인해 1,000km 거리에서는 60km 이상, 1,800km 거리일 경우 190km 이상에 있는 표적만 파악할 수 있다. 특히 레이더는 영상이 아니라 '점으로 나타난 물체의 정보를 해석해 파악하는 것'이라는 점에서 추가적인 다른 군사정보를 획득할 수 없다(신영순, 2015: 28-30).

그렇다면 중국 지도부는 왜 사드에 대해 그와 같이 민감한 반응을 보였을까? 이들도 한국에서 처음에 거론되던 과장된 사드의 위력을 그대로 믿었을 수 있다. 시진핑과 박근혜의 회담이 2014년 7월이었는데, 그 당시는 한국에서 사드의 성능에 대한 과장이 컸던 시기이다. 2014년 11월 추궈훙 주한 중국대사도 "한국에 배치되는 사드의 사정거리가 2,000km라서 …"라고 10배나 틀린 사거리를 열거한 바 있다. 지금까지 중국의 관리들이나 학자들이 사드의 한반도 배치에 관해 반대하면서도 그의 근거를 논리적으로 제시하지 못한 것도 이러한 추측을 뒷받침한다. 중국의 반대에 대한 근거가 없기에 중국은 한미동맹을 약화시키는 구실로 사드 문제를 제기하고 있다고 분석되기도 했다(우정엽, 2014: 3).

사드에 관한 논란에서 국민정서를 자극한 것은 그에 관한 비용인데, 이것도 진실이 아니다. 미군이 자신의 보호를 위해 한반도에 배치하는 무기체계의 비용을 한국이 지불한다는 것은 어떤 논리로도 합당하지 않고, 지금까지 그러한 전례가 없으며, 미군의 요청도 없었고, 국제적 관례로도 그러한 적이 전혀 없다. 탄도미사일 방어를 위해 미군은 현재 PAC-3 2개 대대를 한반도에 배치하고 있지만, 그 비용을 한국에게 요구한 적이 없고, 한국도 지불한 적이 없다. 현재 미군이 한반도에 배치하고 있는 사드 포대는 이미 미군이 구입해 텍사스에 배치해 둔 것을 한반도로 재배치하는 것으로서, 비용은 이미 지불된 상태이다.

일부에서는 주한미군의 사드 배치가 아니라 한국의 사드 '도입'이나 '구매'로 혼동하고 있기도 하지만, 이번 사안은 분명히 스캐퍼로티 한미연합사령관이 본국에 구매해 놓은 사드 중 1개 포대를 한반도에 배치해 주도록 건의한 데서 비롯된 것이었다. 시진핑 국가주석을 비롯한 중국의 관리들도 한국이 주권국가이기 때문에 미국의 사드 배치를 허용하지 말라고 요구했지, 한국에게 사드 도입을 하지 말라고 요구한 것은 아니었다. 한국 정부는 사드 도입이나 구매를 언급한 적이 없고, 《2014년 국방백서》를 통해 발표한 한국군 BMD의 청사진에도 사드는 포함되어 있지 않다. 그에 해당하는 장거리 요격미사일은 2020년대 중반까지 자체 개발하는 것으로 되어 있다(국방부, 2014: 59).

사드 배치로 인해 한국의 방위비 분담이 증대될 것이라는 의견이 제시되었지만, 이 또한 사실이 아니다. 현재 한국이 미국에 지불하는 방위비 분담은 2014년 4월에 타결된 것으로, 2014년에는 9,200억 원을 지불하고, 2015년부터 2018년까지는 전전(前前)년도 물가상승률을 적용해 증대시키기로 되어 있다. 2019년부터는 새로 조건을 협상해 정하도록 되어 있듯이 5년 단위로 협상한다. 한 때 전시 작전통제권 환수를 연기하면 미국의 방위비 분담이 증대될 것이라는 루머가 제기되었지만, 그의 연기가 결정된 2010년이나 2014년을 전후해 방위비 분담은 증대되지 않았다. 지금까지 한미 간의 어떤 특별한 사건으로 인해 방위비 분담금이 증대 및 감소된 사례가 없다. 방위비 분담은 대체적으로 주한미군 기지에 근무하는 한국인 노동자 인건비 40%, 미군 및 한미연합 군사시설 건설비 40%, 수송 등의 군수비용 20% 등으로 항목별로 지출할 뿐만 아니라 국회를 통과하는 사안이기 때문에 정부가 임의로 어떤 장비의 도입비나 운영비로 전용해 제공할 수가 없다.

사드 배치 관련 확증편향

사드는 무기체계라서 요격고도나 탐지거리 등의 성능이 정해져 있고, 한때 잘못된 정보가 확산되었다고 하더라도 결국 시정되는 것이 정상이다. 시각이나 입장에 따라서 사드의 성능이 달라지는 것은 아니기 때문이다. 그러나 현실이 그 반대였던 것은 확증편향이 작용했기 때문이다.

사드 배치를 반대하는 논점이 계속적으로 변화해 온 것은 확증편향의 명백한 증세이다. 처음에는 사드가 중국의 ICBM을 요격하기 때문에 배치를 허용하면 안 된다고 문제를 제기했으나, 그렇지 않은 것으로 드러나자 레이더가 중국의 모든 군사활동을 탐지할 수 있다는 새로운 문제점을 제기했고, 이것도 그렇지 않은 것으로 드러나자 대규모 비용을 감당해야 한다는 의혹을 제기했으며, 이것도 그렇지 않은 것으로 드러나자 방위비 분담이 증대될 것이라는 추측까지 제기되었다. 이러한 것들 모두가 사실이 아닌 것으로 드러나자, 이번에는 사드의 성능이 미흡해 배치해도 효과가 없다는 점까지 제기되었다. 즉 "사드 생산 주업체인 록히드마틴은 실험 성공률이 100%에 육박한다고 자랑하지만, 그 면면을 보면 '글쎄'라는 느낌을 지울 수 없다. … 실전에 가까운 상태에선 한 번도 실험이 이루어지지 않았다."(정욱식, 2015)라는 것이다. 주요 일간지에서도 미국의 보고서를 참고하거나 전직관리들과의 인터뷰를 근거로 사드의 성능을 신뢰할 수 없다는 점을 지적했다(《한겨레신문》, 2015.7.6: 1).

또한 100m 이내에만 접근하지 않으면 유해하지 않고, 사드가 배치되어 있는 괌(Guam)에서의 환경영향평가 보고서에서도 동일하게 유해지역을 표시하고 있는데도(국방부, 2015) 사드 레이더에서 엄청난 전자파가 방출되어 국민들의 건강을 심각하게 해칠 수 있다는 비상식적인 루머도 확산되었다. 그리고 이로 인해 사드 배치 예정지역으로 언론에서 추측한 곳에서는 배치 반대 운동까지 발생했다. 이전에 사드 배치에 관한 부정적인 루머를 들은 사람에게는 전자파에 대한 괴담도 매우 신빙성 있게 들리고, 그것을 알기에 루머 유포자들은 새로운 의혹을 제기해 국민들의 확증편향을 강화시킨 것이다.

사드는 우리 군인들에 의하여 운영되기 때문에 유해하게 만들 수가 없다. 2016년 7월 18일 한국의 기자단은 괌에 있는 미군기지를 방문하여 사드의 전자파를 측정하였는데, 측정결과는 허용치의 0.007%였다. 그래도 다수의 국민들은 사드전자파의 유해성을 믿고 있을 정도로 확증편향의 심각성은 크다. 탄도미사일 방어와 순항미사일 방어는 너무나 다르기 때문에 전 세계가 BMD라는 약어를 사용하고 있는데도, 한국 언론에서는 굳이 'MD'로 바꿔서 보도하고, '미사일 방어'라는 쉬운 단어를 굳이 'MD'라는 약어를 괄호로 표시하는 것에서 보아도 확증편향의 위력을 실감할 수 있다. 북한의 핵미사일 위협이 강화되면 될수록 그에 대한 방어력의 증강은 필요하고, 당연히 사드 배치를 포함해 다양한 방법을 논의해야 할 상황이다. 그렇지만 현실이 그렇지 않은 것은 한국 사회가 확증편향의 늪에 빠져 있기 때문이다.

4. 결론과 교훈

북한이 핵미사일을 증강하면 한국은 당연히 그에 대한 포괄적이고 체계적인 방어대책, 즉 자체적인 BMD를 고민해야 한다. 그러나 유사하게 북한의 핵 위협에 노출되어 있는 일본과 비교해 볼 때 한국의 BMD는 너무나 미흡하다. 이것은 결국 한국 정부와 군이 필요한 노력을 게을리한 것이지만, 거기에는 한국이 BMD를 구축하면 그것이 미국 MD의 일부분이 될 것이고, 그렇게 되면 미국과 중국 사이에서 미국 편을 드는 것으로 되어 한중 관계가 극단적으로 잘못될 수밖에 없다는 의혹과 루머가 한국 사회를 지배했기 때문이기도 하다. 특히 사드 배치에 관한 불필요한 논란에 빠져서 한국은 아직까지도 명확하면서도 효과적인 BMD의 청사진을 구비하고 있지 못한 상태이고, 필요한 무기의 획득이나 개발을 위한 일정표도 구체적이지 못한 상황이다.

특히 탄도미사일에 대한 상층방어용 무기인 사드를 주한미군이 자체 생존성 향상을 위해 배치하려는 사안과 관련해 지금까지 한국 사회에서는 다양한 내용의 루머가 유포되었고, 확증편향의 형태로 아직도 사라지지 않고 있다. 한반도에 사드가 배치되면 중국의 ICBM을 요격 또는 탐지할 수 있다거나, 사드 도입에 따른 비용은 한국이 부담해야 한다거나 사드의 성능이 검증되지 않았다거나, 사드의 레이더에서 엄청난 전자파가 나온다는 말 등은 모두 사실이 아니다. 이러한 루머와 확증편향은 북한의 핵 위협에 대응하기 위한 국가의 논의 방향을 혼란시키고, 국제관계에까지 영향을 주고 있다.

무엇보다 중요한 사항은 사드 배치를 둘러싸고 지금까지 한국에서 전개된 논란이 루머와 확증편향의 산물이라는 것을 냉정하게 인정하는 일이다. 그래야 시정이나 재발 방지가 가능할 것이기 때문이다. 천안함 폭침을 둘러싼 루머에서 교훈을 얻어서 시정 노력을 경주했더라면 사드 배치를 둘러싼 현재와 같은 논란이 발생하지는 않았을 것이다. 정부는 물론이고, 언론, 국민 모두가 반성의 차원에서 루머와 확증편향의 악영향을 인정하고, 보완책을 강구해 나가야 한다.

정부는 사드에 관한 루머와 확증편향을 감소시킬 수 있도록 사드에 관한 정보를 더욱 적극적으로 공개할 필요가 있고, 일부 인사들이 의혹을 제기할 경우 당국자로 하여금 즉각적이면서 정확한 답변을 하도록 해야 할 것이다. 언론은 스스로부터 확증편향에서 벗어나 사드에 관한 정확한 사실을 파악해 기사화함으로써 루머를 차단할 수 있어야 한다. 국민들도 루머와 확증편향의 해악을 이해하는 가운데 사실에 근거해 제반 내용을 이해해야 할 것이고, 지식인들은 관련 사항을 심도 있게 연구해 적시에 발표함으로써 요구되는 해답을 제공할 수 있어야 할 것이다. 이러한 노력은 사드는 물론이고 다른 모든 안보 및 국방 사안에 적용함으로써 이후부터는 루머나 확증편향이 기승을 부리지 않도록 예방할 필요가 있다.

사드 배치와 관련한 루머가 기승을 부린 데는 한국군이 적시에 BMD에 관한 명확한 개념이나 청사진을 마련하지 못한 것에도 원인이 있다. 북한이 핵무기 개발을 시작함과 동시에 한국은 필요한 방어체제를 구축하고자 노력해야 했고, 2006년 제1차 핵실험 이후에는 당연히 그러한 노력이 가속화되어야 했다. 핵무기가 개발되면 탄도미사일에 탑재해 공격하는 것은 자명한 귀결이기 때문이다. 최초에 한국군이 탄도미사일 방어의 개념을 잘못 정리해 하층방어만 추진해 왔기 때문에 미군의 사드 배치를 둘러싼 다양한 의혹이 전개된 점도 있다. 비록 늦었지만 한국도 이론에 부합되도록 다층방어를 기반으로 하는 탄도미사일 방어개념을 정립하고, 이를 구축해 나가기 위한 일정과 계획을 구체화하며, 미국은 물론이고 일본과의 협력을 통해 필요한 무기 및 장비를 조기에 획득함으로써 북한의 핵미사일로부터 국민들을 보호할 수 있는 실질적인 대책을 구비해 나가야 할 것이다.

제2부

동맹과 협력

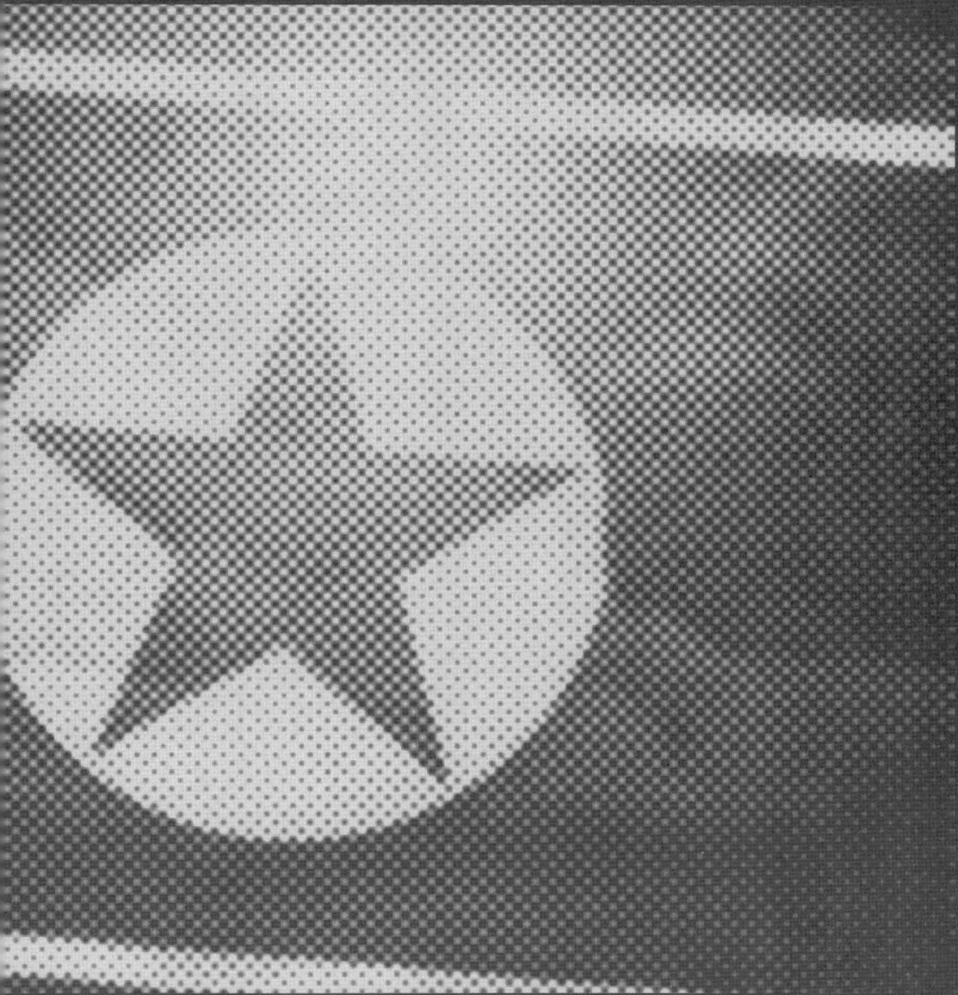

제5장
한미동맹의 구조

한국은 미국과의 동맹을 통해 경제적인 안보를 추구하면서 이를 바탕으로 국가 발전을 이룩해 왔는데, 세계 10위권의 경제대국으로 성장한 현재의 결과로 비추어 볼 때 성공적인 선택이었다고 평가되어야 할 것이다. 따라서 한미동맹의 구조를 더욱 튼튼하게 발전시킴으로써 앞으로도 동맹의 이점을 계속 활용할 필요가 있다. 특히 북한의 핵 위협이 심각해진 상황이라서 한미동맹을 공고하게 유지해야 할 필요성은 더욱 커지고 있다. 이러한 점에서 북한의 핵 위협 대응과 관련해 한미동맹이 어떤 구조로 지탱되고 있으며, 그에 따르는 취약점이 있는지 판별해 보는 것은 최우선적인 과제 중의 하나라고 할 것이다.

한미동맹의 구조에 대한 정확한 이해를 위해서는 세계적으로 가동되고 있는 다른 모든 동맹의 구조와 세부적으로 비교해 보는 것이 최선이다. 하지만 이를 위해서는 너무나 많은 노력이 필요할 뿐만 아니라 처해 있는 상황과 여건이 매우 달라서 비교 자체가 무의미할 수도 있다. 대신에 한미동맹과 미일동맹은 동일한 동북아시아 지역에서 동일하게 미국을 대상으로 한국과 일본이 맺은 동맹이라는 점에서 비교의 유용성이 클 수 있다. 실제로 한미, 미일 두 동맹은 서로를 비교해 가면서 발전해 온 점도 적지 않다. 따라서 현재 기능하고 있는 미국과의 동맹이 지니고 있는 공통의 구조를 식별해 보고, 그 속에서 한미동맹과 미일동맹을 비교한 후 한국이 보완해야 할 점이 있는지 찾아보고자 한다.

1. 대미동맹의 성격과 구성요소

대미동맹의 성격   동맹(alliance)은 동맹 관계에 있는 A국가와 B국가 중에서 한 국가를 C국이 공격할 경우 A, B 두 개 국가가 공동으로 대응한다는 개념으로서, 다른 나라들의 힘을 이용해 자국의 안전보장 능력을 높이기 위한 전형적인 방법 중의 하나이다. 동맹은 다수 국가들 간의 세력경쟁에서 세력균형(balance of power)을 유지하는 수단이고(Morgenthau, 1993: 197-202), 국력이 제한되는 약소국에게는 국방비 투자를 최소화하면서 안전을 보장하는 방법이다.

1973년 영국과 포르투갈 간에 체결된 동맹이 아직도 존속하기는 하지만, 현재 세계에서 기능하고 있는 동맹은 냉전시대에 체결된 이후 지금까지 지속되고 있는 것이 대부분이다. 자유민주주의와 공산주의가 핵전쟁으로 서로를 위협하면서 극단적인 대립을 벌이게 되자, 미국과 소련이라는 지도국은 자기 진영을 강화하기 위해(다른 말로 하면, 안보를 제공하는 대신에 약소국의 노선을 어느 정도 통제하고자), 그리고 약소국들은 강대국의 힘을 빌어서 안전을 보장하고자 동맹을 체결했다. 따라서 현대의 동맹은 대등성이 컸던 고대 그리스의 도시국가나 중국 춘추전국시대 동맹과는 다르게 '비대칭동맹'(asymmetric alliance)이다. 다시 말하면, 강대국은 약소국의 자율성을 양보받는 대가로 안보를 제공하고, 약소국은 자율성을 양보하는 대가로 안보를 보장받는, 소위 '자율성-안보 교환 동맹'(autonomy-security trade-off alliance)이라고 할 수 있다(Morrow, 1991: 910-913).

1989년 베를린 장벽 붕괴에 의해 냉전구조와 소련이 해체되면서 공산진영의 동맹은 와해되었지만, 미국을 중심으로 한 자유민주주의 진영의 동맹은 지속되고 있을 뿐만 아니라 오히려 강화되고 있다. 러시아나 중국에 대한 우려가 완전히 사라지지 않은 상태이기도 하지만, 무엇보다 미국은 군사력을 전진배치(forward deployment)해 본토에서 떨어진 곳에서 방어한다는 개념을 채택하고 있기 때문이다. 미국은 동맹국들의 양보(안보정책 조율이나 미군 주둔 허용 등)가 필요했기 때문에 유사시 안보를 지켜 준다는 약속으로 동맹 관계를 형성했고, 그러한 필요성은 현재까지 지속되고 있다. 약소국의 입장에서도 미국의 힘으로 안보를 강화함으로써 국방에 대한 투자를 최소화해 경제발전에 치중할 수 있었고, 그의 실익이 크다고 판단해 지금까지 동맹을 유지하고 있다. 다만, 현대의 동맹을 '연합현상'으로 이해해야 한다거나(윤태룡, 2008: 1124), '복합동맹'(하영선, 2006: 27, 83)이 되어야 한다는 주장에서 보듯이, 냉전 종식으로 명확한 공통의 적이 존재하지 않게 되자 동맹의 결속력도 다소 느슨해지면서 경제, 사회, 문화 차원의 호혜적 이익을 향상시키는 측면으로 범위가 확대되는 경향을 보이고 있다.

　미국을 중심으로 한 동맹[이하부터는 대미(對美)동맹] 중에서 현재 활발하게 기능하고 있으며 한미동맹과 비교가 유용하다고 판단되는 것은 4개의 동맹이다. 나토(NATO: North Atlantic Treaty Organization, 북대서양조약기구)가 가장 대표적인 것으로, 1949년 체결 시에는 12개국이었으나 냉전 이후 더욱 팽창해 현재는 동구권 국가를 포함하는 28개국이 회원국이고, 추가적으로 22개국이 평화동반관계(PfP: Partnership for Peace)이며, 그 외에 15개국이 대화 상대로 참여하고 있다. 그다음으로 미국이 중요시하고 있는 동맹 관계는 동북아시아의 한국 및 일본과의 개별적 동맹 관계이다. 일본과는 제2차 세계대전이 종료된 후 동맹조약을 체결했고,

한국과는 한국전쟁 종료에 즈음해 동맹조약을 체결했다. 그리고 미국, 호주, 뉴질랜드 간의 3각 동맹은 1984년 미국 핵잠수함의 뉴질랜드 항구 사용 문제로 파기되었으나 미국과 호주 간의 동맹 관계는 아직 지속되고 있다.

또한 미국은 필리핀 또는 남미 국가들과 동맹 관계를 맺고 있고, 그 외의 다양한 국가들과 안보 및 군사 분야의 협력 관계를 맺고 있는 것으로 보아, 다수의 국가들에 대해 유사시 동맹에 준하는 지원을 제공할 가능성이 높다. 앞에서 언급한 4개의 동맹이 경제, 사회, 문화 등의 포괄적 협력 관계로 확대됨으로써 안보라는 원래의 초점이 다소 희석되고 있기도 하지만, 그럼에도 불구하고 전반적으로 보았을 때 이 네 개의 동맹은 현 시대 동맹의 본질을 대체적으로 유지하고 있으며, 서로 적지 않은 공통점도 지니고 있다.

대미동맹의 구성요소　　기본적으로 동맹은 동맹에 속한 한 국가가 공격을 받으면 다른 국가가 지원하겠다는 약속, 즉 조약만으로도 충분하다. 현재 비교적 활발하게 기능하고 있는 4개의 대미동맹은 상당한 수준의 미군이 주둔해 신뢰성을 보장하고 있다. 미국의 입장에서는 유사시 본토와 떨어진 지역에서 적을 미리 격파할 수 있다는 이익이 적지 않다. 이와 같이 미군이 주둔함에 따라 동맹국 군대 간에 지휘체제를 구축하게 되고, 미군 주둔에 따른 비용 분담(cost sharing, 이하부터는 한국에서 사용하는 방위비 분담으로 용어를 통일) 문제를 비롯한 다양한 사안들이 발생하게 된다. 미국이 중심이 된 나토, 한미동맹, 한일동맹, 미호동맹과 관련해 외형적인 요소 즉 경성요소(hardware)와 내용적인 요소, 즉 연성요소(software)로 구분해 구성요소를 설명해 보면 다음과 같다.

① 경성요소

대미동맹도 일반적인 동맹과 같이 조약이 공식적인 출발점이다. 나토의 조약은 1949년 4월 4일, 미국과 호주 및 뉴질랜드 간의 조약은 1951년 9월 1일, 미일 간의 조약은 1951년 9월 8일, 그리고 한미 간의 조약은 1953년 10월 1일 체결되었다. 이 조약들의 내용은 거의 유사한데, 미군의 주둔을 허용한다는 내용과 동맹국에 대한 외부의 공격이 있을 경우 동맹국들이 협의 또는 지원한다는 내용이다. 이 중에서 가장 강력한 내용을 가진 조약은 나토로서, 제5조에서 일개 회원국에 대한 무력공격을 모두에 대한 공격으로 간주해 개별적으로나 집단적으로 군사력을 포함한 조치를 취해 지원할 수 있도록 되어 있다.

조약의 평시 이행 또는 유사시 적용을 위한 준비 차원에서 대미동맹은 다양한 수준별로 안보협의체를 구축해 상호 간의 안보관심사를 수시로 협의하는 구조를 유지하고 있다. 나토의 경우 회원국 상설대표들로 구성되는 나토위원회(NAC: North Atlantic Council)가 최소한 일주일에 한 번씩 만나서 나토에 관한 제반 사항을 협의하고, 경우에 따라 회원국들의 외교장관, 국방장관, 정상들이 만나서 중요한 사항을 결정한다. 한미동맹의 경우에는 국방장관이, 미일동맹의 경우에는 외교 및 국방장관들이 연례적으로 만나 안보 현안을 토의한다. 미국과 호주의 경우에 1985년 이전에는 뉴질랜드를 포함한 3개국의 외교장관이, 이후에는 미국과 호주의 외교 및 국방장관이 연례적으로 만나서 안보 현안을 협의하고 있다.

통상적인 동맹에 비해서 대미동맹이 지니고 있는 현저한 특징은 미군의 대규모 주둔이다. 나토의 경우 독일에 4만 3,300명, 이탈리아에 1만 950명, 영국에 9,500명 등 거의 7만 명에 가까운 미군이, 아시아 지역에는 일본에 5만 200명, 한국에 2만 8,500명 정도의 미군이 배치되어 있다. 호주의 경우에도 170명 정도의 미군이 세 개 정도의 시설에 분산 배치되어, 훈련을 명분으로 한 순환배치를 실시하고 있다(IISS, 2014: 54-56). 절대적이라 할 수는 없지만, 이는 주둔하고 있는 미군의 규모와 동맹의 강도 사이에 상관성이 있음을 나타내고 있다.

② 연성요소

동맹의 연성요소는 동맹의 질적인 측면으로서 경성요소에 비해 주관성이 크기 때문에 평가자에 따라서 구성요소나 평가결과가 달라질 수 있다. 다만, 대부분이 동의할 것으로 판단되는 동맹에 관한 연성요소는 공통의 위협 또는 그에 대응하기 위한 공통의 전략목표 존재 여부로서, 이로 인해 동맹의 필요성과 강도가 결정된다. 그다음에는 주둔미군과 관련해 어떤 연합지휘체제를 유지하고 있는지, 방위비 분담은 어떻게 협의하고 있는지도 포함시킬 수 있을 것이다.

우선, 공통의 위협이나 공통의 전략목표에 관한 사항에서 대미동맹은 모두 냉전시대 공산주의의 팽창을 저지하기 위한 목적으로 설치되었다. 그러나 냉전의 종식으로 원래의 공통위협이나 전략목표는 사라졌다. 일반적으로는 그렇게 될 경우 동맹은 폐기되어야 하지만, 대미동맹은 지속적으로 유지 및 강화되어 가고 있다. 나토의 경우 소련과 바르샤바 조약기구의 해체로 인해 공통의 위협이 사라졌음에도 여전히 존재하고 있을 뿐만 아니라, 적대국이었던 동구권 국가들도 회원으로 수용해 회원국을 확대하면서 새로운 공통의 전략목표를 찾아 나가고 있다. 한미동맹의 경우에는 북한이라는 과거의 공통위협이 지속되고 있는 상태이고, 미일동맹의 경우에는 중국이 새로운 공통의 위협으로 대두되고 있다. 미국과 호주의 경우에는 최근 동맹 관계가 활성화되면서 새로운 전략목표를 모색해 나가고 있는 상황이다.

대미동맹에서는 대체적으로 동맹의 강도가 클수록 단일의 연합사령부를 설치해 운영하고, 강도가 작을 경우에는 각자의 군대가 별도의 지휘체제를 유지한다. 나토와 한미동맹의 경우에는 평시부터 연합사령부를 구성하고 있고, 유사시에 그 연합사령관(미군이 겸직)이 양측에서 제공하는 모든 군사력을 일사불란하게 지휘하도록 지휘체제가 구성되어 있다. 미일동맹은 연합사령부 없이 다양한 조정기구를 가동하고 있고, 최근에는 '동맹조정 메커니즘'(Alliance Coordination Mechanism)이라고 하는 조정기구를 더욱 체계화 및 강화하고 있다. 미국과 호주의 경우에는 주둔하는 미군의 규모가 작아서 연합지휘체제는 구비하지 않고 있지만, 유사시 미군 중심으로 금방 일원화될 수 있는 문화적 기반은 적지 않다고 할 것이다.

냉전이 종료되고 난 후 대미동맹에서 새롭게 대두된 사항은 방위비 분담이다. 미국의 입장에서 자국군을 해외에 배치함에 따라 추가적인 비용이 발생하는데, 이를 주인국(主人國, host nation, '접수국' 또는 '주둔국' 등으로 번역해 사용하고 있으나 이것들은 영어와 일치하지도 않고, 쉽게 이해하기도 어려워 직역했다.)에게 분담시킬 경우 비용의 절감이 가능해진다. 미국의 경제사정이 어려워짐에 따라 방위비 분담을 요구하는 여론이 계속 증대되었고, 대부분의 동맹국들은 미국의 안보지원을 필요로 하기 때문에 그 요구를 수용해 왔다. 나토의 경우에는 회원국들이 나토 운영에 필요한 경비를 분담하는 식으로 방위비 분담을 실시하고, 한국과 일본은 적정한 방위비 분담 액수를 미국과 주기적으로 협상하면서 점진적으로 증대시켜 나가고 있다. 호주의 경우에도 최소한의 편의는 제공하지만, 미군의 주둔 규모가 너무 작아서 방위비 분담이라고 말할 수준은 아니다.

이외에 미국과 동맹국 군대 간의 훈련 빈도나 강도, 상호 신뢰 정도도 별도의 연성요소로 분석할 수 있다. 다만, 연합훈련의 경우에는 연합지휘체제에 포함되어 있는 사항이고, 상호 신뢰는 각 요소에 분산되어 있을 뿐만 아니라 측정이 어렵다는 점에서 부각시켜 분석할 정도는 아니다.

평가　　　현재 세계에서 적극적으로 활용되는 동맹은 대미동맹으로서 대부분 '자율성-안보 교환 모형'의 형태를 띠고 있다. 미국이 막강한 군사력으로 동맹국의 안전을 보장하고 그 대가로 동맹국은 미국의 정책 방향을 가급적 수용하는 형태이다. 이들 동맹은 조약 이외에 다양한 보장 장치를 지니고 있는데, 그것을 경성요소와 연성요소로 구분해 평가한 결과가 〈표 2.1〉과 같다.

〈표 2.1〉을 보면 대미동맹 중에서 미호동맹 이외에는 경성요소 측면에서 거의 대동소이한 형태를 띠고 있다. 미국이라는 한 개 국가가 주도해 유사한 형태로 구축한 동맹들이기 때문이다. 다만, 시간이 흐르면서 연성요소 측면에서 상당한 차이가 발생하고 있다. 예를 들면, 나토는 동구권 국가들까지 받아들이면서 범위를 확대했지만 그만큼 공통의 위협이나 전략목표는 불분명해지고 있다. 한미동맹과 미일동맹

표 2.1 대미동맹의 구성요소

구분		나토	한미동맹	미일동맹	미호동맹
경성요소	동맹조약	○	○	○	○
	안보협의체제	○	○	○	○
	미군 주둔	○	○	○	△
연성요소	공통 전략목표	×	○	○	△
	지휘체제	○	○	○	×
	방위비 분담	○	○	○	×

의 경우에는 질적으로 다소 차이가 있겠지만 대체적으로 경성요소와 연성요소에서는 큰 차이가 없다. 미호동맹의 경우 중국의 위협에 대응한다는 공통의 전략목표가 부각되고 있기는 하지만, 주둔미군의 규모가 너무 작기 때문에 연합지휘체제와 방위비 분담 측면에서 다른 동맹에 비해 미약하다. 다만, 남중국해에서 중국의 팽창적인 정책이 계속 강화되고 있고, 미국이 이에 반발하고 있어서 군사적 충돌이 발생할 가능성도 높은데 이러한 상황이 지속될수록 미호동맹의 결속도는 높아질 것이다.

2. 한미동맹의 평가

그렇다면 한미동맹은 어느 정도로 확고한가? 〈표 2.1〉에서 제시된 동맹의 경성 및 연성 구성요소를 중심으로 그 실태를 평가해 보면 다음과 같다.

조약과 협정　　　한미동맹의 공식적이면서 법적인 근거는 한미상호방위조약이다. 조약의 제2조에서 "당사국 중 어느 일국의 정치적 독립 또는 안전이 외부로부터의 무력공격에 의해 위협을 받고 있다고 어느 당사국이든지 인정할 때에는 언제든지 당사국은 서로 협의한다."라고 되어 있고, 제4조에서는 "미합중국의 육군, 해군과 공군을 대한민국의 영토와 그 부근에 배비하는 권리를 대한민국은 허여(許與)하고 미합중국은 이를 수락한다."고 미군의 주둔 근거를 밝히고 있다.

　　이러한 상호방위조약을 근거로 한미 양국은, 주한미군에 대한 기지와 부지 제공 및 주한미군 주둔의 법적 근거를 규정하고 있는 '주둔군 지위협정'(SOFA: Status Of Forces Agreement)과 미 증원군의 신속 전개 및 전쟁수행능력 제고를 위한 한국의 전시 지원을 규정하는 '전시지원협정'(WHNS: Wartime Host Nations Support), 그리고 한미연합 지휘체제 구성의 근거를 이루고 있는 '관련 약정'(TOR: Terms of Reference) 및 '전략지시'를 비롯해 방산, 군수, 정보, 통신 등 각 분야별로 다양한 양해각서 또는 합의각서를 체결해 두고 있다. 2009년에 '한미동맹 공동비전', 2010년

에 '한미국방협력지침', 2012년에는 '사이버정책실무협의 관련 약정'
과 '국방우주협력관련 약정'을 체결하는 등 한미 양국은 다양한 위협에
대한 공동의 대응방안을 수시로 협의하고 있다(국방부 군사편찬연구소, 2013:
438-439).

조약이나 협정의 측면에서 보았을 때 한미동맹은 대미동맹의 보
편적인 형태를 지니고 있고, 지금까지 한미상호방위조약의 수정이나
폐기가 거론된 적이 없었다. 한미 주둔군 지위협정(SOFA) 등 일부 협정
의 수정은 있었지만, 동맹의 본질과는 관련이 적은 내용이었다.

즉, 조약이나 협정 측면에서 한미동맹은 견고한 상태라고 평가할
수 있다.

안보협의체제　한미 양국은 동맹 간 현안을 적극적으로 협의할 수
있도록 몇 개의 중요한 안보협의체제를 운영하고
있다. 양국의 정상도 가끔 회합을 갖지만 '한미안보
협의회의'(SCM)라는 명칭으로 양국 국방장관은 매년 1회 정기적으로
만나서 양국군 간의 제반 현안을 토의한다. 아직 정례화되지는 않았지
만 일본의 예를 따라서 2010년부터 양국 외교·국방장관 간의 회담도
추진되고 있다.

1977년 7월 제10차 SCM에서는 '한미군사위원회회의'(MCM)를 발
족해 양국 합참의장 간의 정례적 협의를 보장했는데, MCM은 SCM
에 군사적 사항을 건의하거나 연합작전에 관한 제반 사항을 협의하는
기관이다. 2012년부터는 '한미통합국방협의체'(KIDD: Korea-US Integrated
Defense Dialogue)라는 명칭으로 국방차관보급에 의한 실무협의를 정례화

하고 있고, 이 외에도 다양한 실무협의체가 필요에 따라 창설 및 폐기되고 있다.

안보협의체제에 관해 한미동맹은 다른 대미동맹과 유사하지만 국방장관 간의 연례적 회담이 지속되고 있다는 점에서 더욱 공고한 것으로 평가될 수 있을 것이다.

군대의 주둔　　한국에는 상당수의 주한미군(USFK: United States Forces Korea)이 주둔하고 있다. 주한미군은 1945년 8월 제2차 세계대전 직후 일본군의 무장해제를 위해 최초로 진주했다가 철수했고, 1950년 6·25전쟁의 발발 후 다시 전개되어 지금에 이르고 있다. 6·25전쟁 휴전 직전에는 8개 사단에 총 32만 5천 명에 이르렀으나, 그 이후 지속적으로 감축되어 현재 약 2만 8,500명이 주둔하고 있다. 주한미군은 미 8군 소속의 육군이 1만 9,200명으로 다수를 차지하고, 미 7공군 예하 공군이 8,800명, 미 해군은 250명, 미 해병대는 250명 정도로 구성되어 있다.

그동안 한미동맹은 주한미군의 철수를 둘러싼 문제로 진통을 겪기도 했다. 미국은 그 규모를 줄이려 하고, 한국은 이를 안보공약의 약화로 인식해 반대했기 때문이다. 1969년 우방국 스스로가 방위의 일차적인 책임을 져야 한다는 닉슨독트린(Nixon Doctrine)이 발표되고, 1977년에 출범한 카터(Jimmy Carter) 행정부가 일방적인 주한미군 감축을 선언했지만 한국의 반대로 인해 1978년까지 3,400명을 철수시키는 데 그쳤다. 그 이후, 1989년에 부시(George Bush) 행정부가 출범하면서 주한미군 철수 논의가 재개되었고, 결국 '넌-워너 법안'(Nunn-Warner Act)이 미

의회를 통과해 1992년까지 7천 명의 주한미군이 감축되었다(국방부 군사 편찬연구소, 2013: 188). 이와 같이 주한미군의 규모는 점점 축소되어 1992 년에는 3만 7천 명 정도로 감소되었고, 2005년부터는 2만 8,500명으로 고정시켜 안정된 추세를 보이고 있다.

주한미군과 관련해 최근에 발생한 중요한 현안은 동두천, 의정부, 서울 등지에 근무하는 주한미군을 평택 지역과 대구 지역으로 통합하면서 후방으로 이동시키는 것이다. 이는 미군이 서울 북방에 주둔함으로써 북한군이 미군을 공격하지 않고는 서울을 공격할 수 없도록 해서 미국의 자동 개입을 보장하는 인계철선(trip wire)의 역할을 수행하던 부대를 후방으로 이동시키는 조치로서, 북한의 침공에 대한 억제효과를 심각하게 저해할 우려가 있기 때문이다. 당시에는 자주성을 강조하는 참여정부의 성향과 후방 지역에서 생존성을 높임으로써 주둔 여건을 개선하겠다는 미군의 입장이 부합되어 합의되었지만, 이후 들어선 보수 성향의 정부가 이에 대한 문제점을 제기해 2014년 SCM에서는 한미연합사령부를 서울에 잔류시키고, 주한미군의 대화력전 수행전력을 동두천 지역에 잔류시키는 등 일부 내용을 수정했다.

비록 시간이 흐르면서 주한미군의 규모는 감소되고, 인계철선의 기능도 약화되었지만, 아직도 한국에는 상당한 규모의 미군이 주둔하고 있고, 한미동맹을 지탱하는 핵심요소로 기능하고 있다. 주한미군이 중부 지역으로 통합되면 인계철선으로서의 기능은 다소 약화되지만 장기적인 주둔 여건은 다소 개선될 것이다.

공통 전략목표　　　냉전시대 한미동맹의 공통위협과 전략목표는 공산
　　　　　　　　　　주의의 위협과 이의 확산을 억제 및 차단하는 것이
　　　　　　　　　　었다. 비록 6·25전쟁의 휴전협정에 동의한다는 조
건으로 한국이 주도적으로 요구한 것이고, 미국은 정책의 자율성이 제
한될 것을 우려해 망설였던 것은 사실이지만(김계동, 2001: 13), 동맹조약
체결 이후에는 이러한 것들이 너무도 명백했다.

　　미국의 닉슨 대통령이 공산권과의 데탕트 정책을 취함으로써 한
미동맹에 갈등이 발생했듯이 냉전 종식 이후 한미 양국의 공통 전략목
표는 약화되어 왔다. 한국에서는 북한과의 화해협력을 중요시하는 정
부가 등장해 북한을 '주적'(主敵)으로 간주하기를 꺼려했고, '균형자'라
는 명분으로 중국에 대한 미국의 우려에 공감하지 않는 태도를 보이기
도 했다(윤덕민·박철희, 2007: 101-103). 미국 또한 한미동맹을 북한 대응보
다는 대아시아 정책의 '발판' 또는 '거점'으로 활용하기를 원했다(김계동,
2001: 18). 그리하여 한국에서는 미군의 '전략적 유연성'(strategic flexibility)을
우려하게 되었고, 미국은 "우방이기는 하지만 최고의 우방은 아니다"
(We are friends, but not best friends)라면서 한국과의 관계에 불만을 갖게 되었
다(Forrester, 2007: 6).

　　하지만 최근 북한의 핵무기 개발로 인해 한미 간에 공통 전략목표
가 강화되고 있는 상황이다. 북한은 핵무기를 탄도미사일에 탑재해 한
국과 주한미군 및 주일미군은 물론 괌이나 알래스카까지도 공격할 수
있게 되었고, 미 본토를 공격할 정도로 미사일의 사거리를 연장시켰으
며, 잠수함발사 탄도미사일까지 개발해 나가고 있다. 따라서 북한의 핵
무기 개발을 포기 및 폐기시키거나, 북한의 핵무기 사용을 억제 또는
방어하는 문제가 한미 양국의 공통 전략목표로 부상하고 있다. 그래서

한미 양국은 전시 작전통제권 전환을 재연기함으로써 한미연합사를 현재대로 유지하기로 했고, '맞춤형 억제전략'(tailored deterrence strategy)이라는 명칭으로 한미연합의 핵 억제태세를 강화하고 있다.

다만, 현재 한미동맹의 경우 중국과 관련된 사항에서 다소간의 불일치가 존재하고 있다. 미국은 2014년에 발표한 "4년 주기 국방검토보고서"(QDR: Quadrennial Defense Review)에 아시아 · 태평양 지역을 언급하면서 중국의 신속하면서도 포괄적인 군사력 증강과 그에 대한 투명성 부족을 중요한 위협요소로 식별하고 있다(Department of Defense, 2014: 4). 그러나 한국의《2014 국방백서》에서는 "중국의 부상과 미국의 '아시아 재균형 전략' 추진으로 향후 양국 간 전략적 협력과 경쟁이 동북아 지역 안보의 안정성을 좌우하는 가장 중요한 요인이 될 것"이라면서 객관적인 입장으로 정세를 평가하고 있다(국방부, 2014: 13). 국민들 중에는 한국이 미국과 중국 사이에서 중립을 취해야 한다는 입장도 적지 않은데, 2014년 하반기부터 벌어져 온 주한미군 보호를 위한 사드(THAAD) 요격미사일 배치를 둘러싼 논란이 그의 전형적인 사례이다.

이렇게 볼 때 한미 양국 간 공통 전략목표는 약화되다가 북한의 핵무기 개발로 다시 강화되어 가는 경향을 보이고 있지만 중국의 부상에 대한 대응에 있어서 한미 양국 간에 인식의 차가 존재하고 있다. 이것이 정리되지 않을 경우 한미동맹 발전에 지장을 줄 수 있을 것이다.

연합작전체제　　한미동맹의 실행을 위한 조직은 한미연합사령부로 대표되는 연합작전체제이다(엄밀하게 말하면 한미연합 작전체제는 유엔군사령부와 한미연합군사령부의 복합적 조직이지만,

유엔사는 연합사와 상호 지원 및 협조 관계를 유지하면서 휴전협정체제 유지라는 제한적 업무를 담당하고 있어 평시 역할은 제한된다). 한국군과 주한미군은 50 : 50의 비율로 참모부를 구성한 한미연합사령부(CFC)를 평시부터 유지하고 있고, 전시에는 그 사령관이 모든 군사력을 작전통제하도록 되어 있으며, 미 태평양사령부 예하 전력을 비롯한 미 육·해·공의 다양한 군사력이 증원하도록 되어 있다. 평시에도 한미 양국군은 공동으로 작전계획을 발전 및 연습함으로써 유사시의 협조를 보장하고 있는바, 상반기에 '키 리졸브'(Key Resolve) 연습과 '독수리'(Foal Eagle) 연습을, 하반기에는 '을지 프리덤가디언'(Ulchi Freedom Guardian) 연습을 연례적으로 실시하고 있다.

한미연합 작전체제는 다른 어느 동맹보다 체계적으로 기능하고 있지만, 최근에 걸쳐 임무 수행에 관한 집중도가 낮아졌는데, 이는 그 동안 전시 작전통제권 환수가 추진됨으로써 한미연합사령부의 위상이 흔들려 왔기 때문이다. 비록 2014년 10월 '조건에 기초한 방식'으로 전환함으로써 한미연합사 해체를 사실상 무기 연기시켰지만, 국내에서 자주성의 요구가 커질 경우 이 사항이 재개될 수 있고, 그러한 개연성으로 인해 한미연합사의 임무 수행이 예전처럼 적극성을 띠지 못할 가능성이 있다.

한미연합작전 수행체제는 외형적으로 보았을 때 상당히 공고한 상태이다. 그러나 과거에 비해 양국 간의 신뢰와 유대관계가 높지 않아서 어떤 변동요인이 발생할 경우 단기간에 취약해질 우려도 없지 않다.

방위비 분담　　한국은 1991년, 1억 5천만 달러를 시작으로 미군
　　　　　　　　　의 주둔비용을 분담해 왔고, 지금까지 그 규모를 지
　　　　　　　　　속적으로 증대시켜 왔다. 현재는 제9차 특별협정
에 의해 2014년부터 2018년까지 5년간 분담할 금액이 결정된 상태로
서, 2014년에는 9,200억 원을 분담했고, 2015년에는 9,320억 원, 2016
년에는 9,441억 원을 부담했다. 해마다 전전(前前)년도 소비자 물가지
수를 적용해 인상하되 최대 4%를 넘지 않도록 되어 있다. 이러한 방위
비 분담금은 한국인 노동자들의 인건비, 전투용 및 전투근무지원 시설
을 위한 군사건설, 철도와 차량 수송 등의 군수지원이라는 세 가지 용
도로 사용되는데, 2015년의 경우 인건비, 군사건설비, 군수지원비 각
각 37%, 45%, 18%의 비율로 사용되었다(《세계일보》, 2016.5.18: 9). 최근에
는 미군의 사용 내역을 투명하게 파악하고자 분담금 배정단계에서부
터 미국과의 사전조율을 강화하고, 군사건설 분야의 경우 상시 한미 사
전협의체제를 구축하며, 방위비 예산 편성 및 결산 내용을 국회에 보고
하는 등의 조치가 강구되기도 했다.

　　한국의 야당과 일부 시민단체들은 한국이 미국에게 제공하는 방
위비 분담에 대해 상당한 거부감을 보이며, 분담액의 결정이나 집행방
식 등에 대해 지속적인 문제를 제기하고 있다. 그러나 대부분의 국민들
은 미군의 주둔과 그 경비에 대해 한국이 어느 정도 분담할 필요가 있
다고 인정하기 때문에 방위비 분담을 둘러싼 국내의 논란이 동맹 관계
에 영향을 줄 정도까지의 갈등으로는 확대되지 않았다. 다만, 미국이
경제사정 악화로 방위비 분담의 추가적인 증대를 요구하고 있다는 것
이 문제이다.

3. 미일동맹의 평가

한미동맹의 실태를 정확하게 분석하고자 한다면 동일한 요소로 미일동맹을 평가해 볼 필요가 있다.

조약 및 협정 일본과 미국 간의 동맹조약은 태평양전쟁에 대한 평화협정의 일환으로 1951년 9월 8일 체결되었다가 1960년 1월 19일 '미합중국과 일본 간의 상호협력과 안전보장조약'으로 개정되었다. 이 조약의 체제와 내용은 한미 상호방위조약과 유사하지만, 일본에 대한 공격이 발생했을 경우에만 미국이 지원하는 것으로 규정되어 있다. 이것은 평화헌법에 의해 공식적인 군대를 보유하지 않은 일본의 사정에 의한 것으로 '자율성과 안보의 교환'이라는 동맹의 성격에서 보면 약소국인 일본이 안보를 제공하도록 되어 있는 것이 아니라서 문제될 내용은 아니다.

일본도 동맹조약에 근거해 다양한 협정을 체결하고 있다. 한미동맹과 마찬가지로 '주둔군 지위협정', '전시지원협정'을 체결하고 있고, 다양한 분야에서 협정 및 각서 등을 활용하고 있다. 그중에서도 1978년 제정되었다가 1997년 개정되었고, 2015년 재개정된 '미일방위협력지침'(The Guidelines for Japan-U.S. Defense Cooperation)은 미일 양국의 군대가 일본 방위를 위해 어떻게 역할을 분담할 것인가를 규정하는 중요한 문서이다. 또한 일본과 미국은 양국군 간의 물품과 용역을 교환할 수 있는 '물품용역 상호 제공 협정'(ACSA: Acquisition and Cross-Servicing Agreement)도 체결했고, 그 외에도 군사장비 및 기술상의 협력을 위한 다양한 협정을 체결하고 있다.

일본의 경우에도 동맹조약의 개선이나 폐지가 심각하게 거론된 적이 없기 때문에 조약 및 협정 측면에서 미일동맹 역시 견고하게 유지되고 있다.

안보협의체 미국과 일본의 대표적인 안보협의체는 양국의 외교 및 국방장관으로 구성된 '안전보장협의위원회' (SCC: Security Consultative Committee, 또는 '2+2 회담')로서, 양국 간 안보협력에 관한 모든 사항들을 논의하는 기능을 한다. 한국의 SCM과 유사하게 1년에 한 번씩 양국에서 교대로 개최되고, 안전보장 소위원회(SCC: Security Subcommittee), 방위협력 소위원회(SDC: Subcommittee for Defense Cooperation), 미일합동위원회(Japan-U.S. Joint committee) 등의 실무기구가 편성되어 필요한 내용을 수시로 조정하고 있다.

일본의 경우 한국의 MCM과 같이 군사적인 문제를 미국과 직접 논의하는 고위 협의기구는 없고, 다양한 실무적인 협의체로 대체하고 있다. 다만, 2015년 미일 양국군 간에 평시부터 운용되는 '동맹조정 메커니즘'(Alliance Coordination Mechanism)을 설치했고, 양국군의 주요 사령부를 동일한 기지에 위치하도록 조정했기 때문에 한미동맹과 유사한 노력의 통일(unity of effort)을 달성할 수 있는 체제를 구비하고 있다.

미군의 주둔　　　일본에 주둔하는 미군은 미국 태평양사령부(US Pacific Command) 예하의 육군 2,450명, 해군 1만 9,600명, 공군 1만 2,500명, 해병 1만 5,500명으로 총 5만 200명이다(IISS, 2014: 55). 일본에는 미군의 주요 사령부가 위치하고 있는바, 요코타에 주일미군사령부를 겸하는 5공군사령부가 있고, 요코스카에는 미 7함대사령부가 위치하고 있다. 그 외 6·25전쟁 시 창설된 유엔군사령부(UNC)의 7개 후방기지[요코타(橫田, 공군기지), 자마(座間, 육군기지, 미 육군 1군단 전진기지), 요코스카(橫須賀, 해군기지), 사세보(佐世保, 해군기지), 가데나(嘉手納, 공군기지), 후텐마(普天間, 해군/해병대기지), 화이트비치(오키나와 해군/해병대기지)]도 일본 내에 위치하고 있다.

　　미일 양국군은 기지 활용의 효율성을 강화하고, 오키나와 주민들의 요구를 수용한다는 차원에서 다수의 미군 기지를 이전하고 있다. 본토에서는 미일 양국군의 기지를 통합한 후 남는 지역을 일본에게 반환했고, 미군시설의 74% 정도가 집중되어 있는 오키나와의 경우에는 미군이 사용하는 기지의 면적을 대폭적으로 줄였다. 1972년 오키나와를 일본에 반환할 당시 미군이 사용하고 있는 면적은 353km²였으나 2014년 1월에는 228km² 정도로 줄였고, 앞으로도 지속적으로 축소해 가는 것으로 합의가 되어 있다. 그 일환으로 2020년대 초반 정도에 8천 명 정도의 미 해병대가 괌으로 이전하는 것으로 미일 양국 간에 합의가 이루어진 상태이다.

　　미일동맹의 경우 일부 미군 기지가 조정되고 있으나 미군의 규모는 큰 변화가 없다. 미군 기지와 주둔 규모가 다소 축소되더라도 미일동맹의 본질에 영향을 줄 정도는 아니라고 판단된다.

공통의 전략목표　　1951년 미국이 일본과 동맹조약을 맺은 것은 군대를 보유하지 못하는 일본을 일방적으로 보호해 주기 위한 것이었으나, 1960년에 조약을 개정할 때는 한미동맹조약과 유사하게 공산주의의 확산 저지라는 공통의 전략목표가 부각되었다. 2001년 9·11 테러 이후 '제3세대 미일동맹'으로 불리기도 하듯이 일본은 미국의 세계전략적 필요성에 부응하기 시작했고(김호섭, 2006: 427), 최근에는 중국의 부상을 공통의 위협으로 인식하기 시작했다. 미국은 중국의 급속한 군사력 증강과 투명성 미흡을 중요한 위협요소로 식별하고 있고, 일본도 유사한 문구로 중국의 위협을 평가하고 있을 뿐만 아니라 동중국해와 남중국해에서 중국이 현상타파를 기도한다면서 오히려 미국보다 더 민감하게 반응하고 있다(Japan Ministry of Defense, 2015: 156). 미일동맹의 경우 공통의 위협과 전략목표가 점점 분명해지고 있다고 보아야 한다.

미국은 아시아 지역으로의 재균형(rebalancing) 전략을 추진하고 있고, 일본은 미국과의 동맹 관계를 최대한 활용하는 방향으로 노력을 기울이고 있다. 2010년 9월 센카쿠 열도 근처에서 있었던 일본과 중국의 충돌 이후 미국은 다양한 기회를 통해 동맹의 의무를 이행하겠다는 점을 언급하고 있고, 2015년 4월 27일 재개정된 '미일방위협력지침'에서는 '섬을 포함하는 육상공격의 예방과 격퇴'라는 항목을 새로 포함시켜, 자위대는 모든 형태의 작전을 수행할 수 있고, 미군은 이를 '지원·보완'하는 작전을 수행한다고 명시하고 있다(The Guidelines for U.S.-Japan Defense Cooperation, 2015.4.27: section IV). 공중기동 및 해상기동 위협이 발생할 경우, 미국이 '가능한 가장 빠른 단계에' 증원군을 전개시키는 정도로만 규정했던 1997년 미일방위협력지침의 내용에 비해서 대상과 공동작전 수행의지가 무척 강화된 셈이다.

또한 2015년 4월 합의한 미일방위협력지침에서는 '미일동맹의 세계적 성격'을 목표 중의 하나로 제시하고 있고, 군대뿐만 아니라 '모든 정부기관의 참여'를 보장하고 있다. 또한 일본 이외의 국가에 대한 무장공격에도 공동으로 대응한다는 내용을 포함하고 있으며, 지역 및 세계적 차원에서 전평시를 막론한 긴밀한 협력을 보장하고 있다(The Guidelines for U.S.-Japan Defense Cooperation, 2015.4.27). 이것은 '일본 주변사태'에 국한되었던 1997년 지침에 비해 협력의 대상과 범위를 대폭적으로 확대한 것이다.

미국과 일본은 상황 변화에 부합되도록 공통의 전략목표를 지속적으로 조정 및 확대해 오고 있다. 특히 최근에는 중국의 군사적 팽창주의에 대한 공동의 대응을 명시하고 있을 뿐만 아니라 세계적 문제에 대한 양국의 협력을 강화하고 있다.

연합지휘체제　　　단일의 연합사령부를 보유하고 있는 한미동맹과 달리 미일동맹은 양국군 각각이 보유하고 있는 별도의 지휘체제를 통해 통제된다. 다만, 2015년 4월 27일 개정된 방위협력지침에서 미일 양국은 일반명사로 사용하던 '양국조정 메커니즘'을 고유명사로서의 '동맹조정 메커니즘'으로 격상시키고, 평시부터 이를 운영하도록 하고 있으며, 이를 위해 필요한 절차와 기반시설을 구비함은 물론, 훈련과 연습을 실시하도록 명시했다(The Guidelines for U.S.-Japan Defense Cooperation, 2015.4.27: section IV). 동시에 양국군은 평시부터 필요한 작전계획을 함께 작성하기로 했고, 정보 · 정찰 · 감시는 물론, 공중 및 미사일 방어, 해상안보, 자산보호, 훈련과 연습, 군수지원, 시설사용 등의 분야에서도 평시에 협력하도록 제도화했다. 한미연합사가 수행하는 정도에는 미치지 못한다고 하더라도 양국군의 작전을 통합하기 위한 다양한 실무적 조치를 강구하고 있다고 할 것이다.

이미 미군과 일본군은 연합연습과 훈련, 연합정찰·감시 활동, 그리고 기지의 연합사용이라는 세 가지를 통해 실무 차원에서 효과적인 연합작전을 보장해 왔다. 이들은 1985년부터 지휘소연습과 실병훈련으로 구성되는 미일합동연습(Japan-US Bilateral Joint Exercise)을 매년 실시하고 있고, 2013년부터 실무단을 구성해 아시아·태평양 지역에 대한 양국 정보수집의 효율성과 효과성을 향상시키고 있으며, 양국군의 기지, 훈련장, 기타 시설 모두를 공유한다는 방침을 시행하고 있다. 이 외에도 미군과 일본군은 인도적 지원이나 재해재난 구호, 평화 활동, 해적퇴치, 우주 및 사이버 공간 협력 등 다양한 분야에서 협력을 확대 및 강화해 나가고 있다.

양국 간의 업무조정이 아무리 유기적으로 이루어진다고 하더라도 단일의 연합사령부와 같은 체계적인 연합작전을 보장하기는 어렵다. 하지만 양국 정치지도자가 결심만 하면 '동맹조정 메커니즘'은 바로 '미일연합사령부'로 전환될 것이고, 그렇게 되면 기존의 탄탄한 실무협력체제와 결합해 미일동맹은 단기간에 확고한 연합작전 수행체제를 보유할 수 있을 것이다.

방위비 분담　　일본의 방위비 분담은 1970년대 일본의 물가와 임금이 급격히 상승하자 미군이 지원을 요청함으로써 시작되었다. 1978년 일본은 미군의 복지비용을 일부 부담하기 시작했고, 1979년부터는 미군의 시설을 대신 건설해 주기 시작했으며, 1987년에는 특별협정을 맺어 SOFA에 명시되어 있지 않은 비용까지 제공하기 시작했다. 1991년부터는 공공요금을, 1996년부터는 일본 정부의 요구로 미군이 다른 훈련장에서 훈련해야 할 경우의 이동비용을 부담했으며, 미군의 시설 유지를 위해 고용되는 일본인의 봉급과 복지까지 지원하고 있다. 미군은 일본의 이러한 적극성을 높이 평가하고 있는바, 2005년에 마지막으로 발간된 동맹국 방위비 분담 현황에서는 일본이 인건비를 제외한 미군 주둔비용의 75%를 담당하고 있다면서 우방국 중에서 가장 높은 평가를 부여했다(Department of Defense, 2004: E-6).

일본의 경우 방위성 이외에도 미군을 지원하는 예산이 편성되어 있고, 미군 기지 재편에도 상당한 예산을 할당하고 있어 한국과 단순 비교하기는 쉽지 않다. 그러나 한국의 방위비 분담금과 유사한 내용인, 미군 주둔에 따른 방위비 분담금, 특별협정에 의한 지원비용, 방위성 이외에 미군 주둔과 관련해 지원하는 예산을 합산할 경우, 2015년에는 총 4,178억 엔(미군 주둔 지원비 2,309억 엔 + 국방성 이외 지원 예산 388억 엔 + 특별협정 부담금 1,481억 엔)이 된다(Ministry of Defense, 2015: 195). 이를 10 : 1의 환율로 적용했을 때 한국의 2015년 방위비 분담액인 9,320억 원에 비해 4배 이상 부담하고 있는 것으로 계산된다.

일본은 2011년 특별협정을 맺으면서 주일미군에 대한 지원이 2010년 수준을 넘지 않도록 미군 지원 고용 인력의 숫자나 공공요금의 상한선을 설정하는 등, 방위분담액을 가급적 줄이기 위해 노력하고 있다. 다만, 미군의 요구사항은 수용한다는 원칙하에 협상 과정에서 이견이 있더라도 외부로는 크게 노출되지 않았다. 그래서 한국과 달리 일본의 방위비 분담은 미일동맹을 오히려 강화시키는 요인일 수 있다.

4. 한미동맹과 미일동맹의 비교

유사한 측면　　한미동맹과 미일동맹은 모두 미국을 대상으로 하고 있고, 공산주의 확산의 저지라는 공통 전략목표에서 시작되어 전반적으로 유사한 측면이 많다. 이는 두 동맹이 상호 참고해 발전되어 왔기 때문이다. '2+2 회담'이라고 불리는 외교 · 국방장관 회담, 방위협력지침, 방위비 분담 등은 미일동맹이 먼저 시작한 것을 한미동맹이 수용한 것이고, 연합작전체제는 미일동맹이 한미동맹과 유사해지고자 노력하고 있는 부분이다.

특히 앞에서 경성요소로 구분한 조약, 안보협의체제, 주둔미군의 경우는 거의 유사하다고 할 수 있다. 미일동맹은 미국 유사시에 일본의 지원 의무가 없는 편무적(片務的) 조약이라는 점이 다르지만, 두 동맹 모두 미국이 안보를 지원하는 형태이기 때문에 실질적인 차이는 없다. 안보협의체제의 경우 미일동맹은 MCM, 즉 합참의장 간의 연례적 논의기구가 존재하지 않지만 수시 방문이나 다양한 실무협의를 통해 보완하고 있다. 주둔미군의 경우 2만 8,500명과 5만 200명으로 다소간 차이는 나지만 본질적 차이라고 보기는 어렵다.

연성요소에 있어서도 동일한 지역에서 동일한 국가인 미국과 동맹을 체결하고 있다는 점에서 유사성이 클 수밖에 없다. 연합지휘체제의 경우 미일동맹은 한미동맹과 같은 연합사령부를 보유하고 있지 않지만 양국군 사령부를 동일한 기지에 설치해 자연스러운 협조를 보장하고 있고, 2015년부터 동맹조정 메커니즘을 설치하는 등 실질적으로는 한미연합 작전체제에 못지않게 상호 협조를 보장하고 있다. 한미동맹과 미일동맹 모두 상당한 액수의 방위비 분담을 제공하고 있고, 서로를 비교해 유사한 제도와 수준으로 수렴시켜 나가고 있다.

한미동맹과 미일동맹의 경우 기본적으로는 차별성보다 유사성이 더욱 크고, 차이점이 있더라도 서로를 비교해 발전시킴으로써 점점 유사해지는 현상을 보여 왔다고 할 것이다.

차별되는 측면　　한미동맹과 미일동맹의 차이는 대부분 연성요소에 관한 사항이고, 질적인 차이인데, 특히 공통 전략목표에서 적지 않은 차이가 발생하고 있다. 냉전 시에 두 동맹의 공통 전략목표는 공산주의의 확산 저지로 동일했지만, 최근 중국이 부상하자 미일동맹은 그에 대한 대응으로 공통 전략목표를 전환해 나가고 있는 데 반해 한미동맹은 그렇지 않기 때문이다. 일본은 중국 대응을 중요시하는 미국의 전략목표를 수용할 뿐만 아니라 센카쿠 열도를 둘러싼 사태에서 양국이 함께 작전을 수행하도록 합의하는 등 오히려 미국을 끌어들이고 있지만, 한국은 대미동맹만으로 북한 핵문제를 해결할 수 없다고 인식하면서도 중국과 우호적인 관계를 유지하려고 하고 있다.

연합작전 수행체제의 경우 한미연합사령관을 중심으로 일사불란한 지휘체계를 구비하고 있는 한미동맹이, 협조적 관계를 바탕으로 하는 동맹조정 메커니즘을 구비하는 미일동맹에 비해 훨씬 공고하다. 다만, 노무현 정부가 추진한 전시 작전통제권 환수 및 한미연합사 해체로 인해 한미동맹의 연합작전 수행체제는 현상유지에 머물고 있다. 반면에 미일동맹의 경우에는 주요 사령부의 기지 공유 등으로 자연스러운 협조체제가 형성된 상태에서 동맹조정 메커니즘까지 설치함으로써 공고함의 차이가 줄어들고 있다고 볼 수 있다.

방위비 분담의 경우 그 내용에 있어서 적지 않은 차별성이 드러나고 있다. 일본은 한국보다 전체 액수 및 미군 1인당 방위비 분담액을 많이 분담하고 있고, 특히 미국과의 협상 과정에 있어 한미동맹에서와 같은 갈등을 드러내지 않았다. 한국의 경우 방위비 분담 협상을 할 때마다 반미감정이 노출되었고, 국내여론이 분열되었으며, 이러한 것이 미국에 전달되어 동맹 관계를 훼손시킨 점이 적지 않다. 따라서 미군의 입장에서는 일본으로부터 제공받는 방위비 분담금을 훨씬 덜 불편하게 느낄 것이다.

평가　　한국과 일본의 상황과 여건이 다르기 때문에 절대적으로 객관적인 비교가 가능하지는 않지만, 대체적으로 볼 때 한미동맹과 미일동맹은 경성요소 측면에서는 큰 차이가 없으나 연성요소 측면에서는 미일동맹이 훨씬 공고하고, 앞으로 이 차이는 더욱 벌어질 가능성이 높다. 앞에서 논의해 온

표 2.2 한미동맹과 미일동맹의 비교

구분		한미동맹	미일동맹
경성요소	동맹조약	동등	동등
	안보협의체제	동등	동등
	미군 주둔	동등	동등
연성요소	공통 전략목표	**미흡**	공고
	연합지휘체제	공고	**다소 미흡**
	방위비 분담	**다소 미흡**	공고

대미동맹의 구성요소별 평가결과를 하나의 표로 나타내면 〈표 2.2〉와 같다.

〈표 2.2〉를 보면 경성요소는 동등하다고 평가할 수 있다. 또한 현재 한미동맹의 연합지휘체제가 공고하기는 하지만, 한국은 전시 작전통제권을 환수해 한미연합사를 해체하겠다는 입장을 표명한 바 있는 반면에 일본은 동맹조정 메커니즘을 강화해 나가겠다는 입장이어서 그 격차는 더욱 좁혀질 가능성이 있다. 방위비 분담의 경우에 한미동맹이 미일동맹에 비해서 다소 미흡한 것으로 보인다. 특히 공통 전략목표가 동맹의 필요성을 좌우할 수 있는 사항이라는 점을 생각해 보면 한미동맹의 공통 전략목표가 '미흡'하다는 결과는 결코 가볍게 볼 수 없는 부분이다. 특히 중국의 군사적 팽창이 가시화됨에 따라 이 요소의 영향력도 커지고 있고, 한국이 선택을 미룰수록 두 동맹의 격차가 더욱 벌어질 가능성이 높다. 미일동맹이 강하면 강할수록 한국이 포기당할 위험성이 커질 수 있다(김준형, 2009: 111).

실제로 한국과 일본은 대미동맹에 대한 중요성 인식에서 상당한 차이를 보이고 있다. 한국의 《2014 국방백서》를 보면 국가안보전략 목표나 기조의 어디에도 한미동맹에 관한 내용이 포함되어 있지 않고, 그것의 하위 항목이라고 할 수 있는 일곱 개 '국방정책기조' 중의 세 번째로 "한미군사동맹의 발전 및 국방외교협력 강화"가 언급되고 있다(국방부, 2014: 34-40). 반면에 일본의 *Defense of Japan 2015*에서는 국가안보전략의 다섯 개 전략적 접근 중 자국의 능력과 역할을 확대한다는 것 다음의 두 번째로 '미일동맹 강화'를 제시하고 있고, 국가 차원의 '국방계획지침'(National Defense Program Guidelines)에서도 자체적인 노력과 미일동맹의 강화를 기본국방정책으로 제시하고 있다(Japan Ministry of Defense, 2015: 155-158). 미국과의 동맹에 관해 한국과 일본은 상당한 인식의 차이를 지니고 있다고 할 것이다.

5. 결론과 함의

미국을 중심으로 하는 동맹 중에서 한미동맹과 미일동맹은 경성요소 측면에서는 거의 동등하다 할 정도로 조약, 안보협의체제, 그리고 미군 주둔 등의 요소에서 공통점을 보이고 있고, 공통 전략목표, 연합지휘체제, 방위비 분담 등 연성요소에 해당되는 요소들도 동일하다고 볼 수는 없지만 기본적으로는 유사한 면이 존재하고 있다. 다만, 최근 중국 요소를 중심으로 두 동맹의 차이점이 노출되고 있는바, 한국과 미국 간에는 중국에 대한 대응을 둘러싸고 전략목표의 차이점이 부각되고 있는 반면, 일본과 미국 간에는 전략목표의 공통성이 더욱 커지고 있다. 한미동맹의 강점인 연합지휘체제의 경우에도 한국에서는 한미연합사 해체 논란이 장기간 지속되어 연합사의 역할이 위축된 데 반해 일본은 동맹조정 메커니즘을 활성화하고 있어 그 격차가 좁아지고 있다. 대체적으로 볼 때 한미동맹에 비해서 미일동맹이 더욱 공고한 것으로 평가되고, 앞으로도 이러한 추세는 지속될 것으로 예상된다.

한미동맹과 미일동맹의 차이에 대해서 한국의 평가보다 미국의 평가가 더욱 클 것이라 예상된다. 경성요소의 경우 협정은 유사하다고 하더라도 일본과의 안보협의가 더욱 생산적이거나 신뢰성이 높다고 인식할 수 있고, 일본에 주둔하는 미군의 중요성이나 전투력도 훨씬 크다고 평가할 것이다. 연성요소의 경우에도 사드의 경우와 같이 중국의 입장을 지나치게 고려하는 한국에 대한 불만이 있을 수 있고, 언제 한미연합사를 해체하겠다고 요구할지에 대해 불안하게 생각할 것이며, 방위비 분담과 관련해 협상할 때마다 겪어야 되는 진통을 탐탁지 않게 생각할 가능성이 높다. 동맹 관계를 변화시켜야 할 만한 결정적인 요인이 없기에 현상을 유지하고 있지만, 어려운 상황이 발생할 경우에 미의회 등에서 한미동맹에 관한 전반적 재검토나 주한미군의 감축 또는 철수를 요구할 가능성을 배제할 수 없고, 그렇게 될 경우 동맹의 강도가 단기간에 약화될 수 있는 상황을 우려하지 않을 수 없다.

한국이 북한의 핵 위협으로부터 국가의 안전을 보장하는 데 한미동맹이 필수적이라고 생각한다면, 지금의 한미동맹을 당연한 것으로 간주하거나 미국이 한국을 포기하지 않을 것이라는 확신하에 일방적인 요구만을 지속하는 것은 위험할 수 있다. 미일동맹이 강화될수록 한미동맹은 불안해질 수 있다는 점에서 한미동맹의 부정적인 요소는 최소화하고, 긍정적인 측면은 더욱 강화시켜 나가야 할 것이다. 미국의 퓨(Pew) 리서치센터에서 2015년 4월 제2차 대전 종전 70주년을 기념해 미국과 일본 국민 1천 명을 대상으로 양국 간 및 주변국에 대한 신뢰도를 조사한 결과 미 국민 중에서 일본을 신뢰한다고 답한 응답자는 68%이고, 한국을 신뢰한다고 말한 응답자는 49%에 불과했다(《동아일보》, 2015.5.4: A21). 미국 정부와 미국 국민들의 입장을 생각하면서 한미동맹의 변화를 추진해야 할 필요가 있다.

공고한 한미동맹 관계를 유지하고자 한다면 일본과의 관계 개선도 적극적으로 고려할 필요가 있다. 현재와 같이 역사와 감정에 치우쳐 한일 관계를 추진할 경우 우방국은커녕 적이 될 가능성도 배제할 수 없다. 중국 문제는 차치한 채 북한의 핵 위협만을 공통으로 인식하더라도 일본과의 협력 관계 복원은 그다지 어렵지 않을 수 있다. 이와 같이 한국, 미국, 일본이 긴밀하게 협력할 경우 나토의 집단안보체제와 같은 동맹 관계가 형성되고, 그렇게 되면 동북아시아에 어떤 사태가 발생하더라도 한국이 과거와 같이 힘없는 희생자가 되는 사태는 예방할 수 있을 것이다.

제6장
한미동맹의 운영

한미 동맹의 경우 구조적인 측면에서 다른 어느 동맹보다 더 튼튼한 편이다. 그렇다고 해서 한미동맹의 전반적인 강도가 대단히 튼튼하다고 말하기는 어렵다. 현재 기능하고 있는 대미동맹 중에서 한미동맹이 나토나 미일동맹보다 더 강력하다고 말하기는 어렵기 때문이다. 그렇다면 한미동맹의 경우 구조가 아닌 운영에서 개선해야 할 부분이 존재한다고 볼 수 있다. 특히 구조적인 사항은 쉽게 변화시킬 수 없다는 점에서 한미동맹의 외형보다는 내실, 형식보다는 질적인 측면의 개선을 위해 노력해야 할 필요성이 크다.

한미동맹과 관련해 한국에게 가장 중요한 사항은 북한이 핵 공격을 감행할 경우 미국이 약속대로 확장억제를 이행할 것이냐 하는 것이다. 이것이 확실하지 않을 경우 국민들의 불안감이 커지는 것도 문제지만 무엇보다 북한이 오판할 가능성이 높아진다. 현재 미국은 확장억제에 대한 의문 자체를 불필요하게 만들 정도로 북한이 핵 위협을 가할 때마다 필요한 전력들을 적극적으로 전개하고 있지만, 어쨌든 실제 이행 여부는 당시 상황에서 미국의 정치지도자들의 결정에 달려 있는 것은 분명하다. 그리고 그러한 결정에는 한미동맹의 구조적인 측면보다도 평시 운영에 대한 그들의 인식이 더욱 큰 영향을 끼칠 수 있다. 한미동맹의 구조적 측면이 바탕이라면, 한미동맹의 운영 측면은 동맹의 강도를 결정하는 직접적인 요인일 수 있다.

1. 자율성-안보 교환 이론과 대미동맹

자율성-안보
교환 이론

외부의 위협에 대응해야 할 경우 국가가 선택할 수 있는 방안은, 군비를 증강해 충분한 국방력을 갖추는 것과 동맹을 맺어서 다른 국가의 힘을 활용하는 것 등이 있다. 전자는 비용이 많이 들 뿐만 아니라 결국 경제력을 약하게 만들어 군비증강을 지속할 수 없는 상황으로 악화시키기 때문에 대부분의 국가들은 후자를 선택하게 된다. 그래서 그리스-로마 시대나 중국의 춘추전국시대는 물론이고 대부분의 세계 역사에서 '서로 간의 군사적 지원에 대한 공약'(Walt, 1997: 157)인 동맹은 국가안보의 중요한 방법이었고, 지금도 그러하다.

동맹은 유사한 국력을 가진 국가 간의 대칭동맹(symmetric alliance)과 강대국과 약소국 간의 비대칭동맹(asymmetric alliance)으로 구분할 수 있는데, 현대에는 후자가 대부분이다. 제2차 세계대전 이후 미국과 소련을 맹주로 해서 양 진영으로 구분되었던 잔재가 아직 남아 있기 때문이다. 특히 소련의 붕괴 이후 미국을 중심으로 하는 자유민주주의 동맹은 잔존했고, 나토의 경우는 오히려 확장되고 있다.

비대칭동맹에 관한 대표적인 연구 중의 하나는 '자율성과 안보의 교환 모델'(Autonomy-Security Trade-off Model)이다. 알트펠드(Michael F. Altfeld) 교수는 ① 국가안보, ② 국부(國富), ③ 행동의 자유와 자율성이라는 세 가지가 상호 교환적이라는 전제를 바탕으로 "약소국은 동맹의 추가 지원을 구매하는 대가로 일정한 자율성을 포기하고, 그 결과로 군비투자를 절약해 국부를 증대시킨다."고 주장했다(1984: 524). 그에 의하면 "동맹은 서로의 행동의 자유를 일부 박탈하는 것이고, 그것은 동맹의 비용"이다(1984: 526). 모로(James D. Morrow) 교수는 1815년부터 1965년 사이에 존재했던 164개(대칭동맹 86개, 비대칭동맹 78개)의 군사동맹을 대상으로 경험적 분석을 실시해 알트펠드가 제시한 모델의 타당성을 입증했다. 그는 "동맹은 안보와 자율성이라는 상충되는 목표 간의 선택을 요구하고, 하나를 추구하고자 한다면 다른 하나에서는 희생을 수반하게된다."면서 교환성을 더욱 강조했다(1991: 930). 이러한 교환성으로 인해 비대칭동맹(평균 15.69년 지속)이 대칭동맹(평균 12.21년 지속)에 비해서 3년여 동안 더 지속되었다는 자료도 제시하고 있다(1991: 922).

비대칭동맹에서 약소국은 자율성과 안보가 모두 미약한 데 반해 강대국은 둘 모두가 확고해 동맹을 체결 및 유지하는 것에 대한 동기가 적기 때문에(Morrow, 1991: 913-914), 대부분 약소국이 강대국과 동맹을 맺고자 하고, 그 대가로 자율성을 양보해야 한다. 따라서 안보가 증대되는 만큼 자율성의 희생도 커진다(Morrow, 1991: 913-914). 이에 대해 약소국이 불만을 가지게 되면 국력을 신장해 동맹이 불필요한 상태로 만들어야 한다. 약소국이 자율성을 양보하지 않으면 동맹은 약화되거나 폐기될 수 있다. 국력이 약화되거나 위협이 강화되어 약소국이 강대국의 안보지원을 절실히 필요로 할수록 약소국은 자율성을 적극적으로 양보해야 한다. 그래서 비대칭동맹의 강도는 약소국의 자율성 양보 정도에 좌우되는 측면이 있다(박원곤, 2004: 96-99).

다만, 약소국이 자율성 양보를 꺼림에도 비대칭동맹이 금방 폐기되지 않는데, 그것은 동맹의 유지가 강대국에게 큰 부담이 되는 것이 아니기 때문이다. 강대국은 세계전략적 차원에서 어쨌든 대규모 군사력을 유지해야 하고, 특정 국가와의 동맹으로 인해 추가적인 부담이 발생하는 것도 아니며, 군사기지 사용 등을 비롯해 약소국이 양보하는 자율성은 어쨌든 유용한 요소이기 때문이다. 이러한 점에서 약소국이 지혜롭게 대처할 경우 자율성을 최소한으로만 양보해도 동맹을 유지시킬 수 있다. 다만, 동맹은 유사시에 강대국이 얼마나 적극적으로 동맹의 약속, 즉 안보지원을 결정하느냐에 따라 그 강도가 결정될 것인데, 약소국이 자율성 양보를 꺼릴수록 강대국이 지원을 망설일 가능성은 높아진다. 대체적으로 비대칭동맹의 강도는 약소국이 자율과 안보라는 두 가지 이익 중에서 어느 것을 더 추구하느냐에 따라 좌우된다 (Morrow, 1991: 931).

한미동맹과 미일동맹 한미동맹과 미일동맹은 기본적으로 미국이라는 강대국을 중심으로 한 비대칭동맹이고, 따라서 '자율성-안보 교환'의 방식이 적용된다. 한국과 일본의 자율성 양보 정도에 따라서 미국의 안보지원 강도가 결정되는 구조라는 것이다. 당연히 미국도 한국이나 일본과의 동맹을 유지하는 것이 유용하지만, 없다고 해도 생존이 위협받는 정도는 아니다. 대신에 한국과 일본에게 미국과의 동맹은 사활적인 중요성이 있다.

다만, 최근 자율성 양보에 있어서 한국과 일본이 인식과 접근방식에서 차이를 보이고 있는데, '자율성-안보 교환 모델'에 의하면 이것은 결국 두 동맹의 강도 차이로 귀결될 가능성이 높다. 한국의 경우 국력 신장과 남북 화해에 대한 기대를 바탕으로 미군 기지의 이전 요구, 작전통제권 환수, SOFA의 불평등 시정을 요구하는 등 자율성 양보의 정도를 줄이고자 노력해 왔다. 반면에 일본은 동맹조정 메커니즘 설치나 집단안보 관련 법안의 통과에서 보듯 오히려 자율성을 더 양보하는 모습이다. '위계적 관리구조'를 지녔던 소련과 달리 미국은 '무정부상태적 관리구조'라고 평가될 정도로 동맹국에 대한 통제를 최소화하는 경향이라면(전재성, 2004: 77-78), 동맹의 강도는 한국이나 일본의 행동에 의해 좌우될 것이고, 따라서 현재와 같은 차이점이 지속될 경우 한미동맹에 비해 미일동맹이 더욱 견고해질 가능성이 높다. 실제로 최근의 몇 가지 사례에서 이러한 가능성이 드러나고 있다.

2. 사례 분석

현재 한일 양국의 대미동맹과 관련해 다양한 현안들이 존재하지만 공통적이면서 가장 핵심적인 사항은 중국에 대한 정책 방향이다. 미국은 한일 양국에게 동일하게 중국 대응에 관한 적극적인 협력을 요구하고 있지만, 한일 양국의 수용방향은 다소 다르다. 그다음으로 중요한 공통적 현안은 북한의 핵미사일 위협 대응을 위한 미국과의 협력 정도인데, 그중에서도 북한이 핵미사일을 발사할 경우 공중에서 요격할 수 있는 탄도미사일 방어(BMD)에 관한 것이다. 이 또한 미국이 한일 양국에게 협력을 요구하고 있지만, 양국의 수용 방향은 매우 다르다. 그리고 방위비 분담 또한 미국이 양국에게 동일하게 요구해 온 사항인데, 양국이 수용하는 정도 또한 같지 않다. 이 외에도 한미동맹에서는 전시 작전 통제권 환수나 SOFA에서의 형사 관할권이 지속적으로 언급되어 왔지만, 이것들은 미일동맹의 경우에는 현안이 아니라서 비교의 대상에서 제외했다.

중국에 대한 대응 방향

'신형 대국관계'라는 용어 사용에서 보듯이 중국은 세력전이이론(Power Transition Theory)이 예상하고 있는 미국과의 필연적 충돌 가능성을 부정하려 하고, 미국도 그의 '아시아 재균형 정책'이 중국과의 대결을 염두에 둔 것은 아니라고 하지만, 실질적으로 양국의 패권경쟁 가능성은 낮지 않다. 미국은 오래전부터 '부상하는 중국에 대한 대비'(hedging against a rising China)를 추진해 왔고, 중국 역시 이를 인식해 군사력을 지속적으로 현대화해 왔기 때문이다. 국제적으로도 중국은 '상하이 협력기구'(SCO: Shanghai Cooperation Organization)를 형성했고, 이에 대해 미국은 '미국-일본-호주' 간의 '3각 전략 대화'(Tri-lateral Strategic Dialogue)를 출범시켰다. 미국은 국방예산 제한 속에서도 국방력을 약화시키지 않으려고 '제3차 상쇄전략'(the Third Offset Strategy)이라는 명칭으로 기술을 통한 군사적 우위를 추구하고 있다(Work, 2015). 중국이 남중국해에 인공 섬을 형성해 군사시설을 설치함에 따라 미국이 항행의 자유를 과시하고, 이로 인해 양국 간의 군사적 충돌이 야기될 수도 있는 상황이다. 당연히 미국으로서는 동맹국인 한일 양국에게 중국을 경계하는 그들의 정책을 지지할 것을 요구하고 있다.

① 한국의 경우

한국은 1988년 임기를 시작한 노태우 대통령이 '북방정책'을 추진하면서부터 중국과의 관계를 개선하기 시작했다. 1992년 '우호협력 관계'로 수교한 이래, 1998년 '21세기를 향한 협력 동반자 관계', 2003년 '전면적 협력 동반자 관계', 2008년 '전략적 협력 동반자 관계'로 발전했고, 2014년 7월 시진핑 주석의 방한 시에는 '성숙한 전략적 동반자 관계'라는 말까지 사용했다. 박근혜 대통령은 시진핑 주석과의 개인적 친밀성을 과시하면서 남북 관계 개선 및 북한 핵문제 해결을 위한 중국의 긍정적인 역할을 기대해 왔다.

한국의 대중국 관계 개선은 대미관계와 상충되는 측면이 존재한다. 2003년 집권한 노무현 정부는 한국이 동북아시아의 '균형자' 역할을 수행해야 한다면서 중국과 미국에 대한 대등한 외교 방향을 제시했는데, 이때 그는 미국에 대해 전시 작전통제권 환수를 요구했다. "한중 관계는 한미 관계 및 북중 관계의 종속변수에서 점차 독립성을 강화하는 방향으로 진화 중"(김흥규, 2014: 83)이라고 평가되듯이, 한국은 한미동맹과 대등한 중요성으로 한중 관계에 접근하려는 모습을 보여 왔다. 박근혜 대통령이 2015년 9월 3일 중국의 전승절 열병식에 참석한 것이 그의 상징적인 사례였고, 이로 인해 미국은 한국의 외교정책에 의구심을 갖게 되었다. 그 결과 다음 달인 10월에 가진 한미 정상회담에서 오바마 대통령은 남중국해 등에서 중국이 국제적 규범을 어길 경우 한국 측에서 이를 지적할 것을 주문함으로써 한국에게 분명한 입장을 표명할 것을 요구하게 되었다.

그러자 북한의 핵 위협 강화로 미국의 지원이 절실한 한국은 미국의 요구를 수용하지 않을 수 없었고, 따라서 한민구 국방장관은 2015년 11월 4일 말레이시아에서 열린 제3차 아세안 확대 국방장관회의에서 "대한민국 정부는 남중국해 분쟁의 평화적 해결과 항행·상공(上空)

비행의 자유가 보장되어야 한다는 입장"이라며 미국의 입장을 지지하는 발언을 하게 되었다. 또한 북한이 제4차 핵실험에 이어서 2016년 2월 7일 장거리 미사일 시험발사를 실시하자 중국의 반대에도 불구하고 미군 사드의 한반도 배치를 수용하겠다는 결정도 내렸다. 미국의 요구에 대한 이와 같은 한국의 반응은 '안보-자율성 교환 모델'에서 강조하는 자율성의 양보를 그대로 구현한 사례라고 할 것이다. 다만, 아직 한국이 중국 대응을 위한 미국의 정책을 전폭적으로 수용한 것이 아니기 때문에 미국의 의구심을 모두 해소했다고 보기는 어렵다.

② 일본의 경우

일본은 중국과 1972년 국교를 정상화했고, 1978년 '중일 평화우호조약'을 체결했다. 그러나 1995년 중국의 지하 핵실험과 1996년 대만 포격을 계기로 일본 내에서 '중국 위협론'이 제기되기 시작했고, 1998년 장쩌민 중국 주석의 방일을 계기로 역사 문제를 둘러싼 양국의 인식 차가 노출되기 시작했다. 2005년 일본 고이즈미 총리의 야스쿠니 신사 참배 강행 등으로 경색된 양국관계는 2010년 9월 센카쿠(尖閣列島, 중국명 댜오위다오)에서 조업하던 중국 어선의 선장을 일본이 억류한 후, 그 후속조치로 일본이 센카쿠를 국유화함으로써 갈등관계로 악화되었다.

일본의 입장에서 중국과의 갈등관계는 상당한 위험 요소이다. 일본과 중국은 동북아시아의 주도권을 둘러싸고 줄곧 경쟁해 왔고, 최근 중국의 국력이 무척 강대해졌을 뿐만 아니라 팽창적인 외교정책을 펼치기 때문이다. 중국은 2010년부터 경제력 측면에서 일본을 추월해 세계 2위의 강대국(G2)으로 부상했고, 방공식별구역 선포나 센카쿠 열도

영유권 주장에서 보듯이 공세적 대외정책을 구사하고 있다. 따라서 일본 혼자서는 중국과 대응할 수 없다는 판단에 의해 미국과의 연대를 강화할 수밖에 없었다. 미국도 세계적 차원에서 중국과 전략적 경쟁을 벌이고 있어서 미일 양국의 이해가 부합되는 상황이라고 할 것이다.

현재 미일동맹은 유례없을 정도로 강화되고 있다. 일본은 2015년 4월 27일 '미일방위협력지침 재개정'을 통해 섬을 포함한 일본 영토에 대한 지상공격 시 미군이 일본군 작전을 지원하도록 명시하는 데 성공했다. 즉 센카쿠 열도와 관련해 중일 간에 분쟁이 발생할 경우 미일 양국이 공동 대응한다는 데 합의한 셈이다. 그리고 미국은 주일미군에 첨단 전력을 지속적으로 배치함으로써 서태평양 지역에 대한 전략 거점으로 일본을 활용하고 있고, 세계 질서 유지를 위한 일본의 적극적인 역할도 약속받았다. 중국의 잠재적인 위협에 대응하는 데 있어서 일본과 미국의 정책 방향이 거의 일치된 상태라고 할 것이다.

③ 평가

미국과 중국 간의 전략적 경쟁이 심화되면 미국의 동맹국인 한국과 일본은 당연히 미국을 적극적으로 지원해야 한다. 그것이 '자율성-안보 교환' 동맹의 원리이기 때문이다. 그렇게 하지 않을 경우 양국이 어려울 때 미국의 지원을 기대할 수 없을 것이다. 다만, 한국은 북한 핵문제 해결, 남북 관계 개선, 통일 달성에 있어서 중국의 협력을 기대하고 있어 미국의 요구에만 충실할 수 없다. "북한의 현실적 위협과 중국의 잠재적 위협에 대비하기 위해서는 한미동맹을 강화해야 하지만 한미동맹은 중국의 대응반응을 불러와 오히려 한국 안보를 위태롭게 할 수 있는 딜레마를 가지고 있다."(정천구, 2012: 22) 결국 한국은 탄력적인 외교를 통해 한미 관계와 한중 관계를 조화시키고자 노력하고 있고, 그것은 박근혜 대통령의 전승절 참석이나 미군 사드 배치에 대한 망설임으로 드러나고 있다. 문제는 이러한 태도가 미국에게는 당연히 불만족스럽게 느껴질 것이고, 계속되면 유사시 미국이 안보지원을 망설일 수 있다는 것이다. 따라서 한국은 중국 전승절 방문을 발표하면서 한 달 뒤의 미국 방문 사실도 함께 발표했고, 남중국해에 대한 미국의 입장을 지지하는 발언을 하는 등 미국의 불만족을 최소화하기 위해 노력해 왔다.

자신이 선택을 했든, 상황에 의해 그렇게 되었든 간에 중국의 잠재적 위협에 적극적으로 대비한다는 측면에서 일본의 정책 방향은 미국의 그것과 완전한 일치를 이루고 있다. 따라서 미국은 일본이 자율성을 적극적으로 양보하면서 자신의 정책을 지지하는 것으로 인식할 가능성이 높다. 실제로도 일본 정부는 상당수 국민들의 반대와 한국 및 중국의 우려에도 불구하고 세계 또는 지역 차원에서 미국이 수행하는 군사작전을 지원할 수 있도록 집단적 자위권 행사에 필요한 안보 관련 법안을 제정 및 개정했다. 그래서 미국 내에서 "일본과 미국은 부상하는 중국과의 관계를 관리하는 데 있어서 우선순위를 공유하고 있다."고 평가하고 있는 것이다(Chanlett-Avery et al., 2015: 6).

중국에 대한 정책 방향을 기준으로 미국의 대통령이나 정책 결정자들이 한국과 일본을 비교한다면 어떤 결론을 내릴까? 자율성-안보 교환 모델에 의하면 한국이 자율성 양보를 망설이고 있는 것으로 평가할 가능성이 높다. 그렇다면 미국도 안보지원을 망설일 수 있다. 앞으로 한국이 미국과 중국 사이에서 어떤 선택을 하느냐는 것은 한미동맹의 강도를 좌우하는 결정적인 요소가 될 가능성이 높다.

탄도미사일 방어 　북한은 2006년, 2009년, 2013년, 2016년에 걸쳐 네 번의 핵실험을 실시한 후 핵무기의 개발, 그의 '소형화 · 경량화'는 물론이고, 수소폭탄의 개발에도 성공했다고 주장하고 있다. 가령 북한이 핵탄두를 탑재한 미사일, 즉 '핵미사일'로 공격한다면 이로부터 국민들을 보호할 수 있는 가장 합리적인 수단은 탄도미사일 방어(BMD)이다. 당연히 한국과 일본은 이에 대한 방어체제를 구비해야 하고, 미국의 입장에서도 북한의 핵미사일로부터 주한미군과 주일미군, 나아가 괌 등의 미국 영토를 보호해야 하며, 이를 위해서는 한국, 일본과의 BMD 협력이 필요하다. 그리고 지금까지 미국은 주한미군 및 주일미군의 보호와 한일 양국의 보호를 위한 양국과의 BMD 협력을 지속적으로 요구해 왔다.

① 한국의 경우

한국은 '한국형 미사일 방어'(KAMD)라는 독자적인 체제 구축을 명분으로 BMD 구축 협력에 관한 미국의 요구를 거부해 왔다. 북한과의 화해협력정책을 훼손할 것을 우려해 BMD 구축에 소극적이었고, '미 MD 참여'는 곤란하다는 일부 진보 성향 인사들의 주장(정욱식, 2003)에 휘둘렸기 때문이다. 북한 핵미사일 위협의 잠재성이 커지면서 어떤 형태로든 BMD를 추진하지 않을 수 없게 되자 한국은 '미 MD 참여'라는 논란을 벗어나고자 하층방어(lower-tier defense)를 중심으로 하는 KAMD 청사진을 제시했고, 이를 위해 2008년 독일로부터 PAC-2 2개 대대를 도입했다. 또한 2012년 이스라엘로부터 탐지거리 500km인 그린파인(Green Pine) 레이더 2식(式, 시스템의 단위)을 도입했고, 독자적인 '탄도미사일 작전통제소'(AMD-cell)를 구축했다. 다만, KAMD의 경우, PAC-

2 요격미사일은 항공기 방어를 주목적으로 하는 것이라서 공격해 오는 상대의 핵미사일을 직격파괴(hit-to-kill)할 수 없고, 상층방어(upper-tier defense)가 포함되지 않아서 BMD의 핵심요소인 다층방어(multi-layered defense)를 구현하지 못한다는 한계를 지니고 있다. 이러한 문제점 때문에 PAC-2를 직격파괴 가능한 PAC-3로 개량하는 것으로 결정했고, 최근 상층방어를 포함하는 다층방어로 확대하기 위해 자체적인 중거리 지대공미사일(M-SAM)과 장거리 지대공미사일(L-SAM)을 2000년대 중반까지 개발할 계획이라 밝히고 있다(국방부, 2014: 59). 다만, 이의 성공 가능성이 불확실할 뿐 아니라 개발되는 동안은 신뢰할 만한 요격능력이 없는 상태로 지내야 한다는 문제점이 존재한다. 미국과의 협력을 기피함으로써 한국의 BMD는 상당한 시행착오를 겪었고, 매우 지체된 상태가 되고 말았다.

주한미군의 경우 직격파괴가 가능한 PAC-3 2개 대대를 보유하고 있어서 하층방어능력은 구비하고 있지만, 상층방어 능력이 없어서 역시 불안한 상황이다. 북한은 2014년 3월 1,300km의 사거리를 갖는 노동 미사일의 사거리를 650km로 단축시켜 공격하는 양상을 시험한 적이 있는데, 이 경우 노동 미사일은 200km 정도의 고도까지 상승했다가 마하 7 정도의 고속으로 급강하하기 때문에 PAC-3 요격미사일의 요격을 위한 시간과 정밀성을 확보하기 어렵다(홍규덕, 2015: 123). 그래서 주한미군은 본국에 상층방어 요격미사일인 사드의 배치를 요청하게 되었다. 그러자 한국에서는 '미 MD 참여'에 반대해 온 인사들을 중심으로 이에 대한 대대적인 반대 의견이 제시되었고, 따라서 한국 정부는 이에 대한 미국과의 협의를 2년 이상 망설이게 되었다. 정부는 상당한 기간 동안 "사드 배치에 관한 (미국의) 요청, 협의, 결정이 없었다."는 소위 '3 No'라는 입장을 견지하고 있다가, 2016년 1월 6일 북한의 제4차 핵실험에 이어 2월 7일 북한이 장거리 미사일 시험발사를 실시하자 그 제야 미국과 협의를 하기로 발표했고, 이후부터 실무단을 발족해 사드 배치를 둘러싼 문제들을 협의하고 있다.

② 일본의 경우

일본은 2006년 7월 5일 북한이 노동, 스커드, 대포동 2호로 구성된 7기의 미사일을 일본 방향으로 발사한 후 10월 9일 제1차 핵실험까지 실시하자 총리가 직접 나서서 북한 핵미사일 위협의 심각성을 강조하며 미국과의 적극적 협력을 바탕으로 BMD를 구축하기로 결정했다(박홍영, 2011: 45). 그 이후 일본은 미국과의 협력을 바탕으로 나름대로의 BMD를 구축한바, 현재 일본은 하층방어로 PAC-3 17개 포대를 동경을 비롯한 주요지역에 배치한 상태에서 성능을 향상시키고 있고, 상층방어로 해상 요격미사일인 SM-3 미사일을 장착한 구축함 4척을 배치한 상태에서 2018년까지 총 8척으로 증대시키겠다는 계획이다. 나아가 일본은 미국과 공동으로 SM-3 요격미사일의 성능을 대폭적으로 향상시키고 있다. 또한 자체 개발한 FPS-3 레이더와 이를 개량한 FPS-5 레이더, 그리고 미군의 X-밴드 레이더를 도처에 배치해 체계적인 탐지 및 추적망을 형성하고 있다(Ministry of Defense, 2015: 229-231). 그래서 일본의 주요 도시들은 현재 2회의 요격기회를 제공받고 있다. 일본은 사드나 지상용 SM-3 미사일을 획득하는 방안도 논의하고 있고, 그렇게 되면 3회의 요격기회를 보장받게 될 것이다.

한국과 달리 일본은 미국과의 협력을 최대한 활용해 최단기간 내에 어느 정도의 체계적 방어력을 구비한 BMD를 구축하는 데 성공했다. 일본은 미국과 공동연구를 추진했고, 그 연구결과를 바탕으로 그들 BMD의 청사진을 작성했으며, 미군의 X-밴드 레이더 배치를 허용했고, 유사시 공동으로 대응하기 위한 협조기구도 설치했다. 일본은 주일미군을 포함한 미 정부와의 협력이 BMD 작전에 필수적이라는 인식하에, 관련된 모든 정보를 공유하고, 장비의 정비 및 전력화도 협력하며, 연합훈련도 실시하고 있다. 미국에 대해서는 무기수출 3원칙 적용을 보류해 함께 개발한 SM-3를 미국이 제3국에 수출하는 것에 대해서도 동의한 상태이다(Ministry of Japan, 2015b: 230-231).

③ 평가

BMD는 외부의 미사일 위협으로부터 국민들을 보호할 수 있는 능력을 갖추는 각국의 독자적인 사안이지만 주한미군이나 주일미군의 보호와 관련됨으로써 동맹의 이슈가 되었다. 미국의 입장에서 보면 주한미군이나 주일미군의 보호는 사활적인 중요성을 갖고 있고, 따라서 이에 대한 동맹국의 협조 여부도 상당한 중요성을 갖는다. 그런데 이에 관해 한국과 일본은 매우 대조적인 태도를 보이고 있고, 따라서 '자율성-안보 교환 모델'에 의하면 그러한 태도는 미국의 유사시 안보지원 여부에 영향을 미치지 않을 수 없다.

일본의 경우 BMD 구축은 물론이고 운영에 있어서도 미국과 철저하게 협력함으로써 자율성에 관해 문제시될 것이 없다. 그러나 한국의 경우 BMD 구축에 관해 미국과 적극적으로 협력하지 않았을 뿐만 아니라 사드 배치와 관련해서는 중국의 반대를 이유로 오랜 기간 동안 결정을 미룸으로써 자율성을 양보하지 않는다는 인상을 주게 되었다. 이로 인해 한때 미국은 한국의 외교정책 방향을 '친중(親中), 비미(非美)'

로 평가한 적도 있다(《동아일보》, 2015.7.21: A34). 한국은 "중국이 원하지 않는 MD 체제에의 편입을 회피하려는 과정에서 미국과 일정한 갈등을 빚게 되었고"(서정경, 2008: 112), 사드 배치에 관한 논란은 "한국의 미중 관계에 대한 리트머스 시험지"가 되었다(Manyin, 2015: 14).

방위비 분담　　　방위비 분담은 강대국인 미국이 동맹국인 약소국들에게 자율성을 양보할 것을 요구하는 전형적인 의제이다. 동맹국에게 안보를 제공하면서 그와 관련된 비용을 일부 부담할 것을 요구했기 때문이다. 미국은 봉급 등을 제외한 '비인적(非人的) 주둔비용'(NPSC: Non-Personnel Stationing Cost)의 50%를 주인국(主人國, host nation, 주둔국 또는 접수국으로 번역하지만 뜻이 명확하지 않아서 직역했다)에게 부담하도록 요청하면서(Department of Defense, 2003: 1-5), 1995년부터 2004년까지 동맹국들의 기여도를 비교하는 보고서까지 발간했다. 이는 방위비 분담 정도에 따라 안보지원의 정도를 결정하겠다는 의도가 암시되어 있는 것으로, 이를 알아차린 미국의 동맹국들은 적절한 범위 내에서 방위비 분담을 수용함으로써 미국의 요청에 호응한다는 인상을 주고자 노력했다.

① 한국의 경우

주한미군에 대한 토지 제공이나 세금 감면 등 한국은 이전부터 상당한 방위비 분담을 수용하고 있었지만, 금전으로 지원하는 방위비 분담은 1991년부터 시작되었다. 한국은 1991년 1억 5천만 달러에서 시작해 2-5년마다 협상하면서 그 규모를 조금씩 증대시켰다. 그 결과 방위비 분담금은 2016년에는 9,441억 원에 이르렀고, 2018년까지 전전(前前)년도 소비자 물가지수만큼 증액시켜 매년 지원하도록 합의한 상태이다. 한국이 제공하는 방위비 분담금은 한국인 고용원 인건비(2015년 기준 37%), 미군 군사건설비(45%), 미군 군수지원비(약 18%)로 사용된다.

방위비 분담금의 협상 방식에 있어서 한국은 전체 분담 규모를 협의해 결정한 이후에 구성항목별로 예산을 배분하는 방식을 채택하고 있다. 미국의 다른 동맹국에 비해서 방위비 분담을 늦게 수용했고, 전체 규모를 기준으로 협상하는 것이 한국에게 유리하다고 생각했기 때문이다. 다만, 이 방식으로 인해 방위비 분담 협상 때마다 증액을 요구하는 미국과 최소한만 수용하려는 한국의 입장이 팽팽하게 대립되는 양상이 빚어졌고, 그래서 2014년부터 적용될 방위비 분담금이 2014년 4월에 타결될 정도로 합의가 어려워졌다. 특히 협상이 진행되는 동안에 방위비 분담에 대한 한국 국민들의 부정적 인식이 빈번하게 노출되었고, 이것은 미국으로 하여금 한국은 방위비 분담에 적극적이지 않다는 인식을 갖게 만들었다(Manyin, 2015: 13).

② 일본의 경우

일본도 미군의 주둔을 위한 토지 제공이나 세금 감면과 같은 기본적인 지원은 처음부터 제공했고, 현금 지원은 1970년대 중반 물가상승으로 어려움을 겪고 있는 미군 복지비용의 일부를 부담함으로 시작되었다. 1987년에 특별조치(Special Measure)를 체결해 더욱 광범위한 항목들을 추가함으로써 방위비 분담의 규모가 커졌다. 일본의 경우 방위성 이외에도 미군을 지원하는 예산이 편성되어 있고, 미군 기지 재편에도 상당한 예산을 할당하고 있어 한국과 단순 비교하기는 쉽지 않다. 그러나 한국의 방위비 분담금과 유사한 지원요소, 즉 미군 주둔에 따른 방위비 분담금, 특별협정에 의한 지원비용, 방위성 이외에서 미군 주둔과 관련해 지원하는 예산을 합산할 경우 2015년에는 총 4,178억 엔(미군 주둔 지원비 2,309억 엔 + 국방성 이외 지원 예산 388억 엔 + 특별협정 부담금 1,481억 엔)이 되고 (Ministry of Defense, 2015: 195), 환율을 10 : 1로 적용했을 때 한국의 2015년 방위비 분담액인 9,320억 원과 비교하면 일본이 한국에 비해 4배 이상 부담하고 있음을 확인할 수 있다.

일본이 방위비 분담 액수를 결정해 나가는 방식은 한국과 다르다. 미군이 일본의 지원을 필요로 하는 항목을 제시하면 그 항목의 타당성을 협의하고, 지원이 필요한 것으로 결정되면 그 항목으로 발생하는 비용에 대해 전적으로 일본이 부담한다. 그래서 일본과 미국은 실무선에서 특정 항목의 지원 여부를 심층 있게 논의하게 되고, 이 과정에서 의견 상충이 존재하더라도 외부로 노출되지 않는다. 최근 일본과 미국 간에도 2010년 제공한 방위비 분담금의 수준을 넘지 않고, 고용 인력의 한도를 2만 2,625명으로 설정할 것이며, 공공요금의 연도별 한도를 249억 엔으로 상정하고, 미군의 비용 절약 노력을 촉구하는 등 방위비 분담금의 최소화를 위한 협상에 성공했지만(Ministry of Defense, 2014: 246), 그 과정에서 미 측의 반감을 초래하지는 않았다. 2004년 미국이 마지막으로 발간한 동맹국 방위비 분담을 비교한 보고서에서 일본은 비인적주둔비용의 75%를 담당함으로써 전 우방국 중에서 가장 높게 평가될 정도로(Department of Defense, 2005: E-6) 방위비 분담에 관한 한 일본은 미국으로부터 긍정적인 평가를 받고 있다.

③ 평가

주한미군에 비해서 주일미군의 규모가 크고, 미국의 입장에서 동맹의 용도가 다르며, 방위비 분담의 항목에도 차이가 있어서 액수만을 기준으로 한일 양국의 방위비 분담 크기를 판단할 수는 없다. 일본의 GDP가 한국에 비해 2.5배 정도라는 점(미 CIA Factbook에 의하면 Purchasing Power Parity로 계산할 경우 2015년 GDP는 일본이 4.658조 달러이고, 한국은 1.849조 달러이다)을 고려하면 일본이 한국에 비해 약간의 방위비 분담을 더 하는 정도일 수 있다. 2015년 미 의회 보고서에서는 2012년을 기준으로 한국은 11억 달러, 일본은 20억 달러를 제공하는 것으로 평가하고 있듯이 (Manyin, 2015: 21), 일본이 제공하는 금액과의 격차가 크지 않을 수도 있다. 그러나 일본의 경우 방위비 분담을 시작한 지도 오래되었고, 방위성 이외 다양한 부서에도 지원을 하고 있으며, 미국이 필요로 하는 항목을 제기하면 즉시 협의해 결정하는 등 매우 협조적인 분위기이다. 반한 논객인 도우(Bandow Doug)가 말하는 한국의 '무임승차론'처럼(Doug, 2015) 한국의 기여가 과소평가되고 있는 것은 협상과정에서 갈등이 지나치게 노출되거나 일부 국민들이 지나치게 감정적으로 접근한 결과일 수 있다.

정책에 관한 사항과 달리 방위비 분담은 금액으로 나타나기 때문에 자율성 양보의 정도를 가늠하는 명백한 자료로 활용될 수 있다. 미국의 경제력이 과거와 같지 않음에 따라 미군의 해외 주둔에 따른 비용을 동맹국이 분담해 주기를 바라는 정도가 크고, 그렇다면 자율성의 양보 정도를 판단하는 중요한 요소로 이것이 활용될 수 있다. 방위비 분담의 경우 금액 이외에도 방위비 분담을 수용하는 태도도 중요할 것인데, 지금까지 한국은 미국과 방위비 분담 협상을 할 때마다 양국의 이견이 불거지면서 협상 시한을 계속 연장했고, 이에 따라 국내에서 타결에 대한 반대여론이 적지 않았다는 점에서 한국이 방위비 분담에 소극적이라는 인상을 주었을 가능성이 높다. 그렇다면 '자율성-안보 교환 모델'에 의할 경우 한국은 자율성을 적극적으로 양보하지 않는 것으로 평가될 것이고, 그러면 미국이 안보지원에 있어 소극적인 모습을 보이는 요소로 작용할 수 있다.

3. 결론과 함의

알트펠드와 모로가 주장한 '자율성-안보 교환 모델'에 의하면 약소국이 강대국으로부터 확실한 안보지원을 보장받으려면 어느 정도의 자율성을 양보해야 한다. 비록 자율성 양보의 정도가 동맹의 강도를 결정하는 유일한 요소는 아닐지라도 중요한 요소임에는 분명하다. 따라서 자율성 양보에 대한 한국과 일본의 태도는 한미동맹과 미일동맹의 개략적인 견고성을 평가하는 중요한 기준으로 활용될 수 있다.

한국은 그동안 국력 신장, 자주의식 고양, 남북 관계 진전에 대한 기대로 인해 한미동맹에서 자율성을 확대해 나가는 경향을 보여 왔고, 그러한 것이 중국 관계, BMD 구축을 위한 대미협력, 방위비 분담 등의 사례를 통해 드러나고 있다. 동일한 사안에 대해 일본과 비교해 볼 때 한국은 중국 대응에 관한 미국 정책을 수용함에 있어서 소극적인 태도를 보여 왔고, BMD 구축에 대해서도 미국과의 협력을 주저했으며, 방위비 분담에 있어서도 적극적이지 않았다. 비록 미국이 어떻게 인식하는지를 정확하게 파악할 수는 없으나 '자율성-안보 교환 모델'에 의할 경우 한국 유사시 안보지원에 관한 미국의 의지가 약해져 있을 개연성을 배제할 수 없다. 다른 요소가 동일하다고 한다면 유사시 미국의 한국에 대한 안보지원 의지는 일본에 대한 지원 의지보다 낮다고 보아야 할 것이다. 미국의 아시아·태평양 전략상 일본이 갖는 지정학적 가치까지 고려한다면 한국과 일본에 대한 미국의 안보지원 의지가 큰 차이를 가질 가능성도 존재한다.

한국이 미국의 안보지원을 그다지 필요로 하지 않거나 한국의 국력이 자력 방어가 가능할 정도로 신장된 상황이라면 자율성 양보를 최소화하는 정책을 지속할 수 있지만, 현실은 그렇지 않다. 특히 안보위협에 있어서 북한은 핵무기를 개발했을 뿐만 아니라 이것을 미사일에 탑재해 공격할 수 있고, 조만간 수소폭탄의 개발에도 성공할 수 있다고 밝혔다. 그러나 한국은 자체적으로 효과적인 억제 및 방어수단을 보유하지 못한 상태이다. 결국 한국은 미국의 핵 억제력에 절대적으로 의존하지 않을 수 없고, 그렇다면 다른 어느 때보다 한미동맹을 강화해야할 상황이다.

미국의 패권 유지를 위한 지도력, 한미 양국의 누적된 신뢰성, 한미 양국 엘리트들 간의 지속적인 노력, 다양한 제도적 장치, 이념적 유대감 등을 감안할 때(Walt, 1997: 164-170) 한미동맹이 쉽게 파기되지는 않을 것이다. 그러나 '자율성-안보 교환 모델'이 제대로 적용되지 않을 경우, 다른 말로 하면 한국이 자율성 양보를 꺼릴 경우 미국의 안보지원 의지는 약화될 수 있고, 그렇게 되면 미국의 유사시 확장억제 시행 결정에 부정적 영향을 끼칠 수 있으며, 이것을 파악한 북한이 오판해 핵무기 사용으로 위협하거나 실제로 사용할 가능성도 존재한다. 일본이 미국의 정책적 방향을 충실히 추종함으로써(자율성을 적극적으로 양보함으로써), 중일 군사적 충돌 시 미국의 지원을 보장하려고 노력하는 것에서 교훈을 얻을 필요가 있다. 한국은 자율성을 강화하면서 미국의 확장억제를 확고하게 만들 수는 없다.

'자율성-안보 교환 모델'을 적용해 한미동맹과 미일동맹을 비교한 결과가 한국에게 제시하는 첫째의 함의는 한국은 '자율성-안보 교환'이라는 비대칭동맹의 본질을 더욱 진지하게 토론해야 한다는 사실이다. 모든 국가의 궁극적 판단기준이 국익(national interest)이라는 점에서 보면, 한국의 자율성 양보라는 이익 없이 미국이 한국에 대한 선의나 신뢰에만 근거해 지원할 가능성이 낮기 때문이다. 북한의 핵 위협에 대해 한국이 미국의 '적극적' 안보지원을 바란다면 한국도 자율성을 '적극적'으로 양보할 필요가 있다. 한국의 국력이 과거에 비해 다소 증진되었다고 하더라도 한미동맹의 비대칭성이나 자율성-안보 교환의 본질을 거부할 정도는 아니다. "동맹을 재해석하고 비용과 이익을 고찰하는 작업은 북한 위협이 급격히 소멸되거나 한반도에 진정한 평화체제가 도래하는 시점이어야 한다."는 지적과 같이(박원곤, 2014: 114), 한미동맹에 관한 자율성은 북한의 핵 위협이 제거된 이후에 추구하는 것이 합리적인 판단일 것이다.

한미동맹의 존속 여부나 강약을 결정하는 것은 한국이 아니라 미국이라는 점을 유념할 필요가 있다. 미국은 한국의 자율성 양보를 크게 필요로 하지 않지만, 한국은 미국의 안보지원을 절대적으로 필요로 하는 것이 현실이기 때문이다. 한국이 전시 작전통제권 환수 결정을 두 차례 연기한 데서 나타났듯이 자율성 강화가 중요하다고 해서 한미동맹을 약화시키기는 어렵다. 미국은 1950년의 애치슨 선언, 1969년의 닉슨(Richard Nixon) 독트린, 1977년 출범한 카터(Jimmy Carter) 행정부의 일방적 주한미군 철수, 1989년 주한미군 감축을 위한 '넌-워너 법안'(Nunn-Warner Act) 등의 사례에서 보듯이 안보지원을 일방적으로 약화시키는 결정을 내리거나 시행할 수 있다. 미국의 일부 유력인사들을 포함해 한국의 방위비 분담 정도에 불만을 지닌 미 국민들이 적지 않고, 그것이 제대로 수용되지 않을 경우 주한미군 철수를 비롯한 안보지원의 약화로 연결될 개연성도 배제할 수 없다.

북한의 핵 위협이 지속적으로 증대되는 상황에서는 한국의 소위 '균형외교' 전략은 기능하기가 쉽지 않다. 노무현 정부가 들어서면서 한국은 자주의식과 남북화해 기대에 근거해 '균형적 실용외교'의 기치 아래, 미일 양국 등 해양세력권에 치우친 안보전략 구도를 완화시키고 전통적 대륙세력, 특히 중국과의 안보군사영역 교류를 확대함으로써 자신의 국제적 안보 공간을 확대하고자 노력해 왔다(서정경, 2008: 112). 그러나 그 이후 남북한 화해협력은 중단되었고, 북한의 핵 위협이 점점 강화됨으로써 상황은 급변했다. 그럼에도 불구하고, 한국은 미국의 의심을 의식하면서도 '전략적 협력 동반자 관계'를 체결하는 등 대중국 관계의 개선에 노력했다. 하지만 2010년의 천안함 폭침이나 연평도 포격에 대한 중국의 반응과 미군 사드 배치에 대한 중국의 태도 등에서 드러났듯이 중국은 한국을 전혀 지원하려 하지 않고, 오히려 한미동맹을 위협하고 있다. 중국이 북한의 동맹국으로 존재하는 상황에서 한중 간의 안보협력이 진전되기는 어렵고, 따라서 균형외교도 설 자리가 적어질 수밖에 없다. "한국은 아시아 인프라 투자은행(AIIB) 가입, 환태평양 경제동반자협정(TPP) 참여 등 미중 이해관계가 충돌하는 사안마다 '전략적 모호성'을 내세우다 국익을 놓치는 일이 계속됐다"(《동아일보》, 2015.10.15: 39)는 지적이나 "미·중 간 실리외교가 여전히 '샌드위치' 신세를 벗어나지 못하고 있다"(《경향신문》, 2015.10.29: 1)는 비판을 겸허하게 수용할 필요가 있다. "중국은 경제적으로 한국에게 중요하지만 한미 관계를 뛰어넘을 만큼 중요한 국가는 아니고, 안보 분야에서는 협력을 기대하기 어려운 국가"(정천구, 2012: 23)라는 점을 인정할 필요가 있다.

한미동맹의 강화에는 한일 간의 안보협력도 긴요하다. 한국이 북한으로부터 공격을 받아서 미국의 지원이 필요할 때 일본이라는 기지가 절대적으로 긴요하고, 미일동맹과 유기적으로 연결되어야 한미동맹이 확고해질 것이기 때문이다. 미국도 한일 관계가 경색되면 이 지역에 대한 정책 선택의 범위가 제한된다는 점을 우려하고 있다(Manyin, 2015: 6). 그렇기 때문에 오바마 미국 대통령과 회담 직후인 2015년 11월 2일 박근혜 대통령은 아베 총리와 정상회담을 개최했고, 2015년 12월 28일 한일 정부 간 위안부 문제에 관한 타결을 이루기도 했다. 일본 역시 한국 다음으로 북한의 핵 위협에 심각하게 노출되어 있어서 한국과 협력해야 할 점이 적지 않다. 따라서 한국은 역안분리(歷安分離) 차원에서 일본과의 관계를 개선하고, 미국을 중재자로 잘 활용하는 가운데 안보 및 군사 분야의 협력을 진전시킬 수 있어야 한다.

국가의 흥망과 국민들의 생존이 달려 있는 사안이기 때문에 안보와 관련한 위험을 감수하는 것이 쉽지 않다. 한국이 자율성 양보를 다소 꺼리더라도 한미동맹이 금방 파기되거나 쉽게 약화되지는 않겠지만, 그러한 것들이 누적되어 결정적인 순간에 미국이 한국에 대한 안보 지원을 제대로 이행하지 않는다면 누가 책임지겠는가? 북한이 핵무기로 위협하는 상황에서 미국이 제대로 지원하지 않는 결과가 초래될 경우 한국이 어떻게 하든 미국은 안보지원을 지속할 것이라고 단언하던 사람들이 책임질 것인가? 국가안보는 만전지계(萬全之計) 차원에서 접근해야 하고, 따라서 다소 과도하더라도 안전한 방책을 선택해야 한다. 북한의 핵 위협이 심각해질수록 과잉은 감수할지언정 미흡은 허용하기 어렵다는 생각으로 한미동맹 강화에 노력해 나가야 할 것이다.

제7장
한중 관계

한국에게 중국과의 관계만큼 복잡하게 얽혀 있는 국가는 없다. 한국과 중국은 상당할 정도로 역사와 문화를 공유하고 있다. 그러나 역사를 통해 한반도를 가장 많이 침범한 것도 중국이다. 중국은 한국과의 유대관계를 중시하면서도 어떤 때는 중화질서를 유지하겠다는 생각만으로 비합리적이거나 편파적인 언행을 서슴지 않는다. 6자회담을 통해 북한의 비핵화를 추진하면서도 성과 없는 대화만을 강조해 북한의 핵무기 개발을 방조한 것도 중국이다.

냉전시대에 한국은 중국과 적대적인 관계를 유지했지만, 냉전 종식 후 중국과의 관계 개선에 상당한 공을 들였다. 1992년 수교를 시작해 2008년에는 '전략적 협력 동반자 관계'를 체결했다. 박근혜 대통령은 대미동맹 국가 원수로서는 유일하게 2015년 9월 3일 중국의 전승절[항일전쟁 및 세계 반(反)파시스트 전쟁 승리] 70주년 기념행사에 참석했다.

그럼에도 불구하고 2010년 북한이 한국의 군함인 천안함을 폭침시키고, 백주 대낮에 한국의 영토인 연평도를 포격했지만, 중국은 철저하게 북한의 편을 들었다. 중국은 북한의 핵무기 개발에 대해 크게 비난하지 않으면서 방어적인 성격의 사드(THAAD)를 배치하지 못하도록 압력을 행사하기도 했다. '전략적 협력 동반자 관계'가 무엇을 의미하는지에 대한 의문이 제기되지 않을 수 없는 상황이다. 이제 한국은 일방적인 기대만 할 것이 아니라 한중 관계의 한계를 있는 그대로 냉정하게 인식해 보아야 할 때이다.

1. 동맹과 동반자 관계, 그리고 한중 관계

동맹 관계　　　　안보협력 중에서 가장 긴밀한 관계인 '동맹'(同盟, alliance)은 동맹국이 공격을 받을 경우 자기가 공격받은 것으로 간주해 함께 방어하겠다는 약속으로서, 양국이 흥망을 함께한다는 강한 결속이다. 경제동맹, 가치동맹, 복합동맹 등의 용어도 사용되기는 하지만, 기본적으로 동맹은 '잠재적 전쟁공동체'(latent war community)이고(Osgood, 1968: 17-21), 이보다 더욱 긴밀한 국가 간의 관계는 없다. 따라서 특정 국가 간의 관계가 어느 정도까지 긴밀해질 수 있느냐의 기준은 동맹으로 전환될 수 있는 잠재성이 있느냐, 없느냐 여부에 좌우될 수 있다. 그러한 잠재성이 없을 경우 중요하지 않은 사항에 대해서는 협력이 이루어지지만 결정적인 사항에 대해서는 협력이 어려울 가능성이 높다.

　　동맹은 워낙 중대한 사항이기 때문에 특별한 상황과 조건이 전제되어야 체결된다. 그 조건은 학자마다 다르지만, 동맹에 관한 주요 이론을 제시한 스나이더(Glen H. Snyder)는 서로의 ① 안보 의존도(dependence), ② 전략적 이익(strategic interest), ③ 동맹약속의 명확성(explicitness), ④ 공통이익(shared interests), ⑤ 과거 행위(behavior)의 다섯 가지로 구분하고 있다(Snyder, 1984: 471-475). 이것을 ①은 공통의 위협, ②와 ④는 예상이익, ③과 ④는 신뢰성으로 통합할 수 있을 것이다.

　　동맹의 구성요소 중에서 가장 기본이 되는 것은 공통의 위협으로서, 이것은 동맹이 형성되는 출발점이다. 공통위협이 없을 경우 동맹이 형성되기 어렵고, 형성되어 있다고 하더라도 해체되는 것이 일반적이다. 하나의 패권국가에 대해 다수 국가들이 세력균형을 달성하고자 할 경우에는 더욱 공통위협이 동맹 형성의 결정적 요소가 된다. 약소국이 강대국에 편승(bandwagonning)하는 동맹의 경우 공통의 위협 이외에 이익 확보 기회(opportunity for gain)가 동맹의 동기일 수 있다지만(Schweller, 1994: 74), 이 경우도 유사시 상대방의 위협을 공유하겠다는 결정이 내포되어 있다고 보아야 한다.

공통의 위협이 전제되더라도 동맹을 통해 얻을 것으로 예상되는 이익이 없다면 동맹은 체결되거나 지속되지 않을 것이다. 안보이익 중에서 가장 결정적인 것은 전쟁에서 승리하는 것으로서, 서로의 군사력이 상호 보완관계를 형성해 시너지를 달성할 수 있다면 동맹은 형성되거나 지속될 수 있다. 다만, 전쟁 이외에도 외교력 강화나 국가위신 고양 등의 이익을 위해 동맹이 형성될 수도 있고, 전쟁으로 형성된 동맹이 이러한 이익으로 전환될 수도 있다. 또한 약소국과 강대국 간의 비대칭동맹에서 강대국이 약소국으로부터 '자율성의 양보', 다른 말로 하면 기지의 사용이나 외교노선의 일치 등을 얻을 수 있어도 동맹은 형성 및 강화될 수 있다.

동맹의 형성과 지속을 위해서는 서로에 대한 신뢰성도 필수적인 요소이다. 동맹은 평시의 유대관계에 중점을 두는 것이 아니라 전쟁과 같은 비상시의 상호 지원에 중점을 두는 관계이기 때문에 유사시 확실하게 지원할 것이라는 신뢰성이 없을 경우에는 동맹 관계로 발전하기 어렵다. 신뢰성은 동맹국이 나를 지원할 수 있는 능력과 의지를 어느 정도로 보유하고 있느냐에 좌우되는데, 동맹 체결이 서로의 신뢰감에서 비롯된 것이긴 하지만, 동맹 체결 이후에도 서로의 행위가 서로에게 작용해 신뢰성을 변화시키게 된다. 즉 상황이 변화되면 약속한 자율성 양보나 안보지원에 대해 주저하게 되고, 그러한 태도의 변화가 신뢰성을 의심하게 만들어서 어렵게 형성된 동맹이 형식화되거나 해체되는 것이다(Walt, 1997: 160).

동반자 관계　동맹은 상대 국가의 안보 역량을 이용한다는 이점을 지니고 있지만, 동맹국의 분쟁에 어쩔 수 없이 끌려 들어가 전쟁을 하게 되는 위험도 수반하고 있다. '포기-연루 모델'(Abandonment-Entrapment Model)에서 부각시키고 있는 것이 바로 이 위험이다. 동맹으로 말미암아 원하지 않은 전쟁에 휘말려들거나, 동맹에 의존해 대비를 소홀히 한 상황에서 동맹국이 지원을 하지 않았을 때 낭패할 수 있다는 것이다. 강대국과 약소국의 동맹에서 약소국은 국가정책 결정의 자율성을 양보해야 하고, 강대국은 약소국의 안보를 책임져야 하는 부담이 발생한다. 대부분의 국가들은 동맹의 이점을 당연하게 향유하면서 위험은 최소화하는 방안을 생각하게 되고, 그것은 유사시 의무의 부담을 약화시키는 것이다.

　　중국이 추진하고 있는 '전략적 동반자' 또는 '동반자' 외교는 동맹이 수반하는 이점은 추구하면서 위험은 최소화하려는 시도 중의 하나이다. 이것은 동맹과 달리 적이나 공통의 위협을 상정하지 않은 채 국가 간의 상호 협력만을 강조한다(유동원, 2006: 254). 이것은 동맹과 중립의 중간으로 볼 수도 있고, 동맹을 대체하기 위한 노력이라고도 할 수 있다(이정남, 2009: 103). 이것은 동맹과 다르게 상대국에 대한 법적인 의무나 책임에 대한 규정이나 의무가 없다(유동원, 2006: 255). 동맹에 비해서 자유로운 만큼 당연히 동맹이 지니는 의무 —— 상대 국가가 외부 위

협으로부터 공격받았을 때 나에 대한 공격으로 간주해 지원하는 것
― 도 없거나 약하다. 이것은 중국이 냉전시대에 견지해 온 비동맹정
책에 뿌리를 두고 발전된 형태로서, 1993년 브라질과 동반자 관계를
시작한 후 2014년 6월 현재 미국, 소련, 한국을 포함한 47개국 및 3개
국제기구와 동반자 관계를 체결해 두고 있다(Feng and Huang, 2014: 18-19).

　중국과 유사한 동반자 관계는 나토(NATO)에서도 활용되고 있다.
나토 국가들은 1994년 1월 브뤼셀 정상회담을 통해 과거 공산권에 속
했던 국가들을 나토에 편입하기로 했는데 그 방법이 바로 '평화를 위한
동반자 관계'(PfP: Partnership for Peace)라는 개념이었다. 이것은 동맹에 해당
하는 북대서양조약 제5조 ― 회원국에 대한 무력공격이 있을 경우 이
를 전체에 대한 무력공격으로 간주해 모두가 지원한다는 조항 ― 는
적용하지 않지만 나토의 다른 활동에는 참여시킨다는 내용으로서(이수
형, 2010: 5), 중국의 동반자 관계와 맥락에서 유사하다. 현재 나토는 이러
한 동반자 관계를 유럽 국가 이외까지도 확대하고자 '지구적 동반자 관
계'(Global Partnership) 개념도 발전시키고 있다.

2. 한중 안보협력의 잠재성 평가

한국과 중국은 안보적인 지원에 대한 의무를 포함하지 않은 동반자 관
계를 체결하고 있다. 이것이 안보 분야에 대한 실질적인 협력으로 발전
하기 위해서는 동맹으로 발전할 수 있는 잠재성이 있어야 한다. 앞에서

제시한 동맹 체결 요소를 중심으로 한국과 중국 간 안보협력의 잠재성을 평가해 보자.

공통의 위협　　현재 한국과 중국 사이에 동맹 관계 체결을 가능하게 만들 수 있는 공통의 위협이 존재하고 있다고 보기는 어렵다. 중국이 위협으로 인식하는 국가는 미국, 일본, 러시아일 텐데, 한국의 경우 미국은 동맹국으로서 위협이라 볼 수 없고, 러시아도 현재 그다지 적대적인 관계라고 보기 힘들 뿐만 아니라 국경을 접하지 않아 직접적인 위협이 되지 않는다. 일본의 경우에 한국이 역사적 경험에 의해 좋지 않은 감정을 지니고 있으면서 항상 경계하고 있는 것은 사실이지만, 아직은 중국과 같이 현재적인 위협으로 간주하고 있지 않고, 과거사 문제 등도 가급적 봉합해 나가고자 노력하고 있다. 한국에게 가장 직접적인 위협은 북한인데, 중국은 북한의 동맹국으로서 북한을 위협으로 생각할 가능성이 낮다. 이렇게 보았을 때 한국과 중국의 위협 인식은 너무나 다르고, 따라서 동맹 관계로 발전할 잠재성은 매우 낮다.

동북아시아의 국제상황이 급변할 경우 한국과 중국에게 공통의 적이 될 가능성이 있는 국가는 일본이다. 중국과 한국은 과거에 일본으로부터 침략을 당한 역사를 공유하고 있고, 한중 양국은 댜오위다오와 독도의 영유권을 둘러싸고 일본과 입장이 상충되고 있기 때문이다. 최근 일본이 자위대의 적극적 해외활동을 허용하는 안보법안들을 수정한 상태라서 공세적이거나 팽창적인 정책이 재현될 우려도 없지 않다. 실제로 1592년 일본이 한국을 침략했을 때 명나라는 원군을 보내 지원했고, 1894년 청일전쟁에서도 한국과 청나라는 일본에 대항해 함께 싸운 경험이 있다. 그럼에도 불구하고, 일본이 한국에 대한 침략의도를 명백히 드러내는 등 과거의 역사적 전철을 밟지 않는 한 한국이 일본을 위협으로 인식하기는 어렵다. 오히려 일본과 한국은 북한의 핵 위협에 노출된 동병상련(同病相憐)의 처지가 되었고, 미국을 중심으로 한 간접적인 동맹 관계라고 말할 수도 있다. 그래서 2014년 7월 시진핑 주석이 북한보다 한국을 먼저 방문하는 등 한국에 대한 친밀감을 표명하면서 일본에 대한 공조태세를 논의 및 표명하기를 원했으나 한국은 이를 거부했던 것이다(김흥규, 2014: 78).

안보이익의 증대　어떤 동기로 추진되든 한국과 중국이 동맹 관계를 체결하면 양측의 안보 역량이 증진되는 것은 분명하다. 한국과 중국의 경제력과 군사력을 결합할 경우 그 위력은 작지 않고, 군사력의 상호 보완효과도 클 것으로 기대된다. 2015년 평가된 세계화력지수(GFP: Global Firepower)를 보면 미국이 1위, 중국이 3위(2위는 러시아), 한국이 7위, 일본은 9위로서, 3위와 7위의 군사력이 결합하는 결과가 된다. 미국의 군사력을 능가할 수는 없지만, 일본에 대해서는 압도적인 우위를 차지하게 될 것이다.

한중동맹이 형성될 경우 기대되는 결정적인 안보이익은 상대방의 현 동맹 관계(중국과 북한의 동맹 관계, 한국과 미국의 동맹 관계)를 바꿈으로써 생기는 변화이다. 한중 간에 동맹 관계가 체결되면 한국은 중국의 대북한 지원을 중단시킬 수 있고, 중국 역시 한국의 미국 지원을 중단시킬 수 있기 때문이다. 지금도 중국은 "한미일 공조에서 비교적 약한 고리로 인식되는 한국을 점차 자국 세력권으로 끌어가려는 의도를 숨기지 않고 있다"(서정경, 2014: 275). 중국의 입장에서는 북한이든 한국이든 동맹 관계를 통해 한반도에 영향력만 행사할 수 있다면 문제가 없지만, 한국의 입장에서는 미국과의 동맹으로 지금까지 누려 온 모든 이점을 상실할 수 있다는 위험성이 크다.

중국이 한국과 동맹 관계를 맺을 경우 미국을 비롯한 해양세력과의 경쟁에서 상당한 유리점을 확보할 수 있다. 중국에게 한반도는 지정학적으로 '해양세력'과 '대륙세력'이 교차하는 전략적 요충 혹은 '통로'(通路)이기 때문이다(김태호, 2013: 10; 서상문, 2014: 70). 몽고의 경험에서 드러났듯이 중국이 한국의 기지를 사용할 수 있을 경우 한반도는 일본이나 주일미군을 근거리에서 공격할 수 있는 단도(短刀)의 기능을 수행하게 된다. 그래서 중국은 전통적으로 한반도를 순망치한(脣亡齒寒)의 관계로 인식해 왔고, 이러한 인식은 지금도 변함없이 지속되고 있다(서상문, 2014: 68-71). 그러나 중국과 동맹을 맺더라도 한국의 군사력이 중국에 주둔하는 경우는 없을 것이므로 한국이 중국의 지리적 이점을 활용할 수 있는 소지가 적어 안보이익 측면에서 일방적으로 손해를 볼 가능성이 높다.

더군다나 한국과 중국이 동맹을 맺을 경우 그것은 강대국과 약소국 간의 비대칭동맹이 될 것이고, 따라서 중국은 안보를 제공해 준다면서 한국에게 상당한 자율성의 양보를 요구할 가능성이 높다. 과거 조선이 명나라나 청나라와 가졌던 관계가 이것과 유사한데, 그 당시에 우리 선조들에게 강요되었던 자율성 양보 요구는 한미동맹에서 미국이 요구하는 자율성 양보 요구보다 훨씬 가혹했었다. 더군다나 유사시에 중국이 한국에게 어느 정도로 확고한 안보를 제공해 줄 것인지 불확실하다. 한국과 중국이 동맹을 맺을 경우 한국이 기대하는 안보이익은 적고, 중국으로부터 요구되는 자율성 양보만 클 가능성이 높다.

동맹 의무 준수에 대한 신뢰성　　한국과 중국이 동맹을 맺은 결과로 현재의 한미동맹과 같은 복합적인 구조를 갖게 된다면 그 신뢰성이 낮지는 않을 것이지만, 현재 한미동맹이 구비하고 있는 조약, 연례적 안보협의체제, 군사력 주둔, 단일지휘부와 같은 요소 중에서 조약이나 안보협의체 이외에는 한중동맹이 구비할 가능성은 높지 않다. 중국군이 한국에 주둔하거나 한국과 중국군이 평시부터 또는 유사시에 단일의 지휘체제를 형성할 가능성을 상상하기 어렵기 때문이다. 지금까지 중국은 해외에 군사력을 주둔시키거나, 연합지휘체제를 구성, 적용해 본 전례가 없다. 중국이 다른 국가들과 정례적인 회합을 갖는 경우가 없다는 점을 고려할 때 정례적인 안보협의체를 유지하는 것도 쉽지 않을 것이다. 결국 한국은 아무런 보장 장치가 없는 가운데서 중국의 안보지원 약속을 믿어야 하는 상황이 될 것이다.

　한국과 중국이 동맹과 유사한 관계였을 때[조선이 중국에 대해 가진 사대(事大)를 상하관계가 아니라 전략적 방편으로 본다면, 중국의 군사적 지원도 일방적 시혜가 아니라 동맹에 의한 지원으로 해석할 수 있다], 중국이 약속을 철저히 준수했다고 보기는 어렵다. 1592년 일본이 한국을 침략했을 때 명나라에서 이여송을 총사령관으로 한 5만 명의 군대를 보내 지원했지만 일본군을 조기에 축출하지 못했고, 한국을 배제한 채 일본과 강화조약을 체결하는 데 노력했다. 1882년 임오군란을 진압하기 위해 청나라 군대가 한반도에 진주했으나 3천 명 정도가 진주하면서 내정간섭만 일삼았고, 1894년 동학혁명 시에는 조선 정부의 요청으로 청나라 군대가 진주했으나 일본에게 패하고 말았다. 오히려 중국은 내정간섭에 더욱 관심이 많았던 측면이 적지 않다.

평가　　　　한국과 중국이 동맹 관계로 발전할 수 있는 상황이 가까운 미래에 도래할 것으로 판단하기는 어렵다. 근본적으로 동맹의 전제인 공통의 위협이 존재하지 않고, 중국과의 동맹 관계에서 한국이 얻을 안보이익도 없으며, 신뢰성도 낮기 때문이다. 무엇보다 한국의 적인 북한은 중국의 동맹인데, 중국이 이를 포기할 가능성은 없다고 보아야 하고, 중국의 경쟁상대국인 미국은 한국의 확고한 동맹으로서 한국이 이를 포기하는 상황도 상상하기 어렵다.

다만 한국이 통일되고, 일본의 군사력 팽창이 재현될 경우에는 중국과 한국에게 공통위협이 존재할 것인데, 그러할 경우에는 동맹 관계 형성도 가능해질 것이다. 그렇지만, 한반도의 통일은 쉽지 않고, 통일 후에도 한국이 한미동맹을 버리고 한중동맹을 선택할 가능성도 쉽게 생각하기 어렵다. 또한 일본이 안보 관련 법안들을 제정·개정해 해외에서의 역할을 확대한 것은 사실이나 단기간 내에 태평양전쟁 당시의 상황을 재현할 가능성은 낮다.

이러한 제약으로 인해 한중 관계는 1992년 수교 이래 경제와 사회 분야에서는 상당한 진전이 있었으나 군사나 안보 차원의 협력에서는 거의 진전된 점이 없다. 경제·교역 〉 사회·문화 〉 정치·외교 〉 군사·안보 순으로 발전하고 있다고 말할 수 없는 것은 아니지만(김태호,

2013: 15) 군사 · 안보 영역의 협력은 거의 이루어지지 않고 있는 상황이다. 천안함 폭침이나 연평도 포격 이후 유엔 안보리 결의안 토의 당시 중국의 태도나 사드 배치에 대한 중국의 간섭을 고려할 때 군사 · 안보 분야의 의미 있는 협력이 진전될 가능성은 거의 없다고 보는 것이 합리적일 것이다.

3. 한중 전략적 협력 동반자 관계의 실제 적용 사례

한국이 중국과 동반자 관계를 체결한 이후 야기된 주요 안보 관련 사태는 2010년의 천안함 폭침과 연평도 포격, 그리고 현재 진행되고 있는 사드 관련 논란이다. 사례별로 중국이 보여준 태도를 분석해 보면 다음과 같다.

천안함 폭침　　천안함 폭침은 2010년 3월 26일 21시 22분경 백령도 인근 해상에서 임무 수행 중이던 한국 해군의 천안함이 북한의 어뢰 공격에 의해 침몰되고, 이로써 승조원 총 104명 중 46명이 전사한 사례이다(국방부 민군합동조사단, 2010: 34). 2개월에 걸쳐 집중적인 조사를 했듯이, 공격 직후에 침몰의 원인을 판단하기가 어려웠다. 한국의 12개 민간기관의 전문가 29명과 군 전문가 22명, 국회 추천 위원 3명, 미국 · 호주 · 영국 · 스웨덴 등 4개국

전문가 24명으로 조사단을 편성해 과학적이고 체계적인 조사를 진행한 결과 "천안함은 북한에서 제조한 감응어뢰의 강력한 수중폭발에 의해 선체가 절단되어 침몰"한 것으로 판명되었고, 그 감응어뢰는 북한의 소형 잠수함으로부터 발사된 것으로 추정되었다(국방부 민군합동조사단, 2010: 36). 그리하여 2010년 5월 24일 이명박 대통령은 이것을 '대한민국을 공격한 북한의 군사도발'로 규정하고, 그에 따른 응징조치로서 북한 선박이 한국의 해역을 이용하지 못하도록 했으며, UN 안전보장이사회에 회부해 조치를 요청했다.

천안함 폭침에 대한 주변국들의 반응은 냉전시대에 존재했던 남방 삼각관계(한국-미국-일본)와 북방 삼각관계(북한-중국-러시아)의 대결 양상과 흡사했다. 한국의 우방인 미국과 일본은 합동조사단의 결론을 신뢰하면서 북한에 대한 강력한 제재를 주장했지만, 북한의 우방국인 중국과 러시아는 반대되는 태도를 취했다. 중국의 원자바오(溫家寶) 총리는 "한반도의 평화와 안정을 파괴하는 어떤 행동에도 반대하고 규탄한다."라는 원론만 되풀이했고, 러시아는 자체 조사단을 보내 일주일 정도 조사를 한 후에 결과를 발표하지 않았다. 유엔 안보리의 토의에서도 중국과 러시아는 거부권을 무기로 방해했고, 결국 천안함 폭침에 대한 유엔 조치는 북한에 대한 제재 내용이나 구속력이 없는 '의장성명'(Presidential Statement)의 발표에 그쳤을 뿐만 아니라 "자신들은 관련이 없다."는 북한 측의 주장도 포함되었다.

한국과 중국은 2008년 '전략적 협력 동반자 관계'를 체결했지만, 천안함 사태를 둘러싼 반응이나 처리에 있어서 중국의 태도는 과거와 다른 모습을 전혀 보이지 않았고 오히려 이전보다 더욱 비협조적이었다고 평가되기도 한다(박홍서, 2011: 169-171). 중국 외교부의 공식 성명을 분석해 보았을 때 천안함 사건에 대한 조사결과 발표 이전에는 '객관적인 사건 조사'를, 이후에는 '각국의 냉정하고 자제하는 태도'를 강조했고, '한반도의 평화와 안정 유지'라는 틀에서 문제를 해결해야 한다는 원론만 되풀이했다. 한중 관계는 '수사적으로는 격상되었지만 실질적인 협력의 방향과 내용은 부재'한다는 것이 천안함 사건을 통해 입증되었다고 평가된다(한광희, 2010: 11).

연평도 포격　　　연평도 사태는 2010년 11월 23일 오후 2시 34분부터 3시 41분까지 북한이 해안포와 방사포를 동원해 한국의 영토인 연평도의 군부대와 민간지역에 170발 정도의 포탄을 발사한 도발이다. 이로 인해 한국군 해병 2명 전사, 16명 중경상, 민간인 2명 사망 및 다수의 부상자가 발생했고, 건물 133동(전파 33, 반파 9, 일부 파손 91)과 전기·통신시설이 파손되었으며, 산불이 발생하는 등 많은 피해를 입었다(국방부, 2010: 266-267).

　　연평도 포격에 대해 한국의 우방인 미국과 일본은 천안함 폭침보다 더욱 강하게 북한을 규탄했다. 미국은 워싱턴 시각으로 새벽 4시 30분임에도 백악관 대변인이 바로 성명을 발표해 북한의 공격을 강력하게 규탄하며 호전적인 행위를 중단할 것을 요구했고, 일본의 간 나오토(菅直人) 당시 총리는 "용인하기 어려운 만행"으로 북한을 강력히 비난했다. 러시아 외무장관도 "한국의 연평도에 대한 공격 행위는 비난받아 마땅하며 공격한 측은 응분의 책임을 져야 한다."고 말했다.

　　그러나 중국만은 여전히 북한을 옹호했다. 중국 정부는 관련 국가들의 냉정과 자제를 요청하며, 사태의 원인이 분쟁지역 내에서 한국이 실행한 군사훈련 때문이라고 했고, 중국은 중립의 입장에서 분쟁의 무력해결을 반대한다 했다(정재호, 2012: 35). 양제츠(杨洁篪) 당시 중국 외교부장은 2010년 12월 1일 북한의 연평도 포격 도발과 관련해 "중국은 남북한 어느 편도 들지 않을 것"이라고 말하기도 했다. 중국은 남북한 대사들을 동시에 불러서 연평도에 대한 상호 자제를 주문했을 뿐만 아니라 한국군의 연평도 해상사격훈련에 대한 반대 논평을 외교부 홈페이지에 올리기도 했다(《조선일보》, 2010.12.20: A4).

연평도 포격에서도 한중간의 '전략적 협력 동반자 관계'는 전혀 기능하지 않았다. 백주 대낮에 생중계되는 포격에 대해 비난조차 하지 않는 것은 1992년 수교 이후 한국이 노력해 온 한중 관계가 수사에 불과했음을 드러내는 것이었다. 그래서 "연평도 사건으로 인해 한국과 중국 사이에는 인식의 차이(perception gap)와 기대의 차이(expectation gap)가 구조화되었다"고 평가되는 것이다(이희옥, 2011: 49).

사드 배치 논란　　2014년 6월 3일 스캐퍼로티(Curtis Scaparotti) 주한미군 사령관 겸 한미연합사령관이 사드 요격미사일의 한국 배치를 본국에 요청했다고 언급한 이후 한국 내에서는 그의 타당성을 둘러싼 보수진영과 진보진영 간의 치열한 논쟁이 전개되었는데, 여기에 중국도 가세했다. 추궈홍(邱國洪) 주한 중국대사는 2014년 11월 26일 국회에서의 간담회에서 "한국에 배치되는 사드의 사정거리가 2,000km …"라면서 사드 배치가 곤란하다는 입장을 표명했다. 2015년 2월 4일 서울에서 열린 한중 국방장관 회담에서 창완취안(常萬全) 중국 국방부장(장관)은 의제에도 없던 사드 배치를 언급하면서 우려를 표명했다. 2015년 3월 한국을 방문한 류젠차오(劉建超) 중국 외교부 부장조리(차관보급) 역시 16일 개최된 한·중 차관보 협의에서 사드 배치를 둘러싼 중국 측의 우려를 전달하고, 그 사실을 언론에 의도적으로 공개했다.

북한이 2016년 1월 6일 제4차 핵실험을 실시하고 이어서 2월 7일 장거리 미사일 시험발사를 실시하자 한국의 박근혜 대통령은 미 측과 사드 배치 문제를 협의하기로 결정했다. 이에 대해 중국의 《환구시보》에서는 전쟁 불사, 한중 관계 파탄, 경제 보복 등의 협박성 내용이 제시되었고, 왕이(王毅) 외교부장은 2월 12일 로이터 통신과의 인터뷰에서 "사드는 유방(중국) 노린 항우(미국)의 칼춤"이라는 말까지 사용했다. 중국의 이러한 압력은 사드 배치 여부와 장소 결정, 실제 배치 등의 고비마다 강화되었고, 지금도 지속되고 있다.

그러나 실제로 사드는 미 육군이 해외 배치된 미군들을 탄도미사일 위협으로부터 보호하기 위해 개발한 무기로서 요격고도 등을 고려할 때 중국의 핵 억제태세에 전혀 지장을 주지 않고, 사드의 레이더도 중국 내륙 ICBM의 움직임을 제대로 탐지하기 어렵다(신영순, 2014: 27). 2015년 3월 방한한 러셀(Daniel R. Russel) 미 국무부 동아태 차관보가 "아직 배치되지 않고 여전히 이론적인 문제인 안보 시스템에 대해 3국이 강하게 목소리를 내는 게 의아하다."라고 언급했듯이(《조선일보》, 2015.3.19: A5) 사드 배치에 대한 중국의 반대는 몹시 예외적이다. 그래서 일부에서는 이번 사드 배치에 대한 중국의 반대를 한미동맹 균열을 의도하거나(우정엽, 2015) 한국이 한미동맹에서 보유하고 있는 자율성을 가늠해 보는 기회로 활용한다고 평가하고 있다(서정경, 2014: 265). 사드의 경우에도 한국과 중국의 '전략적 협력 동반자 관계'는 전혀 기능하지 않았다.

종합　　　한국과 중국이 '전략적 협력 동반자 관계'를 체결한 이후 한국에서 발생한 안보 관련 사태에서 중국의 달라진 입장을 찾아보기는 쉽지 않다. 북한이 한국의 군함인 천안함을 침몰시킨 것이 국제적 조사에 의해 드러났음에도, 북한이 연평도에 포격하는 것이 텔레비전을 통해 생중계되었음에도, 미군의 사드가 그들의 핵 대비태세에 영향을 주지 않는데도 중국은 북한을 옹호하면서 한국에게 오히려 압력을 행사했다.

이로 볼 때 중국과의 안보협력 관계는 한국의 일방적 기대(wishful thinking)에 불과할 가능성이 높다. 중국과 북한이 동맹 관계라는 것과 한국의 동맹국인 미국과 중국이 전략적 경쟁관계라는 구조는 전혀 변화하지 않는데도 한국 혼자서 미국과 중국 사이에서 균형자가 되겠다고 착각해 온 측면이 없지 않다. "안보동맹을 유지하는 미국과의 관계를 대외관계에서 가장 우선적인 순위로 규정하고 있는 한국과, 군사동맹을 체결하고 있는 북한과 특별한 이념적 우호관계를 유지하는 중국 사이에서 정치적 군사적 혹은 안전 방면의 협력 관계는 여전히 한계가 있을 수밖에 없다."는 평가가 한중 관계의 현실이다(이규태, 2013: 63).

---

4. 결론과 함의

60년 이상 한미동맹을 계속해 옴에 따라서 한국 국민들이 변화에 대한 호기심을 갖는 것은 충분히 이해할 수 있다. 그동안의 경제성장을 배경으로 미국에게 일방적으로 안보를 의존하고 있는 현실을 인정하고 싶지 않거나 벗어나고 싶은 마음이 생길 수도 있다. 이러한 국민정서로 인해 중국과의 관계 개선에 대한 국민들의 기대는 매우 높았다. 북한의 개혁개방이나 통일에 중국의 협조가 절실하다는 판단도 작용했을 것이다. 그래서 한국은 1992년 중국과의 수교를 출발점으로 해서 대중국 관계 개선에 상당한 공을 들여 왔고, 2008년 '전략적 협력 동반자 관계'를 체결하기에 이르렀다.

하지만 기대와는 달리 중국과의 동반자 관계가 한국 안보에 기여한 점은 많지 않았다. 중국과 한국은 공통의 위협을 공유하지도 않고, 상호 간의 보완적 이익도 크지 않아서 실질적인 안보협력을 추진할 수 있는 상황이 아니었기 때문이다. 2010년에 발생한 북한의 천안함 폭침, 연평도 포격 등의 사례에서 중국은 철저하게 북한의 입장을 지지했고, 현재는 주한미군의 보호를 위한 미군의 사드 배치를 집요하게 반대하고 있다.

이제 한국은 한중 관계의 현실을 있는 그대로 냉정하게 인식해야 한다. 한국이 어떻게 인식하고, 어떤 노력을 기울이든 중국은 한국의 안보를 지원하지 않을 것이고, 북한과의 동맹 관계를 지속해 나갈 것이다. 중국과의 동반자 관계는 한미동맹을 대체할 수 없다. 중국과는 경제적, 사회적, 문화적 교류와 협력에 중점을 두어야 하고, 안보는 한미동맹에 의존해야 한다. 현재 중국이 한국에 대해 깊은 관심을 갖는 것도 한국의 독자적 가치가 높아서가 아니라 미국과 동맹 관계로 연결되어 있기 때문일 것이다. 미국과의 동맹 관계가 없는 한국이라면 중국은 조선시대와 같이 고압적인 정책을 강요할 가능성이 높다.

한중 관계의 한계를 식별하는 것은 한중 관계를 단절 및 금기시하기 위한 것이 아니다. 경제적 협력이나 북한에 대한 영향력 확보 차원에서 중국과의 지속적인 관계 개선은 필요하다. 위기 시에 친구가 될수 없더라도 평화 시에는 훌륭한 친구가 될 수 있기 때문이다. 다만, 그한계를 냉정하게 인식해 안보 차원에서 지나친 기대를 자제하고, 현실적인 정책을 세우는 것이 중요하다. 안보 차원에서는 한미동맹을 굳건한 축으로 인정하고 그것을 훼손시키지 않는 범위 내에서 중국과의 협력을 추구해야 할 것이며, 이러한 점을 중국과 미국이 확실하게 인식할수 있도록 만들 필요가 있다.

제8장
한일 관계

한국의 국민들은 식민지 지배를 받은 오랜 역사로 인해 일본과의 관계에 있어 이성적인 생각을 하기 쉽지 않다. 그래서 자유민주주의 이념 공유와 미국을 중심으로 한 간접적 동맹 관계를 바탕으로 경제적이거나 사회적인 유대관계는 다른 어느 국가보다 긴밀하지만, 진정한 상호 이해와 안보협력을 달성하지는 못하고 있다. 간혹 사소한 감정적 사건이 국가 전략적 고려에 우선하는 경우도 발생한다. 때문에 한일 관계 진전에 대한 주문은 증대되고 있지만, 의심과 경계심을 극복하지 못하고 있는 상황이다.

"국제사회에는 영원한 적도 우방도 없다."라는 말은 국익을 위해서는 감정을 벗어날 수 있어야 한다는 말이다. 북한의 핵 위협에 대해 한국 다음으로 심각한 위협을 느끼는 국가는 일본이다. 일본은 현재 상당한 대비태세를 구비해 나가고 있는데, 양국이 공동으로 대응할 경우 시너지 효과가 발생할 가능성이 높다. 최우선적으로 핵미사일을 탑재할 가능성이 높은 북한의 노동 미사일은 일본과 한국을 동시에 공격할 수 있다. 북한의 핵 위협에 대해 신뢰성 있는 대응 수단과 방법이 제한되는 한국으로서는 일본과의 안보협력도 배제할 수 있는 상황이 아니다. 일본이 과거와 같은 팽창주의적 정책으로 회귀할 가능성이 우려된다고 해도 의심하거나 경계하는 것보다는 협력하는 것이 더욱 합리적인 예방책일 수 있다. 역안분리(歷安分離)라는 말처럼 역사와 감정보다 국가안보를 우선시해야 할 상황이다.

1. 한일 안보협력의 필요성

한일 안보협력의 필요성은 제7장에서 한중 관계에 적용했던 동맹의 형성과 유지에 필요한 요소를 적용해 판단해 볼 수 있다. 동맹의 잠재성이 있으면 안보협력의 필요성은 크다고 볼 수 있기 때문이다. 따라서 공통의 위협, 공통의 안보이익, 그리고 신뢰성을 중심으로 한일 양국의 동맹 잠재성을 평가해 보자.

첫째, 한일 간에는 북한의 핵 위협이라는 당장의 심각한 공통위협이 존재하고 있고 그에 대한 비중이 점점 커지고 있다. 한일 양국은 모두 북한과 적대적인 관계이면서 북한 핵미사일의 사정거리 내에 위치하고 있기 때문이다. 북한의 대부분 미사일은 핵무기를 탑재해 한국을 타격할 수 있고, 북한이 야전에 배치하고 있는 사정거리가 1,300km인 노동 미사일이나 사정거리 3,000km 이상의 중거리 무수단 미사일은 핵무기를 탑재해 일본을 공격할 수 있다. 북한이 시도하고 있는 잠수함 발사 탄도미사일(SLBM)이 개발될 경우 북한 핵 위협에 대한 한일 양국의 위협성과 절박성은 더욱 커질 것이다.

중국의 팽창주의적 정책과 군사력 증강도 한일 양국에게 공통적인 잠재적 위협일 수 있다. 중국은 국방비를 지속적으로 증대시키면서 군사력 강화에 노력해 왔고, 2013년 11월에는 한일 양국과 아무런 상의 없이 중국 방공식별구역(CADIZ)을 일방적으로 선포했는데, 거기에는 한일 양국의 방공식별구역(KADIZ와 JADIZ)과 중복되는 지역도 존재한다. 중국은 1당 지배체제로서 공세적 국방정책을 쉽게 추진할 수 있고, 현상타파 국가로서 현 정세를 변화시키고자 할 가능성이 높다(이상우, 2011: 15). 경제 및 사회적 분야를 중심으로 한일 양국은 중국과 활발한 협력 관계를 유지하고 있지만, 2010년 3월과 11월 발생한 북한에 의한 천안함 폭침과 연평도 포격이나 2010년 9월 발생한 센카쿠 열도를 둘러싼 중일 간의 긴장관계에서 보듯이 안보적 충돌이 발생할 경우 그러한 협력은 금방 무산될 수 있다. 다만, 한국은 북한과의 관계 개선이나 통일을 위해 중국과의 협력이 필요하다고 생각해 우호적인 관계를 유지하고자 노력하고 있기 때문에 중국의 노골적인 공격적 행위가 없는 한 일본과 함께 중국을 공통위협으로 간주할 가능성은 높지 않다.

둘째, 동맹 형성을 위한 두 번째 핵심요소인 상호 안보이익 증대 측면에서 볼 때 한국과 일본의 보완성은 적지 않다. 일본은 한국에 비해서 우수한 해군력과 공군력, 정보력을 보유하고 있고, 한국은 대규모 육군 전력을 보유하고 있기 때문이다. 또한 한일 간에 동맹 관계를 체결하면 한미동맹과 미일동맹이 한미일동맹으로 일원화되어 한국, 미국, 일본 군대 간의 상호 보완성이 무척 높아질 수 있다. 이와 같은 긴밀한 안보협력 관계는 북한의 재래식 또는 핵 도발은 물론이고, 중국의 공세적 행위에 대한 억제력을 대폭적으로 강화하는 결과가 될 것이다.

셋째, 현재 상태에서 한일 양국의 상호 신뢰성이 높다고 보기는 어렵다. 한국의 입장에서는 동맹을 구실로 일본이 한반도에 진출해 과거 역사를 재현할 가능성을 우려하지 않을 수 없기 때문이다. 그래서 일본이 집단자위권 행사를 위한 다수의 안보 관련 법안들을 통과시켰을 때 한국의 정치가들과 언론이 "일본 자위대가 우리 영해나 영공에 진출할 가능성에 대한 우려"를 심각하게 제기했던 것이다(《조선일보》, 2015.9.21: A2). 쌍방 국가 국민들 간의 신뢰도도 낮은 편으로서, 일본의 《요미우리 신문》이 2015년 6월 9일 공개한 여론조사 결과를 보면 일본에서 한국을 "신뢰할 수 없다."고 답한 사람은 전체 응답자의 73%, 한국에서 일본을 "신뢰할 수 없다."고 답한 사람은 전체 응답자의 85%에 달했다 (《헤럴드경제》, 2015.6.9). 다만, 한일 양국과 동맹 관계를 맺고 있는 미국이 신뢰성을 보장하는 역할을 수행할 수는 있을 것이다.

북한의 핵 위협이 더욱 가중되거나 사용 가능성이 가시화될 정도로 상황이 악화될 경우 한일 양국 간에 동맹 수준의 안보협력이 구현될 가능성이 없지 않지만, 당장 양국이 동맹 관계로 발전할 개연성은 높지 않다. 역사를 통해 누적되어 온 불신과 부정적 감정이 너무나 크기 때문이다. 중국의 팽창주의가 더욱 강화되고, 중국과 한국이 적대적인 관계로 될 경우 한일 간 공통위협의 공감대가 커지면서 긴밀한 안보협력이 구현될 가능성이 존재하지만, 아직은 중국의 위협이 그 정도는 아니고 오히려 중국보다 일본을 더욱 경계하는 국내여론이 적지 않다.

그럼에도 불구하고 앞으로 한일 간에 동맹 수준의 긴밀한 안보협력이 추진되어야 할 필요성이 점점 커지고 있는 것은 사실이다. 북한의 핵 위협이 급속도로 강화되고 있고, 중국이 공세적 팽창주의를 가속화하고 있으며, 한일동맹에 대해 미국도 적극적으로 주선하고 있기 때문이다. 냉전시대와 유사하게 "현재 동북아의 평화질서는 중국과 북한을 한편으로 하고, 미국, 일본, 한국을 한편으로 하는 느슨한 세력균형으로 유지되고 있고"(이상우, 2011: 14) 한국 스스로도 일본과의 안보협력 필요성을 점점 인식해 나가고 있다. 일본이 집단자위권 행사를 위해 안보 관련 법안을 통과시킨 데 대해 한국 내에서 "양날의 칼"이라면서 긍정과 부정의 평가가 공존했던 것은(《조선일보》, 2015.9.21: A2) 이러한 현실적 인식이 적지 않기 때문이다. 중국의 외교부와 관영 신화통신이 "사실상 전쟁법"이라면서 원색적으로 비판한 것(《조선일보》, 2015.9.21: A2)과는 차이가 있다.

2. 한일 안보협력에 대한 국내적 요소

국제적 수준에서는 한일 양국의 긴밀한 안보협력 관계를 요구하는 상황이 존재함에도 불구하고 그에 부합되도록 실질적인 협력 관계가 구현되지 못하는 것은 양국의 국내적 요소에 원인이 있다. 특히 한국에서는 이러한 국내적 요소의 비중이 워낙 커서 국제적 상황의 변화에 부합되는 방향으로 정책을 변경하는 것이 너무나 어렵고, 가끔은 정치지도자가 긍정적인 국민여론을 획득하고자 외교정책을 희생시키기도 한다.

국내정치와 국제정치 간 연계이론

국제정치에 대한 국내정치의 영향에 관해 로즈노(James N. Rosenau)는 '연계정치'(linkage politics)라는 명칭으로, 국내정치적 요소를 국제적 환경의 변수들과 연결시켜 분석할 것을 강조하고 있다. 국내정치와 국제정치는 서로에게 침투(penetrative), 반응(reactive), 모방(emulative)하는 방식으로 영향을 주고받는다는 것이다(1969: 46). 이후에 거비치(Peter Gourevitch)는 국내정치를 외교정책 결정의 중요한 요소로 고려할 것을 강조했다(1978). 또한 퍼트넘(Robert D. Putnam)을 중심으로 하는 캘리포니아 대학의 학자들은 '2개 수준 게임 논리'(The Logic of Two-level Games, 통상적으로 '양면게임'이라고 번역하지만 원래의 의도에 부합되는 번역이 아니라고 판단해 직역했다)라는 명칭으로 국내정치와 국제정치의 상호 작용 과정을 설명하고 있다. 국내적 수준에서 다양한 이익집단들이 그들에게 유리한 방향으로 정부정책이 결정되도록 압박함에 따라 정치가들은 그들 중 일부와 연대할 수밖에 없고, 따라서 국내로부터의 압력과 외교적 필요성이라는 두 가지를 동시에 충족시키는 방향으로 결정을 하게 된다는 것이다(Evans, 1993: 437). 이들은 "특정 국가가 선택하는 외교적 전략과 전술은 상대 국가가 수용할 수 있는 것과 국내 투표자들이 비준(ratify)할 수 있는 것에 의해 제약된다."(Evans, 1993: 15)고 주장하고 있다.

2개 수준 게임에서 퍼트넘이 제시한 독창적인 개념은 '윈셋'(Win-set, 수용범위)이다. 이것은 국내의 비준 또는 승인을 얻을 수 있는 내용들의 범위를 말하는데, 상대방과 합의에 이를 수 있다고 판단되는 나의 조건들이다. 서로의 윈셋이 클수록 합의에 이를 가능성이 높아지고, 작을 경우 합의에 이르기 어려워진다. 퍼트넘에 의하면 협상에 임하는 양측은 상대방에게 자신의 윈셋이 좁다는 점, 즉 국내정치적인 압박을 많이 받고 있다는 점을 전달함으로써 상대방으로 하여금 윈셋을 넓히도록 압박하게 되고, 상대방도 동일한 의도로 윈셋을 좁히기 때문에 합의가 쉽지 않아진다.

한국과 일본의 국제정치적 결정은 연계이론에 의해 접근해 볼 필요가 있다. 국제적 수준은 대부분 국가의 경우와 유사하지만, 양국 간에는 서로의 국내적 요소가 워낙 중요하게 작용하고 있기 때문이다. 역사적인 인식, 최근의 식민지 지배에 대한 경험 등이 바탕이 되어 있고,

독도나 위안부 문제 등 갈등적인 요소도 존재하고 있으며, 이것이 국민들의 감정과 여론에 지대한 영향을 미치고 있다. 한국과 일본은 자유민주주의를 구현하고 있는 국가라서 국민여론이 외교적 결정에 미치는 영향이 매우 크고, 따라서 국내적 수준이 국제적 수준을 지배할 수도 있다. 실제로 이와 같은 몇 가지 사례가 최근에 발생한 적이 있다.

한일 정보보호협정 체결 2010년 3월 천안함 폭침과 연평도 포격에 대해 중국이 북한을 노골적으로 옹호하자 한국은 일본과의 군사협력을 진전시킬 필요성을 인식했다. 그래서 2011년 1월 10일 일본의 기타자와 도시미(北澤俊美) 방위상과 김관진 한국 국방장관은 양국 간의 군사정보보호협정 및 상호 군수지원 협정의 체결에 합의했고, 이것은 "양국군사관계를 한 차원 높게 발전시키는 계기일 뿐 아니라 한·일 간 '성숙한 동반자 관계' 구축에도 적극 기여할 것으로 기대"했다(《조선일보》, 2011.1.10: A6). 그리하여 2012년 4월 23일 한국 국방부 국제정책차장과 일본 외무성 아시아국 동북아과장 간에 '대한민국 정부와 일본 정부 간 비밀정보의 보호에 관한 협정'에 합의해 가서명을 마쳤고, 한국은 6월 26일 '즉석 안건'으로 국무회의에 회부해 통과시켰으며, 6월 29일 신각수 주일 한국대사와 일본 겐바 고이치로 외무대신이 양국 정부를 대표해 서명하기로 한 상태였다.

이 사실이 공개되자 예상외로 야당과 일부 언론은 강력하게 반발했다. 그들은 동 협정이 차관회의를 거치지 않고 즉석 안건으로 상정된 것에 절차상 문제가 있고, 국회가 비준동의를 해야 할 사안일 수도 있으며, 협정문 제목에서 '군사'라는 단어를 생략한 의도가 의심된다면서 재검토를 촉구했다(심재권, 2012: 23-24). 한일 군사정보보호협정 체결의 "배경에는 미국의 대아시아 전략이 숨어 있고 … 미국의 구상은 이번 협정 체결로 한-미-일 삼각 군사협력 구도를 구축하는 모양새"라는 논리까지 등장했다(《한겨레신문》, 2012.6.28: 4). 이와 같이 반대가 격렬해지자 이명박 대통령은 외교적 결례를 무릅쓰면서 체결 1시간 전에 서명을 연기하고 말았다.

당시 정부가 설명한 바와 같이 이전에 다른 국가와 군사정보보호협정을 체결할 때 차관회의를 거치지 않은 채 국무회의에서 의결한 사례가 있고, 조약이 아니기 때문에 국회의 비준을 받지 않아도 된다. 다수의 국가들과 체결한 협정을 일본과 체결한다고 해서 문제로 삼는 것은 타당하지 않고, 군사정보보호협정을 체결했다고 하더라도 공유 여부와 범위는 당시 상황에 따라 다시 결정된다. 이미 한국은 미국, 영국, 캐나다, 스웨덴, 호주, 러시아, 독일, 이스라엘, 이탈리아, 네덜란드, 인도네시아, 우즈베키스탄, 뉴질랜드 등 26개 국가 및 나토라는 국제기구와 이 협정을 맺고 있다. 체결하고자 하는 내용이 통상적인 협정과 다른 특별한 내용을 포함하고 있는 것도 아니다. 그럼에도 불구하고 정부는 일부 국민들의 반대여론에 굴복했고, 결과적으로 국제적 수준의 요구는 무시되었다.

그러자 국방부는 고육지책(苦肉之策)으로 실무적인 차원에서라도 북한의 핵미사일 위협에 관한 정보를 교환할 수 있도록 2014년 12월 29일 한국, 미국, 일본 3개국 군대 간의 군사정보 공유 '약정'을 체결하게 되었다. 그만큼 필요성이 컸기 때문이다. 한국과 일본뿐만 아니라 미국까지 포함함으로써 한일 간 직접적 협정 체결에 따른 비판을 약화시킬 것이고, 약정은 국회의 동의가 필요하지 않다는 판단에서였다. 국내적 요소로 인해 국제적 필요성을 충족시키지 못한 채 타협한 것이다. 이 약정의 체결에 관해서도 야당은 "한·일 군사정보 협정의 다른 모습"이라면서 반대했지만(《조선일보》, 2014.12.27: A3), 국민들의 반대여론은 크지 않았다.

군사정보보호협정의 갑작스러운 연기는 천안함과 연평도 사태 이후 진전되기 시작한 일본과의 군사협력을 중단시켰을 뿐만 아니라, 일본과의 안보협력이 과거 식민지 지배의 역사를 되살리거나 중국을 자극할 수 있다는 국민들의 생각을 강화시켰다. 이후에 체결할 예정이었던 상호 군수지원 협정도 당연히 거론되지 못했고, 한일 양국의 안보협력은 여전히 군사교류 수준에 머물게 되었다. 군사정보 교환 약정으로 최소한의 정보공유는 보장했으나 평시부터의 긴밀하고 포괄적인 정보공유 및 협력은 활성화되기 어려운 상황이 되었다.

한일 군사정보보호협정 체결의 갑작스러운 중단은 국내적 수준의 요소, 즉 국민들의 감정적 요소가 국가의 안보 관련 조치에 결정적이면서 즉각적인 영향을 줄 수 있음을 보여 주었다. 객관적으로는 분명히 필요한 협정임에도 국내여론 때문에 중단되었을 뿐만 아니라, 다른 과장된 선동까지 등장했기 때문이다. 일부 언론에서는 "을사늑약의 망령", "이명박 정부는 뼛속까지 친일", "핵무장 일본에 기밀 갖다 바치는 일" 등의 섬뜩한 용어까지 사용했고(한겨레신문, 2012.6.29: 3), 이로써 한일 간의 불신은 더욱 커지게 되었다.

이번 협정을 중단시킨 데는 2012년 12월, 즉 6개월 이후에 실시될 예정이었던 대통령 선거가 영향을 주었을 가능성도 있다. 체결을 강행할 경우 야당은 반일감정을 무기로 여당을 지속적으로 공격할 것이고,

그것은 대통령 선거에서 악재일 것이라 판단했을 개연성이 존재한다. 박근혜 당시 여당 대통령 후보가 정부에게 부정적 의견을 전달해 체결이 취소되었을 것이라는 추측이 제기된 것도(《조선일보》, 2012.7.2: A6) 이러한 개연성을 바탕으로 한 것이다. 당시 박근혜 후보는 지지율이 하락하고 있는 상황이었고, 따라서 야당에게 추가적인 공격 빌미를 허용할 여건이 되지 못한다고 판단했을 수 있다. 실제로 6월 초에는 박근혜-안철수-문재인의 3자 구도에 대한 한국갤럽의 여론조사 결과가 39% : 23% : 9%였으나 이 협정이 취소되기 일주일 전인 6월 22일에는 35% : 21% : 14%로 박근혜 후보 지지율이 4% 하락한 상태였고, 안철수와의 양자 구도에서는 3%(47% : 37%에서 44% : 39%로), 문재인과의 양자 구도에서는 2%(52% : 28%에서 50% : 31%로) 하락하는 추세였다.

이명박 대통령의 독도 방문　　2012년 8월 10일 오후 2시 이명박 대통령은 한국의 역대 대통령으로서 처음으로 독도를 방문했다.

이 대통령은 "독도는 진정한 우리의 영토이고, 목숨 바쳐 지켜야 할 가치가 있는 곳입니다"라면서 독도 수호대 순직비에 헌화하고 독도 경비대원들의 노고를 치하했다. 4일 뒤인 8월 14일에는 한국교원대를 방문해 "(일왕이) 한국을 방문하고 싶으면 독립운동을 하다 돌아가신 분들을 찾아가서 진심으로 사과하면 좋겠다. … '통석(痛惜)의 염'(1990년 5월 9일 노태우 전 대통령이 일본 천황을 방문했을 때 아키히토 천황이 사용한 독특한 용어이다)이니 이런 단어 하나 찾아서 올 것이라면 올 필요 없다고 했다."라고 말했다.

이 대통령의 독도 방문과 천황 사과 요구에 대해 일본은 강력하게 반발했다. 주일본 한국대사를 불러 항의했고, 주한 일본대사도 소환했다. 8월 17일 독도 문제를 국제 사법재판소에 제소하겠다고 발표했고, 21일에는 관계각료회의를 개최해 국제적 여론전을 위한 준비 및 조치 사항을 결정했으며, 24일에는 일본 중의원에서 이명박 대통령의 독도 방문에 항의하는 결의문을 채택했다(이성환, 2015: 147). 이로써 한일 관계는 급격히 경색되었고, 지금도 그 영향이 적지 않다.

이 대통령의 독도 방문과 천황에 대한 사과 요구는 한국에 대한 일본 국민들의 부정적인 인식을 크게 증대시켰다. 2011년까지는 일본 국민들이 한국에 대해 친근감을 느낀다는 여론이 그렇지 않다는 여론에 비해 항상 높았다. 즉 2010년 10월에는 61.8% : 36%, 2011년 10월에는 62.2% : 35.3%로 약 2배 정도의 격차가 있었다. 그러나 이 대통령의 독도 방문 이후인 2012년 10월 조사에서는 역전되어 39.2% : 59%로 친근감을 느끼지 않는다는 여론이 훨씬 많아졌고, 2013년 10월에는 40.7% : 58%, 2014년 10월에는 31.5% : 66.4%로 그 격차가 더욱 벌어졌다(이성환, 2015: 151).

반면에 이 대통령의 독도 방문에 대한 한국 국민들의 지지도는 높았다. 당시 여론조사 결과를 보면 독도 방문에 대해서는 찬성 67% : 반대 23%였고, 천황 사죄 요구 발언에 대해서는 찬성 72% : 반대 19%였을 뿐만 아니라 한일 관계가 악화되더라도 이러한 것을 계속해야 한다는 의견도 76%에 달했다(이성환, 2015: 155). 즉 이 대통령이 낮은 지지율을 반등시키고자 독도를 방문했다는 의심이 전혀 근거 없는 것은 아닐 수 있다. 한국갤럽에서 조사한 여론조사에 의하면 당시 이 대통령의 지지율은 20%대에 머물면서 8월 2주차에는 17%까지 하락한 상태였지만, 독도 방문 이후인 8월 20일에는 26%로 일시적인 반등을 보였다.

이 대통령의 독도 방문이 한일 관계에서 국민감정이 차지하는 비중을 키운 것은 분명하다. 이후 양국관계에서 국제적 수준의 요소는 더욱 무기력해지고, 국내적 수준의 요소가 압도하게 되었기 때문이다. 예를 들면, 김태우 당시 통일연구원장이 2012년 8월 23일 연구원 홈페이지에 "한일 외교전쟁 조속히 매듭지어야"라는 제목으로 일본의 한국 독도 영유권 인정 및 과거사 사죄 등을 전제로 독도 주변 해양 및 해저 자원의 양국 공유 방안 등을 논의할 필요가 있다고 제안하자 한국의 네티즌과 정치인들은 김 소장을 집중적으로 공격해 결국 사임하도록 만들었다. 일본에서도 한국의 입장을 옹호하는 사람들은 거의 사라졌다.

평가　　　다른 국가들의 관계에 비해 한일 관계에서는 국내적 수준의 요소가 작용하는 비중과 영향력이 크다. 한국의 국민들은 과거 역사와 식민지 통치를 받은 경험에 근거해 일본을 불신하고 있고, 일본의 경우에도 혐한의식이 존재하고 있어, 이러한 감정이 상호 작용하며 악화되어 왔기 때문이다. "양 국민 간의 뿌리 깊은 상호 불신과 적대의식이 한일 간에 꼭 필요한 안보협력을 막고 있는 것이 현실이다"(이상우, 2011: 19). 이러한 국민들의 감정은 선거에 의해 선출되는 정치지도자들에게 영향을 주어 국가안보에 관한 냉정한 결정을 어렵게 만들고 있다.

최근에는 정치지도자들도 국민여론을 더욱 중요시하는 태도를 보이고 있다. 박정희, 노태우, 김대중 정부까지는 양국의 부정적 국민감정(또는 내셔널리즘)에도 불구하고 국제적 수준의 요구를 우선시해 "비교적 일관되게 한일 간 안보협력을 진전시켜 온 것"으로 평가되고 있지만(박영준, 2015: 165), 최근에는 그렇지 않은 면이 드러나고 있기 때문이다. 군사정보보호협정 체결의 중단이나 독도 방문이 최근의 전형적인 사례이다. 보수정권임에도 이명박 정부가 "일본의 내셔널리즘에 대한 경계와 한국 측 배일 내셔널리즘에 대한 고려"에 의해 기존에 제도화되어 있었던 한일 안보교류와 협력마저 축소했다고 평가되는 이유이다(박영준, 2015: 163-164).

3. 결론과 함의

한일 관계를 가장 잘 표현하는 말은 '가깝고도 먼 나라'일 것이다. 일본과는 미국을 통한 간접적인 동맹 관계이고, 자유민주주의라는 동일한 이념을 추구하며, 활발한 사회적 · 경제적 · 문화적 교류를 추진하고 있지만, 안보 측면에서는 의미 있는 협력이 미흡한 상황이기 때문이다. 북한의 핵 위협이라는 공통의 위협이 점점 심각해져 가는데도 한일 간의 안보협력은 실질적인 진전을 보지 못하고 있다.

이러한 현상이 초래된 근본적인 이유는 국민여론, 즉 국내적 수준의 거부감이 국제적 요구를 압도하기 때문이다. 양국 국민들이 서로에 대해 지니고 있는 높은 불신감이 정치지도자들의 행위나 결정에 영향을 주고 있고, 그것이 국가의 전략적 판단을 왜곡시키고 있다. 그 예로 한국이 다수 국가와 체결하고 있는 군사정보보호협정도 일본과는 체결하지 못하고 있고, 이명박 대통령이 갑작스럽게 독도를 방문함으로 인해 한일 관계가 최악의 상태로 경색되었다는 점을 들 수 있다.

"국제사회에서는 영원한 우방도 적도 없다."라는 말은 국익을 최우선시해 감정보다는 이성에 의해 국제관계를 추진해야 한다는 의미이다. 국익 증진에 필요하다면 한국은 일본과 동맹 관계를 맺을 수 있어야 하고, 적대국도 될 수 있어야 한다는 말이다. 이러한 점에서 최근의 한일 관계가 국내적 수준에 의해 경색되고 있는 것은 바람직하지 않다.

이를 시정하기 위해서 양국의 정치지도자들이 단기적이거나 인기영합주의적인 정책에서 과감하게 탈피해야 할 뿐만 아니라 무엇보다 양국 지식인들의 노력이 필요하다. "일본 국민들이 지혜로운 판단을 할 수 있도록 선도할 수 있는 지식인 집단이 형성되어야 하고, 한국 국민들이 일본에 대해 감정적 대응을 자제하고 지역평화를 위해 일본과 협력을 용인하도록 지식인 집단이 인내심을 가지고 설득해 나가야 한다"(이상우, 2011: 20). 한일 간의 역사를 둘러싼 갈등 과정에서 "한국과 일본의 미디어가 그 갈등을 증폭시키거나 상대방에 대한 부정적인 이미지를 조장하는 측면도 있다."고 평가된다는 점에서(양기웅, 2014: 174), 언론에서도 선동성의 기사를 자제해야 할 것이다.

국민감정의 변화에 노력하면서도 한국은 시급한 사안별로 일본과의 협력을 추진할 필요가 있는데, 그것은 바로 북한의 핵 위협에 대한 공동대응, 더욱 구체적으로는 북한의 핵미사일에 대한 탄도미사일 방어(BMD)이다. 북한은 핵무기의 개발에 성공한 것은 물론이고, 핵무기를 미사일에 탑재할 정도로 소형화·경량화했을 가능성이 높아, 한국은 물론이고 일본도 언제든지 공격할 수 있다. 한국이 효과적으로 대응하면 일본을 공격하는 핵미사일을 사전에 요격할 수 있고, 일본은 미국과 함께 북한 핵미사일에 대한 포괄적이면서도 정확한 정보를 제공할 수 있다. 한미일 삼국이 체계적으로 역할을 분담할 경우 요격효과도 높아질 것이다. 한국은 북핵 위협에 대한 정보공유는 물론이고, 분업 차원에서 공동대응을 위한 군사적 협의도 추진해 나갈 필요가 있다.

한국의 정부와 국민들은 미국이 유사시 한국을 효과적으로 지원하려면 일본의 기지와 지원이 필수적이라는 점을 이해할 필요가 있다. 한미일 3국 간의 협력이 공고해져야 한미동맹과 미일동맹이 유기적으로 병립될 수 있고, 유사시 미국의 효과적인 한반도 지원이 보장될 것이다. "한일 간의 긴장 관계는 결국 한미 관계에도 영향을 미칠 수밖에 없다."는 점을 유의해(유명환, 2014: 24), 일본과의 관계만이 아니라 미국과의 관계까지도 고려하면서 한일 관계를 추진해 나가야 할 것이다. 실제로 한일 관계가 불편할 경우 미국은 미일동맹만으로 중국을 견제하겠다는 생각을 할 수도 있다(김준형, 2009: 111). 자칫하면 한미동맹이 강력한 미일동맹에 의해 대치될 수도 있다는 인식하에 한일 관계를 더욱 신중하게 처리해야 할 것이다.

제3부

자강

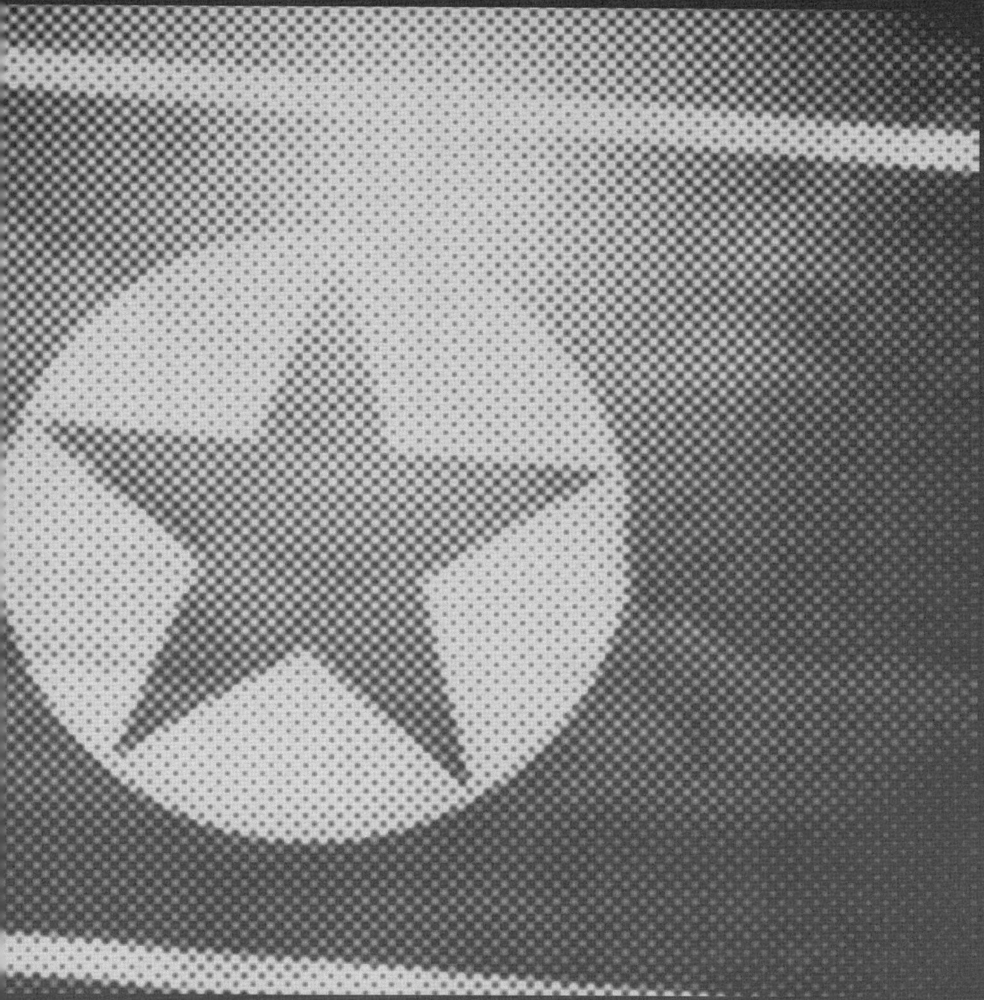

제9장
총력전 차원의 북핵 대비

1. 핵전쟁과 총력전
2. 북한 핵 위협에 대한 한국의 대응 실태
3. 결론과 함의

전쟁 대비를 전담하고 있는 조직이 군대이기에 북한의 핵 위협에 대한 억제나 방어에 관해서도 국민들은 전적으로 군대의 노력에 의존하고 있다. 군도 그러한 사명감을 바탕으로 킬 체인이나 탄도미사일 방어 등 나름대로의 대비 노력을 강화하고 있다. 그러나 수년 동안 지속된 군의 노력에도 불구하고 국민들의 안심도는 나아지지 않고 있다. 북한의 핵 위협은 점점 증강되고 있고, 그것에 대응하는 우리 군의 방향은 명확하지 않거나 믿을 만한 성과를 보여주지 못하고 있기 때문이다.

이러한 현상은 북한의 핵 대응에 관한 군의 능력과 노력이 미흡한 때문이겠지만, 핵 위협은 군대만으로 대응할 수 있는 성격의 과제가 아닐 수 있다. 핵무기는 군대를 공격하는 것이 아니라 후방의 도시에 살고 있는 국민들을 직접 공격하기 때문이다. 핵무기는 군대를 경유한 다음에 국민을 공격하는 것이 아니고, 공중으로 날아서 바로 국민들을 공격한다.

그렇기 때문에 북한의 핵 위협으로부터 국가와 국민의 안전을 보장하는 일은 군대만으로는 미흡하다. 정부의 모든 부처는 물론이고, 국민들도 총력적으로 나서야 한다. 핵전쟁이 발발하면 민족의 공멸도 가능하다는 점에서 노력, 시간, 자원을 아껴서는 곤란하다. 핵전쟁이 발발하지 않을 경우 낭비로 생각될 수도 있지만, 군대, 정부, 국민이 '삼위일체'(Trinity)로 대비해야 하고, 그리할 때 핵전쟁의 가능성과 그 피해는 줄어들 것이다. 핵전쟁이야말로 다른 어느 전쟁보다 총력적일 것이고, 따라서 총력적으로 대비해야 한다.

1. 핵전쟁과 총력전

핵무기에 의한 공격　핵무기는 재래식 무기와는 비교할 수 없을 정도로 위력이 커서 '대량살상무기'(WMD: Weapons of Mass Destruction) 또는 '절대무기'(absolute weapon)라고 불린다. 4년 동안 수많은 군인들이 전장에 나가서 무수한 무기들을 사용하면서 수많은 희생을 감수하고서도 종료시키지 못했던 태평양전쟁을 미국이 투하한 두 발의 핵폭탄이 종료시킨 것이 그의 전형적인 사례이다. 핵전쟁은 재래식 전쟁과는 근본 성격이 다르고, 당연히 전혀 다른 공격과 방어 이론과 수단이 개발되어야 할 것이다.

핵무기 공격을 통해 달성하려고 하는 직접적인 효과는 적 주민들의 대규모 살상이다. 미국과 러시아의 경우 야포용 핵무기나 핵지뢰 등으로 적의 군인들을 먼저 살상하기 위한 소형의 전술 핵무기들을 개발했지만, 북한을 비롯해 소규모 핵 보유국들은 대량살상용의 핵무기 위주로 개발하고 있다. 이들은 상대방의 도시를 공격해 주민을 대량살상하겠다고 위협하는 것을 주된 전략으로 삼고 있다. 한 개 도시 전체를 폐허로 만들 수 있는 수십 메가톤급의 핵무기를 보유하고 있는 미국이나 러시아와는 달리 북한은 아직 TNT 수십 킬로톤(kt)의 위력으로 판단되는 초보적인 핵무기를 보유하고 있지만, 재래식 무기에 비교하면 그 파괴력은 실로 엄청나다. 1945년 8월 일본의 히로시마에 약 16kt, 나가사키에는 약 20kt의 원자폭탄이 투하되었지만, 히로시마에서는 9만-16만 6천 명, 나가사키에서는 6만-8만 명 정도가 사망한 것으로 알려지고 있다(허광무, 2004: 98). 서울은 인구밀도가 커서 동일한 핵무기가 투하될 경우 6-10배 정도로 많은 사상자가 발생할 것으로 추정되고 있다. 15kt의 핵무기가 서울에 투하되어 폭발할 경우 500m 상공이면 62만 명, 100m 상공이면 84만 명, 지면폭발이면 125만 명의 사상자가 발생할 것으로 예측한 자료도 있다(McKinzie & Cochran, 2004: 12-15). 한국 국방연구원에서 모의 실험한 자료에서도 20kt급 핵무기가 지면에서 폭발할 경우 24시간 이내 90만 명 사망과 136만 명의 부상을 초래할 뿐만 아니라 낙진에 의한 추가 피해 또한 발생할 것이라고 분석하고 있다(김태우, 2010: 319).

재래식 전쟁과 핵전쟁은 공격의 목표 자체가 다르다. 전자는 저항하는 상대방의 군대를 공격해 굴복시킴으로써 저항력을 무력화해 상대방 정치지도자의 항복을 받아 내지만, 후자는 상대방의 도시에 공격을 가해 엄청난 피해를 입힘으로써 상대방 정치지도자가 항복하도록 만든다. 제2차 세계대전에서 히로시마와 나가사키에 투하된 핵무기도 일본 국민들을 직접 공격한 것이었고, 냉전시대의 미소 양국이 사용했던 '상호확증파괴전략'(MAD: Mutual Assured Destruction)도 상대의 선공(先攻, 제1격)을 허용하더라도 잔존한 핵무기로(反擊, 제2격) 상대방의 국민들을 대규모로 살상할 수 있다는 점을 과시함으로써 상대방으로 하여금 핵무기를 사용하지 못하게 억제한다는 전략이었다. 영국이나 프랑스와 같이 소규모 핵무기를 보유한 국가도 상대방이 핵무기로 공격할 경우, 생존성이 높은 잠수함탑재 핵무기로 공격 국가의 수 개 도시를 초토화시킬 수 있다는 점을 과시함으로써 대규모 핵 보유국의 핵무기 공격을 억제시키는 전략을 적용하고 있다.

핵무기가 지향하는 이러한 공격방식은 현대전 수행이론에 의해서도 뒷받침되고 있다. 핵무기를 사용하지 않는 현대전도 핵전쟁이 지향

그림 3.1 5원 모델에 의한 국방의 이해

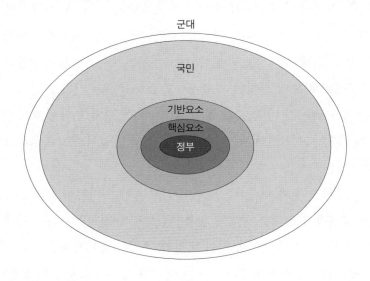

자료: 워든은 5원을 동일한 폭으로 그렸지만, 이 책에서는 비중에 따라 면적의 차이를 부여.
출처: John A. Warden, 1995: 47.

하는 방식과 유사하게 전선이 아닌 적의 전 국토에 걸쳐서 동시에 군
사작전을 감행하고, 그러한 성과의 누적을 통해 적의 항복을 받아 내
는 형태로 진행되기 때문이다. 1991년의 걸프전쟁이 그러했고, 2003
년의 이라크전쟁도 유사하다. 미 공군 대령 출신인 워든(John Warden, III)
은 1995년 발표한 논문을 통해 〈그림 3.1〉처럼 국가의 방어체계는, 맨
바깥에 군대 · 경찰 · 소방관(fighting mechanism), 그 안에 국민(population),
도로 · 비행장 · 공장과 같은 모든 기반시설(infrastructure), 에너지(전기 · 기
름 · 음식)와 화폐를 비롯한 핵심요소(organic essentials), 중심에 국가의 정치
및 군사적 수뇌부(leadership)로, 다섯 개의 원(five rings)으로 구성되어 있다

고 분석하고 있다(Warden, 1995, 44). 그는 과거에는 기술이 발전되지 않아서 '군대 → 국민 → 기반요소 → 핵심요소 → 정부'의 순서대로 격파했지만 현대에는 다섯 개의 원을 동시에 공격하는 병행공격(parallel attack)이 가능하게 되었고, 그렇게 하는 것이 효율적인 승리의 달성방법이라고 말한다(Warden, 1995: 49-55). 핵무기는 이러한 병행공격을 위한 가장 위력적인 무기인 셈이다.

핵무기 공격은 상대방의 어느 도시에 핵무기를 투하하는 행위로 출발해 종료되기 때문에 그 수행방법 자체는 너무나 단순하다. 그 운반수단의 효과성이나 상황에 따른 적합성 여부가 문제될 뿐이다. 즉 폭격기는 중량이 무거운 핵폭탄이라도 탑재해 필요한 지역에 투하시킬 수 있다는 장점이 있지만, 항공기에 대한 방어체계가 발달되어 공중에서 요격될 확률이 높다. 잠수함에서 발사되는 잠수함발사 탄도미사일의 경우 은밀하다는 장점이 있지만, 그 정도의 잠수함을 개발해 유지하는 기술과 비용이 만만치 않다. 따라서 대부분의 경우 탄도미사일(ballistic missile)을 사용하는데, 이것은 속도가 빠르고 탑재중량이 500-1,000kg으로 크며, 장거리 비행이 가능하고, 무엇보다 현재까지 개발된 기술로는 요격이 쉽지 않아서 필요한 도시에 언제든지 타격할 수 있다는 장점이 있다(윤기철, 2000: 146). 이러한 점 때문에 핵 공격에 있어 탄도미사일에 탑재된 핵무기가 가장 보편적인 수단이고, 일반적으로 이를 '핵미사일'이라고 부른다.

핵무기 공격에 대한 방어　핵무기는 워낙 대량의 피해를 끼치기 때문에 사용하지 못하도록 하는 것, 즉 '억제'(deterrence)가 최선이었고, 그래서 냉전시대에 개발된 것이 '상호확증파괴전략'이었다. 즉 더욱 처절한 보복을 당할 것임을 확신시킴으로써 상대방에게 핵 공격을 감행하지 못하도록 한다는 논리이다. 그러나 이러한 억제는 어느 일방이 공멸을 각오하거나 비합리적일 경우 작용하지 않는다는 단점이 있다. 따라서 미국은 소련이 핵무기 개발에 성공한 직후인 1955년부터 '나이키 제우스'(Nike Zeus)라는 프로그램으로 방어대책을 마련하기 시작했다. 그 당시의 구상은 북극지방 100km 이상의 높은 고도에서 소규모 핵탄두를 터뜨려 공격해 오고 있는 핵미사일을 격파한다는 내용이었다(윤기철, 2000: 19). 미국은 'Sentinel', 'Safeguard' 등으로 명칭을 바꾸면서 이 구상을 실현하고자 했으나 비용, 기술적 불확실성, 군비경쟁 유발 위험성으로 인해 포기하고 말았다. 대신에 미국은 1972년 소련과 '대탄도탄 방어(ABM: Anti-Ballistic Missile) 조약'을 체결해 쌍방이 방어체계를 개발 또는 구축하지 않기로 약속했다.

이러한 약속하에서도 미소 양국은 상대방의 '오산'(miscalculation)에 의한 핵 공격 가능성을 고려하지 않을 수 없었고, 그것은 '민방위'(civil defense)를 통해 대비하고자 했다. 미국의 케네디(John F. Kennedy) 대통령은 '비합리적인 적'에 의한 핵 공격 상황에서도 피해를 최소화해야 한다면서 '핵 민방위'를 강조했고, 이것이 나중에는 연방비상관리국(FEMA: Federal Emergency Management Agency)의 핵심 업무로 인식되었다. 최근에 미국은 북한과 같은 불량국가(rouge state)들이 10-20kt 규모의 핵무기 공격을 가했을 상황을 가정해 필요한 경보 내용을 사전에 준비해 두는 등 필요한 사전조치들을 강구하고 있다. 스위스는 1960년대부터 법을 제정해 건물마다 대피소를 보유하도록 강제했고, 그 결과 1990년대에 이미 모든 국민들을 대피시킬 수 있는 수준을 확보했으며, 사이렌이나 라디오를 통한 경보전파체계도 완성했다. 소련은 국방부에 민방위차관을 설치해 독려했고, 러시아는 이를 계승했을 뿐만 아니라 2010년 모스크바의 핵 대피소가 주민의 50%밖에 수용할 수 없다고 해서 5천 개를 추가 증축했다(Jones, 2010). 그리고 2014년 러시아의 비상상황장관(Minister of Emergency Situations)이 대피시설의 수준을 점검했다는 보도(Radio Free Europe, 2015.11.2) 등으로 미루어 볼 때 지금도 민방위 노력을 강조하고 있다.

민방위는 아무리 노력해도 완벽한 방어가 될 수 없다는 결정적인 한계가 있다. 그래서 1983년 미국의 레이건(Ronald W. Reagan) 대통령은 '전략적 방어구상'(SDI: Strategic Defense Initiative)을 통해 공격해 오는 상대의 핵미사일을 공중에서 요격(interception)하는 개념을 제시했고, 이후부터 탄도미사일 방어(BMD)가 핵 방어의 핵심적인 요소로 부각되었다. 다만, BMD는 공격해 오는 상대의 핵미사일을 공중에서 요격하는 기술을 제대로 개발하지 못해 상당한 기간 동안 지체되다가 20년 후인 부시(George W. Bush, 아들) 대통령 시대에 첫 번째 요격미사일 개발에 성공해 2004년부터 배치하기 시작했다. 미국은 지금 캘리포니아와 알래스카에 30발의 지상배치 요격미사일(GBI: Ground-Based Interceptor)을 배치해 둔 상태이며, 2017년까지 14기가 추가된다. 또한 미국은 해외에 배치된 미군의 보호를 위해 SM-3 해상 요격미사일을 장착한 이지스함, 지상 150km 고도와 15km 고도에서의 요격을 위한 사드(THAAD)와 패트리어트(PAC-3)를 개발해 배치해 두고 있다. 자세하게 알려지지는 않았으나, 러시아와 중국도 나름대로의 요격미사일을 개발하고 있고, 이스라엘과 일본도 자체적으로 개발하거나 미국이 개발한 요격미사일을 구매하는 등으로 나름대로의 BMD 체제를 구축하고 있다.

이와 같이 핵무기 공격에 대비해 억제, 민방위, 요격 등의 다양한 방법이 발전되어 오고 있으나, 어느 것도 충분하지 않다는 것이 근본적인 문제이다. 억제는 상대방의 합리성에 의존하는 것이라서 비합리적인 적에 대해서는 작용하기 어렵고, 민방위는 피해를 예방하기 어렵다는 근본적인 한계가 있으며, 빠른 속도로 공격해 오는 상대방의 핵미사일을 공중에서 요격하는 것은 기술적으로 어렵기 때문이다. 핵무기 공격에 관한 근본적인 문제는 핵무기가 군대를 표적으로 삼는 것이 아니라 앞에서 언급한 바와 같이 국민, 기반시설, 핵심요소, 지휘부를 동시에 공격한다는 점이다. 따라서 핵무기 공격에 대한 방어는 군대가 중심이 되는 것이 아니라 국민들이 적극적으로 동참하는 총력방어가 되어야 할 것이다.

총력전에 관한 이론　　인류의 역사에서 군인들을 특별히 구분하지 않았던 원시 및 고대의 대부분 전쟁은 총력전이었다. 그러다가 공동체 내의 역할이 분화되어 무사 또는 군인이라는 전문 집단이 형성되었고, 그러자 전쟁은 이들을 중심으로 하는 지배계급 간의 투쟁으로 제한되었다. 그러다가 프랑스 혁명으로 민족국가(nation state)가 등장하면서 또다시 국민들이 전쟁에 참여하기 시작했는데, 현대에 들어와 무기 및 장비의 위력이 확대되면서 전쟁의 치열도가 강화되었고, 따라서 전쟁은 다시 총력전으로 회귀하게 되었다.

'총력전'(總力戰, Total War)이라는 용어 자체는 독일의 루덴도르프(Erich von Ludendorff) 장군이 1935년에 발간한 *Der Totale Krieg*(총력전론)에서 처음 사용한 것으로 알려지고 있는데(박계호, 2012: 57), 제1차 세계대전의 치열함을 표현하기 위한 용어였다. 총력전은 제2차 세계대전에서 더욱 강화되었고, 그 후부터 현대전은 국민의 자제로 구성된 군인들이 국가의 모든 자원을 총동원해 수행하는 전쟁이 되었다. 대량살상 효과를 가진 핵무기의 등장은 총력전의 정도를 더욱 강화하고 있다.

총력전의 수행과 대비에 관한 이론적 근거로서는 클라우제비츠의 '삼위일체론'(Trinity)이 자주 언급된다. 삼위일체는 세 가지 구분되는 요소가 하나의 동일한 본질로 결합되어 있는 것을 표현하는 종교상의 용어인데, 클라우제비츠는 그의 유작인《전쟁론》(*On War*)에서 전쟁은 "역설적 삼위일체"(a paradoxical trinity)라면서 ① 맹목성의 자연적 폭력으로 간주되는 근원적 폭력, 미움, 적대감, ② 창조적 정신이 자유롭게 활동하는 우연과 개연성의 작용, ③ 홀로 이성에 지배받는 정책적 도구로서의 종속성 요소로 구성되어 있다고 분석하고 있다. 그는 전쟁에서 승리하고자 한다면 위 세 가지 요소가 균형을 이룩해야 한다면서, ①의 주체는 '국민', ②의 주체는 '지휘관과 그의 군대', ③의 주체는 '정부'라 하고 국민, 군대, 정부가 삼위일체를 이루어야 승리할 수 있다고 강조하고 있다(Clausewitz, 1984: 89). 클라우제비츠의 이러한 주장에 근거해 서머즈(Harry Summers, Jr.)는 미국이 수행한 베트남전쟁과 걸프전쟁을 분석한 두 권의 책을 발간해 베트남전쟁에서 미국은 '국민'의 요소를 제대로 고려하지 않아서 패배했고, 걸프전쟁에서는 국민, 군대, 정부 간의 삼위일체를 달성함으로써 승리했다고 분석하고 있다(1983; 1995). 핵전쟁이라는 고도의 총력전에서 승리하고자 한다면 국민, 군대, 정부가 더욱 혼연일체가 되지 않을 수 없다.

삼위일체를 위해 '정부'는 국가안보 차원의 위협을 식별하고, 그에 대응하기 위한 전략과 계획을 수립하며, 그것을 구현하기 위한 국가 수준의 조치들을 계획 및 시행한다. 그리고 정부의 수반은 총사령관(Commander-in-Chief)의 직책을 겸해 전쟁의 대비와 수행, 전쟁에 대한 국민들의 지지 확보, 전후의 평화 구축을 책임진다(Dawson, 1993: ix). 핵 위협에 대해서도 정부는 핵 위협의 실체를 정확하게 평가해 효과적으로 대응할 수 있는 억제 및 방어의 전략을 수립하고, 그것을 구현하는 데 필요한 다양한 조치들을 개발 및 시행해야 한다.

'군대'의 경우에는 국가의 의지를 적에게 강요하기 위해 특별히 육성 및 보유하고 있는 국가의 공식적인 강제력으로서, 평시에는 그의 사용 위협(threat)으로 영향을 끼치다가 전쟁이 일어나면 실제로 나서서 싸우게 된다. 다만, 현대의 핵무기는 군대를 통과하지 않은 채 후방의 국민들을 직접 공격한다는 점과, 이를 공중에서 요격하는 것이 쉽지 않다는 점에서 핵전쟁에서 군대의 역할은 재래식 전쟁에 비해 한계를 가질 수밖에 없다.

나아가 핵전쟁에서는 핵무기가 국민들을 직접적인 대상으로 삼는다는 점에서 '국민'의 역할이 커지고 있다. 국민들이 민방위를 통해 핵 피해를 최소화해야 하고, 국민들이 핵 피해도 불사할 경우 전쟁의 결과가 달라질 수 있기 때문이다. 특정한 국가가 핵전쟁에 대해 어느 정도로 적극적인 대응을 할 수 있는가는 국가사회의 일체감과 정치적 의지, 즉 국민과 직접적인 관련을 갖는다(Howard, 1979: 983). 민주주의를 표방하고 있는 국가가 대부분인 현대 국제사회에서 국민여론이 정부와 군대의 대비태세 정도를 결정하는 측면이 크고, 따라서 핵전쟁에 대한

국민들의 각오가 그에 대한 정부와 군대의 대비 수준을 좌우한다고 할
수도 있다.

2. 북한 핵 위협에 대한 한국의 대응 실태

정부　　　　지금까지 북한 핵에 대한 한국 정부의 주된 대응책
은 6자회담을 통한 외교적 비핵화와 한미동맹에 근
거한 억제였다. 외교적 비핵화의 경우 최초에는 미
국과 북한 간의 직접협상에 기대하다가 그것이 실패한 이후에는 미국,
중국, 일본, 러시아, 한국, 북한으로 구성된 '6자회담'을 활용했다. 즉
1994년 10월 카터(Jimmy Carter) 전 미국 대통령이 중재해 '제네바 합의'
가 체결됨으로써 북한은 핵무기 개발을 포기하는 대신에 미국은 2기
의 경수로 발전소와 그동안의 전력 생산을 위한 중유를 제공하기로 했
었다. 그러나 2002년 10월 북한의 고위인사가 고농축 우라늄을 이용한
핵 개발 계획을 시인함으로써 미국은 중유 공급을 중단했고, 이로써 합
의는 붕괴되었다. 미국과 북한의 협상이 실패함에 따라 2003년 중국이
주도하는 6자회담이 시작되었고, 2005년 9월 '9·19 공동성명'을 통해
북한이 현존 핵 프로그램을 포기할 뿐만 아니라 핵확산금지조약(NPT)
및 국제원자력기구(IAEA) 안전조치로 복귀한다는 합의를 이끌어 냈다.
그러나 북한은 합의사항을 지키지 않은 채 2006년 10월 제1차 핵실험
을 실시했다. 결국 미국과 북한 간 직접회담과 6자회담을 통한 외교적

접근은 북한의 핵무장을 위한 시간만 벌어 준 결과가 되고 말았다.

현재 한국 정부가 노력하고 있는 것은 억제로서, 미국의 확장억제 (extended deterrence, 미국이 우방국에 대한 공격을 자국에 대한 공격으로 간주해 응징하겠다는 일반적인 약속으로서 나토 국가를 비롯한 모든 동맹국에 공통적으로 적용된다) 또는 핵우산(nuclear umbrella, 확장억제 중에서 핵에 관한 것만을 강조하는 상징적인 용어이다)을 강화하는 것이다. 이것은 한국이 핵 공격을 받으면 미국이 대신해 응징보복한다는 개념으로 냉전시대부터 존재하던 것이지만, 북한의 핵실험 이후 더욱 강화 및 구체화되었고, 2013년부터 '맞춤형 억제전략' (tailored deterrence strategy)이라는 개념으로 북한 핵무기의 위협단계, 사용임박단계, 사용단계로 나누어서 다양한 정치적이거나 군사적인 조치들을 개발해 나가고 있다. 2015년 4월 기존의 한미 확장억제정책위원회를 '한 · 미 억제전략위원회'(Deterrence Strategy Committee)로 개편했고, 탐지(Detect) · 교란(Disrupt) · 파괴(Destroy) · 방어(Defend)를 말하는 '4D'의 개념을 작전계획 수준으로 구체화했다. 그러나 북한이 핵무기를 실제적으로 사용할 경우 과연 미국이 약속한 대로 핵 응징보복을 실시할 것인지는 누구도 확신할 수 없다는 점에서 확장억제는 원천적으로 한계가 있다.

북한의 핵무기 공격에 대한 한국 정부의 대응은 외국의 지원을 획득하는 데 중점을 둔 나머지, 자체적인 핵전략을 수립한다든가, 핵 대응을 위한 정부 차원의 컨트롤 타워를 설치한다든가 하는 등의 포괄적인 모든 조치를 식별 및 강구하는 자구적인 노력은 미흡했다. 예를 들면, 2014년 7월 청와대의 국가안보실에서 《국가안보전략》을 발간했으나 "국가안보전략 기조"라고 하여 "튼튼한 안보태세 구축, 한반도 신뢰프로세스 추진, 신뢰외교 전개"라는 세 가지 내용만 제시하고 있을 뿐

북한의 핵 위협에 관해서는 "북한 WMD 대응능력 확보"라는 제목하에 미국의 확장억제에 대한 기대나 군사적 대비조치를 열거하는 데 그치고 있다(국가안보실, 2014: 17, 45-46).

군대   한국군 역시 기본적으로는 미국의 확장억제에 의존하고 있지만, 동시에 나름대로의 방어대책도 강구하고 있다. 이것은 킬 체인과 KAMD를 구축하는 것으로서, 2020년대 중반까지 완성하는 것을 목표로 하고 있다(국방부, 2014: 59).

킬 체인은 북한이 핵무기를 사용할 것이라는 데 대한 '명백한 징후'가 발견될 경우 '자위권 차원에서 선제타격'한다는 정책에 근거해 발전된 개념으로서, "적의 미사일 위협을 실시간으로 탐지해 표적 위치를 식별하고 효과적으로 파괴할 수 있는 타격수단을 결심한 후 타격하는 일련의 공격체계"라고 정의되어 있다(국방부, 2014: 58). 30분 이내에 북한 핵미사일 발사를 '탐지 → 식별 → 결심 → 타격'할 수 있는 능력을 구비한다는 것이다(권혁철, 2013: 38). 다만, 한국군이 보유하고 있는 2개 대대의 F-15 전투기와 다양한 정밀유도무기(PGM: Precision Guided Munition), 그리고 F-35 스텔스 전투기의 구매를 고려할 때 타격능력은 어느 정도 구비된 편이지만, '탐지 → 식별 → 결심'을 위한 정보 및 지휘통제 역량은 미흡한 상태일 뿐만 아니라 금방 개선하기가 어렵다는 것이 문제이다. 북한이 보유하고 있는 다수의 이동식 미사일발사대와 최근 북한의 고체연료 개발(현재 북한의 미사일은 대부분 액체연료인데, 이를 고체연료로 교체하면 준비시간이 더욱 줄어들어 탐지가 어렵다)을 고려하면 더욱 그러하다. 이를 개선하기 위해 한국군은 고고도 무인정찰기인 글로벌 호크

(Global Hawk)를 도입하고, 지대지 미사일의 성능을 향상시키면서 첨단의 공대지 유도탄을 확보해 전투기에서 원거리 정밀타격할 수 있는 능력을 구비한다는 구상을 하고 있지만(국방부, 2014: 58), 글로벌 호크의 경우 획득이 지체되어 왔을 뿐만 아니라 이것을 보유하게 되더라도 북한의 모든 이동식 미사일발사대를 추적하는 것은 어렵고, 비핵탄두인지 핵탄두인지를 구별하는 것은 더욱 곤란하다. 정보가 불충분할 경우 제한된 시간 내에 결심을 내려 하달하거나 성공하는 것은 더욱 쉽지 않다.

선제타격에서 실패할 경우를 대비해 한국군이 추진해 오고 있는 것은 공격해 오는 북한 핵미사일을 공중에서 요격하는 방안인 탄도미사일 방어, 즉 BMD이다. 한국은 2003년부터 KAMD라는 명칭으로 독자적인 BMD를 구축해 오고 있으나, "한국의 미사일 방어＝미국 MD 참여"라는 일부 지식인들의 반대를 극복하지 못해 하층방어(lower-tier defense) 위주로 추진함에 따라 능력은 물론이고 방어개념 자체에도 문제를 가지고 있다. 그나마도 현재 한국이 보유하고 있는 PAC-2 요격미사일은 공격해 오는 적 미사일의 몸체를 직접 가격해 파괴시키는 '직격파괴'(hit-to-kill) 능력이 없어 더욱 제한사항이 많다. 2012년 이스라엘로부터 그린파인(Green Pine) 레이더를 구입했고, 작전통제소도 구축했으며, PAC-2 미사일을 직격파괴 능력이 있는 PAC-3로 개량하는 작업에 착수했지만, 북한의 핵미사일을 제대로 요격하려면 상당한 추가 조치가 필요한 상황이다. 한국군은 2020년 중반까지 중거리 및 장거리 지상 요격미사일을 자체적으로 개발해 중첩성을 강화하겠다는 방침이지만(국방부, 2014: 59), 개발의 성공 여부도 불확실할 뿐만 아니라 그동안은 PAC-2와 PAC-3 하층방어체계에만 의존해야 한다. 미군의 상층방어체계인 THAAD 요격미사일의 배치로 방어태세가 다소 향상될 수는 있겠지만, 이것은 미군 기지 방호에 우선을 두는 조치이기 때문에 한국 도시의 방어에는 여전히 공백이 발생할 수 있다.

국민   냉전시대 미·소나 유럽 국가들은 상대방이 핵무기 개발에 성공하자마자 바로 핵 공격 시 피해의 최소화를 위한 민방위에 착수했지만, 한국은 북한이 상당한 숫자의 핵무기를 개발한 지금까지도 이에 관한 노력을 본격화하지 않고 있다. 6자회담을 비롯한 외교적 비핵화의 성과를 기다리면서 적용을 늦추었고, 국민들을 불안하게 만들거나 정치적으로나 경제적으로 손해를 볼까 봐 꺼려 왔기 때문이다.

재래식 민방위의 경우 한국은 1975년에 관련 법률을 제정해 적극적으로 추진해 왔다. 1990년대와 2000년대 초에 북한에 대한 화해협력정책을 추진하면서 민방위 훈련이나 업무가 축소되어 온 것은 사실이나, 아직은 20세에서 40세까지의 대부분 남성이 민방위대에 편성되어 370만 명 정도의 규모를 유지하고 있다. 그리고 비록 최대 30시간에 이르렀던 훈련시간이 4시간으로 축소되기는 했으나 훈련을 계속하고 있으며, 연 12회에서 8회로 줄기는 했으나 전 국민을 대상으로 하는 민방공훈련도 실시하고 있다. 국민안전처에 민방위과가 편성되어 이러한 사항들을 총괄적으로 관리하고 있다.

다만, 개념적으로는 민방위 활동에 핵 대피에 관한 사항이 포함되어 있으나 충분할 정도의 적극성으로 실천되고 있지는 않다. 2006년 10월 북한이 제1차 핵실험을 실시하자 국회에서 지하 핵 대피시설의 의무화에 대한 법률안이 상정된 적은 있으나, 법률화되지는 못했고, 이후에는 그러한 시도조차 후속되지 않았다. 그동안의 노력으로 숫자상으로는 상당한 민방위 대피시설을 확보하고 있지만, 기본적으로 재래식 전쟁을 전제로 한 것이라서 핵 대피로는 부적합하고, 적절하게 관리되지 않거나 다른 용도로 전용된 시설도 적지 않다.

3. 결론과 함의

핵무기는 재래식 무기보다 위력이 조금 큰 무기가 아니라 대비의 방향을 극단적으로 전환해야 할 정도로 위협의 성격이 근본적으로 다른 '절대무기'이다. 국민의 대량살상은 물론이고, 국토를 불모지대로 만들며, 한국의 경우 민족의 공멸까지도 우려해야 하는 섬뜩한 무기이다. 또한 핵미사일은 군대를 거치지 않은 채 국민들을 직접 공격하기 때문에 군대만의 대비로는 한계가 있을 수밖에 없다. 정부, 군대, 국민의 삼위일체를 바탕으로 한 총력적 대비가 필수적이라고 할 것이다.

첫째, 정부는 6자회담보다는 한국, 미국, 일본의 동맹 및 우방국들을 통한 북한 비핵화 노력의 비중을 강화할 필요가 있다. 6자회담은 북한의 동의 없이 개최될 수가 없고, 천신만고 끝에 어떤 합의에 이르렀다고 하더라도 북한이 파기해 버리면 무용지물이며, 그동안 북한에게 시간만 벌어 줄 가능성이 높기 때문이다. 박근혜 대통령이 2016년 1월 22일 '5자회담'의 필요성을 제기했으나 중국이나 러시아가 반대하고 있듯이 이 또한 성사가 어렵고, 설사 성사될지라도 실효성이 있는 성과를 산출하기는 어려울 것으로 보인다. 결국 한국은 한국 · 미국 · 일본에 의한 3자 협력을 강화함으로써 북한 핵 위협에 대한 공조체제를 과시하고, 통합된 대응조치를 강구하며, 중국과 러시아도 동참하도록 압력을 가할 필요가 있다. 1999년부터 2004년까지 가동되었던 '대북정책조정그룹'(TCOG: Trilateral Coordination and Oversight Group)이 유용한 참고 사례가 될 수 있을 것이다.

한국은 미국의 확장억제가 제대로 이행되도록 최선의 노력을 기울여야 한다. 한미동맹의 강화를 외교 및 안보정책의 최우선순위로 설정해 추진하고, 2000년대 초반부터 추진된 이후 두 번이나 연기된 전시 작전통제권 환수를 북한 핵 위협이 해결될 때까지 추진하지 않겠다는 점을 공표함으로써 북핵 대응을 위한 한미연합사령부의 적극적인 역할을 보장해야 한다. 필요하다고 판단될 경우 핵 억제 및 방어를 위해 추가적으로 소요되는 미군의 경비를 적극적으로 분담한다는 정책도 표방해야 할 것이다. 동시에 미 핵무기의 한반도 전개를 요청하거나, 나토 국가들의 사례를 참고해 한미 양국군이 함께 응징보복 계획을 작성하거나, 미국의 핵무기 중에서 대북한용을 별도로 할당하도록 요청할 수도 있다.

정부는 북한의 핵 사용을 억제하거나 유사시 방어하는 문제를 국정의 최우선 과제로 선정하고, 이를 위한 모든 관련 부처의 노력을 통합 및 조정해야 할 것이다. 경제에 대한 고려가 핵 대응태세에 지나치게 악영향을 끼치지 않도록 유의하고, 핵 위협의 심각성에 대해 국민들에게 정확하게 설명함으로써 지지를 확보할 수 있어야 한다. 현재의 청와대 안보실을 '북핵대응실'로 전환시킴으로써 북핵 대응을 위한 국가의 모든 노력을 총괄하도록 하고, 국정원에는 북핵 정보수집에 총력을 기울이도록 지시해야 한다. 북핵 대응을 위한 국가 차원의 억제 및 방어 전략을 발전 및 구현해 나가고, 군에게 필요한 능력을 조기에 확보하도록 지도 및 감독해야 할 것이다.

정부는 북한과의 대화에도 노력하지 않을 수 없다. 억제전략은 유인책과 조화를 이룰 때 효과를 발휘할 수 있고, 어떤 상황에서도 평화적 해결을 포기할 수는 없기 때문이다. 북한에 대한 인도적인 지원을 과감하게 실천함으로써 우호적인 남북 관계가 상호 간에 이익이 됨을 인식시키고, 북한으로 하여금 군사적 도발의 동기를 갖지 않도록 할 필요가 있다. 남북한 간의 소규모 충돌이나 갈등이 극단적인 상황으로 악화되지 않도록 효과적인 위기관리를 보장하고, 군사적 신뢰구축조치 (CBM: Confidence Building Measures)를 합의 및 확대해 나갈 필요가 있다. 불필요한 언사로 북한을 자극하지 않도록 주의하고, 통일보다는 남북한 간의 화해협력 · 상생 · 공영 등을 강조함으로써 남북 화해협력을 향한 한국의 진심이 북한에게 전달되어 호응을 얻도록 노력할 필요가 있다.

둘째, 군대는 군사 차원에서 국가의 핵 억제 및 방어 전략을 구체화하고, 이의 구현에 필요한 과제를 도출해 우선순위에 따라 실천해 나가야 할 것이다. 국방부 및 합참의 조직부터 개편하고, 업무의 우선순위도 전면적으로 재조정하며, 간부들의 연구 및 논의 주제도 핵 대응 위주로 전환해야 할 것이다. 재래식 위협에 대한 대비는 계산된 위험 (calculated risk) 차원에서 우선순위를 미루어 두고, 북한의 핵 공격 시 국민들을 보호할 수 있는 대책 마련에 가용한 노력과 재원을 최우선적으로 집중해야 할 것이다.

한미연합 맞춤형 억제전략 및 '4D' 개념 구현을 위한 협력에 최선을 다하되, 최소억제 차원에서 북한이 핵무기로 공격할 경우 김정은을 비롯한 북한 수뇌부를 제거(de-capitation)하겠다는 의지를 천명하고, 지하 벙커를 공격할 수 있는 특수탄을 확보하는 등 능력을 과시해야 할 것이다. 북한 지도부야말로 북한의 중심(center of gravity)이라는 점에서 이러한 의지와 태세를 구비할 경우 억제효과를 기대할 수가 있을 것이다. 이러한 응징적 억제와 함께 거부적 억제 노력도 병행함으로써 방어 노력과 일관성을 강화하고, 이로써 북한이 성공 가능성이 낮다고 생각해 공격을 주저하도록 만들어야 한다.

억제 실패를 대비해 한국군은 국가지도부에서 지시가 하달될 경우 선제타격을 위한 공격대형을 어떻게 편성하고, 북한의 방공망을 어떻게 회피하며, 표적을 어떻게 할당할 것인지, 그리고 타격 후 어떻게 귀환할 것인가에 대한 구체적인 계획을 작성하고, 시행을 연습하며, 현실성 측면에서 계속적으로 보완해 성공 가능성을 강화할 수 있어야 할 것이다. 시간이 제한된다는 선제타격의 한계를 감안해 그보다 먼저 타격하는 예방타격의 개념도 검토하고, 국가 수뇌부에서 이를 결심할 경우 시행할 수 있도록 준비할 필요도 있다.

한국군은 효과적인 BMD 체제를 서둘러 구축하고자 노력할 필요가 있다. 우선은 한미 또는 한미일 협력을 강화함으로써 한국이 미흡한 부분을 한미 양국과의 협조로 보완시킬 필요가 있고, 하층방어용의 PAC-3 요격미사일을 긴급하게 추가 구매해 주요 도시를 방어할 수 있도록 배치할 필요가 있다. 북한과 근접한 서울에서도 2회의 요격이 가능하도록 중층방어(middle-tier defense) 개념을 설정해 현재 개발하고 있는 장거리 대공미사일로 이를 담당하도록 하고, 중부 이남의 도시에 관해서는 상층방어(upper-tier defense)를 위한 사드를 도입해 역시 2회의 요격을 보장할 필요가 있다. 그리고 한국 상황과 여건에서의 적합성을 고려해 해상 요격미사일인 SM-3의 도입 여부를 검토해야 할 것이다.

셋째, 민주주의 국가에서는 국민들의 여론이 정부와 군대의 정책 방향을 유도하는 측면이 크다는 차원에서, 국민들은 북한 핵 위협의 실상을 정확하게 이해하는 바탕 위에 현실적이면서 건전한 여론으로 정부와 군대가 나름대로의 대비책을 강구할 수 있도록 여건을 조성할 필요가 있다. 국민들은 정부에게 "영토 · 주권 수호와 국민안전 확보"(국가안보실, 2014: 15)를 보장할 수 있는 핵 억제 및 방어 전략을 개발하도록 요구하고, 군에게도 실질적인 선제타격과 BMD 역량을 구비하도록 촉구해야 한다. 한미 간의 BMD 협력을 방해하고 있는 일부 인사들의 선동에 현혹되지 않아야 할 것이고, 중국과 일본에 대해서 객관적이고 냉정한 시각을 가짐으로써 국가정책이 국민감정에 의해 좌지우지되지 않도록 해야 한다.

국민들은 핵 대피의 필요성을 인식하고, 이를 위한 정부의 지원과 적극적인 조치를 요구할 필요가 있다. 핵 공격용 사이렌이나 문자 등을 비롯해 핵 공격 시 국민에게 적시에 정확하게 알리기 위한 경보체제를 구축하고, 지하철이나 대형 빌딩의 지하시설을 활용해 대규모 공공대피소(public shelter)를 지정 및 보강하며, 필요한 물자 및 장비를 사전에 비축해 둘 것을 요구해야 한다. 민방위 활동에 핵 대피를 포함시키고, 체험장 마련 등으로 실질적인 대피훈련을 실시하도록 요청해야 한다. 재난, 범죄, 사고 예방 등의 조치가 우선됨으로써 핵 대피와 같은 근본적인 조치가 희생되지 않도록 우선순위의 적절한 선정도 촉구해야 할 것이다.

나아가 국민들은 북한의 핵무기 공격이라는 최악의 상황을 상정하고, 그러한 상황에서 스스로의 생명과 재산을 보호하는 데 필요한 최소한의 상식을 구비해야 할 뿐만 아니라 자체적인 조치를 강구할 수 있어야 한다. 서울 소재 고급 빌라인 '트라움 하우스'가 스위스의 핵 대피 기준에 근거해 대피호를 만들어 대비하고 있듯이, 가정 또는 아파트 단지별로 대피소를 구축하는 등 스스로도 핵 대피에 필요한 조치를 강구할 필요가 있다. 대피소에서의 생활규칙을 스스로 만들어 평소에 생활화할 수도 있을 것이다. 국민 모두가 이와 같이 핵전쟁도 불사하겠다는 각오를 보일 경우 북한이 핵무기를 사용할 가능성은 낮아질 것이다.

제10장
한미연합군의 역할 분담

국력이 신장된 자연스러운 결과로 한국은 미국으로부터 자주성을 확대해 왔고, 첨단 군사력을 증강해 미군에 대한 의존도를 줄이고자 노력해 왔다. 원해작전 능력을 갖춘 함정의 건조나 최첨단 전투기(KF-X) 자체 생산 결정에서 보듯이 지금도 이러한 추세는 지속되고 있다. 남북 관계의 진전에 대한 기대와 북한의 경제적 낙후로 재래식 위협은 증대되지 않을 것이라는 판단이 바탕이 되었을 것이다.

그러나 최근 북한이 핵무기를 개발함으로써 이러한 추세는 변화되지 않을 수 없는 상황이 되었다. 북한의 핵 위협은 한국 스스로 대응할 수 있는 범위를 훨씬 초과하기 때문이다. 제반 상황을 고려할 때 핵무기를 개발해 대응하는 것은 구현이 쉽지 않고, 비핵무기의 집중적 증강을 통한 방어로는 한계가 있을 뿐만 아니라 이를 위한 충분한 재원확보도 어렵다. 결국 한국은 동맹국인 미국의 대규모 핵전력에 의존할 수밖에 없고, 따라서 자주를 위한 원심적 방향을 구심적 방향으로 되돌려 한미동맹을 더욱 활용하는 방향으로 노력하지 않을 수 없다.

다만, 그동안 한국군의 역량도 적지 않게 확충되었다는 점에서 과거와 같이 미국의 일방적 지원에 의존해서는 곤란하다. 적절한 분업체제를 구축하여 한국군이 단독으로 수행해야 할 임무는 단독으로, 한미 양국군이 공동으로 수행해야 할 과업은 연합으로 수행해야 하고, 미국의 지원에 전적으로 의존해야 하는 것은 그렇게 해야 한다. 이로써 제한된 시간 내에 제한된 재원으로 국민들을 보호할 수 있어야 한다.

1. 한미동맹의 견고성

한미 양국은 1953년 6·25전쟁 휴전에 즈음하여 동맹조약을 체결한 이래 60년 가까이 동맹을 유지하고 있다. 동맹조약은 물론이고, 2만 8,500명 규모의 주한미군과 이를 중심으로 하는 한미연합사령부, 그리고 다양한 안보협의 및 협력 체제를 통하여 여느 동맹 못지않게 공고한 형태를 지니고 있다. 한반도를 유사시 적극적으로 지원하겠다는 미국의 안보공약은 확고하고, 북한 핵실험 시 대규모 군사력 시위 등 다양한 사태를 통해 이를 적극적으로 과시하고 있다. 다만, 미국이 한국을 필요로 하는 정도에 비해서 한국이 미국을 필요로 하는 정도가 크다는 점에서 미국의 안보공약 이행 정도를 점검해 볼 필요는 있다. 공통위협, 이행능력, 국내여론, 연루의 위험 정도, 동맹지속에 따른 이익이라는 다섯 가지 요소를 통해 한미동맹의 견고성을 점검해 보면 다음과 같다.

공통 위협　　　냉전시대 한미동맹의 공통 위협은 구소련을 중심으로 하는 공산주의 진영의 위협이었고, 북한도 그 집단의 일원이었다. 그러나 냉전종식으로 공산진영이 붕괴됨으로써 북한은 개별적인 위험으로 존재하게 되었다. 북한의 경우 한국에게는 당연히 심각한 위협이지만, 세계 초강대국인 미국에게는 그 정도의 위협이 될 수 없었다. 따라서 미국은 북한보다는 중국을 포함한 동북아시아의 위협을 강조했고, 이로 인해 한미 간 위협 인식에 있어서 다소간의 차이가 존재하는 듯 보였다.

그러나 최근 핵무기 개발로 북한 위협의 크기와 범위가 확대됨에 따라서 한미 양국 간 위협의 공통성은 커지고 있다. 북한은 핵무기를 탄도미사일에 탑재하여 한국과 주한미군 및 주일미군은 물론 괌이나 알래스카까지도 공격할 수 있고, 미 본토를 공격할 정도로 미사일의 공격 범위를 확대해 나가고 있기 때문이다. 북한이 개발하고 있는 잠수함 발사 탄도미사일이 전력화될 경우 괌을 비롯한 서태평양의 미 영토는 물론이고, 북한이 회항을 고려하지 않을 경우 미 본토를 공격할 수도 있다. 즉 한미 양국 간 공통 전략목표는 약화되다가 북한의 핵 위협으로 재강화되는 경향을 보이고 있다. 다만, 중국의 부상에 대한 대응에 있어서 한미 양국 간에 다소간의 인식차가 존재하고 있다.

이행능력　　　　북한이 핵 능력을 구비했기 때문에 미국이 안보공약을 충실히 이행하려면 충분한 핵 응징보복 능력을 구비해야 한다. 이 분야의 경우 미국은 과잉이라고 할 정도로 충분한 능력을 구비하고 있고, 중국이 가담해도 문제가 되지 않을 수준이다. 러시아와의 협의에 의해 감축한 후 2018년 유지할 미 전략핵무기의 양은 〈표 3.1〉과 같다.

비록 북한과의 단독전쟁에서는 미국이 경제적 부담을 크게 느끼지 않겠지만, 확전될 경우까지 고려한다면 경제적 부담능력도 고려하지 않을 수 없다. 또한 어떤 전쟁이든 장기전으로 변화될 가능성을 배제할 수 없고, 그렇게 되면 북한과의 단독전쟁도 부담스러울 수 있다. 그런데 미국은 공공부채가 2016년 말 14조 달러에 달할 정도로 엄청

표 3.1 미국의 핵전력

운반수단	2010년 전력		2018년 보유예정 전력	
	발사대 수	탄두 수	발사대 수 (배치 전력)	탄두 수
Minuteman III	450	500	454(400)	400
Trident	336	1,152	280(240)	1,090
B-52	76	300	46(42)	42
B-2	18	200	20(18)	18
총계	880	2,152	800(700)	1,550

출처: Amy Woolf, 2015: 8.

난 재정적자가 누적된 상태이다(Congressional Budget Office Homepage). 이를 줄이기 위해 미국은 국방비를 감축하고 있는데, 2010년 6,910억 달러에 이르렀던 국방비가 2015년에는 5,600억 달러 수준으로 감소되었다가 2016년에는 5,800억 달러 수준으로 일부 증액된 상태이다. 병력도 지상군을 중심으로 상당한 규모로 감축되고 있다. 이러한 상황이기 때문에 미국은 전쟁비용과 병력의 가용성을 우려하지 않을 수 없고, 따라서 개입에는 신중할 가능성이 있다.

국내여론 미국의 국내여론은 미국의 동맹공약 이행에 우호적이지 않다. 미국의 경제사정이 악화됨에 따라 해외 개입에 대한 부정적인 여론이 늘어나고 있기 때문이다. 미국의 저명한 정치연구소인 퓨 연구소(Pew Research Center)에서 2016년 5월 5일 발표한 바에 의하면 미 국민 중 57%는 미국의 지원이 아니라 우방국 스스로에 의한 각국 문제의 해결을 강조하고 있다. 이 결과는 2013년의 52%보다도 높아졌을 뿐만 아니라 1970년대부터 2000년대 초반까지 30%에 머물던 수치와 비교해서는 현저히 높은 수치이다. 이것은 미국의 대통령 선거 과정에서도 드러난바, 트럼프(Donald J. Trump)가 주장한 '미국 우선주의'(America First)가 바로 이러한 맥락이다.

대외개입에 대한 이와 같은 부정적 정서는 당연히 한국에게도 적용될 것이다. 한국의 전략적 가치가 낮다고 생각할 경우에는 더욱 심각하게 적용될 수 있다. 그런데, 미국인 중에서 일본과의 관계가 중요하다고 답한 사람은 52%였지만 한국과의 관계가 중요하다고 생각하는 사람은 41%에 불과하고, 북한이 한국을 침략했을 때 한국을 방어하기 위해 미국이 무력을 사용해야 할 것인가에 관한 설문에서도 찬성 47%, 반대 49%로 양분되었다는 여론조사 결과도 있다(동아시아연구원 편집부, 2015: 3, 12). 최근 들어서 미국의 국내여론이 동맹국에 대한 안보공약 이행에 부정적으로 변화되는 추세인 것은 분명하다.

연루의 위험 정도   동맹관계에서 가장 부담이 되는 것은 동맹국의 사태에 휩쓸려 들어가는 연루(連累, entrapment)의 위험이다. 동맹국에게 약속한 것이 바로 이것이기 때문이다. 비대칭 동맹에서 약소국은 동맹을 유지하는 대가로 자율성을 양보하기 때문에 연루를 회피한다고 해서 크게 비난받지 않을 수 있으나, 미국과 같은 강대국은 안보지원이라는 연루가 동맹 유지의 주된 수단이기 때문에 연루를 회피하는 것이 쉽지 않다. 그럼에도 불구하고 국익이 심대하게 위배될 경우 연루를 자제하거나 최소한의 수준에서 연루되고자 할 개연성은 언제나 존재한다.

북한이 핵무기를 개발하지 않았을 경우 미국의 연루 위험은 6·25전쟁과 같은 재래식 전쟁의 수행이었고, 이것은 그다지 위험하지 않았다. 그러나 북한이 핵무기를 개발함에 따라 그 위험성은 압도적으로 커졌다. 핵무기로 한미연합군이 공격을 당하는 상황을 고려해야 하고, 그렇게 되면 핵전쟁을 각오해야 하기 때문이다. 더구나 북한은 미국을 공격할 수 있는 대륙간 탄도미사일(ICBM)과 잠수함발사 탄도미사일(SLBM)을 개발하고 있다. 이것이 개발될 경우 북한은 미국에게 한반도 사태에 개입할 경우 괌이나 멀리는 미 본토의 주요 도시에 핵무기 공격을 가하겠다고 위협할 수 있고, 그렇게 되면 한국에 대한 미국의 안보공약 이행은 쉽지 않을 것이다. 또한 미국의 입장에서 한반도에 개입하는 것은 중국과의 군사적 충돌 가능성도 각오해야 할 것이고, 최악의 상황에서는 중국과의 핵전쟁도 고려하지 않을 수 없다.

동맹 지속에 따른 이익　미국이 한국과의 동맹을 지속함에 따른 이익 중에서 최우선적인 것은 동맹의 약속을 지킨다는 신뢰성을 다른 동맹 및 우방국들에게 과시하는 것이다. 미국이 하나의 동맹이라도 포기할 경우 다른 동맹국들이 미국이 제시하는 안보공약을 신뢰하지 않을 것이고, 적대세력들은 미국의 개입의지가 약화된 것으로 해석할 가능성이 높다. 이것은 세계지도국이라는 위상을 가진 미국에게 주어진 짐이라고 보아야 한다.

이 외에 미국에게 한국이 지니는 전략적인 가치도 적지 않다. 한반도는 중국과 러시아의 태평양 진출을 가로막고 있는 요충이고, 한국을 명분으로 미국은 동북아시아 대륙의 제반 사안에 대하여 관여할 수 있다. 최근 중국의 부상으로 아시아·태평양 지역의 전략적 가치가 높아질수록 한반도의 역할은 더욱 커질 것이다. 또한 한국은 미국 서태평양 방어의 핵심적 요소라고 할 수 있는 일본의 방어에 필수적이다. 미국이 동북아시아 지역의 정세를 안정시키는 "전통적인 닻"(traditional anchor)으로 일본, 호주, 한국을 거론하고 있는 이유이다(Department of Defense, 2014: 5).

북한의 핵무기 개발로 한국과의 동맹은 북한의 핵위협으로부터 미국을 보호하는 데도 중요한 비중을 갖게 되었다. 핵 무장을 하고 있는 적대적인 국가(북한)와 인접해 최전방에서 방어해 주는 한국의 존재는 다른 어느 방어조치보다 미국에게 유용할 것이기 때문이다. 북한의 핵 능력이 미국과 핵전쟁을 할 정도로 막강한 것은 아니지만 미국의 몇 개 도시에 피해를 끼칠 수 있고, 시간이 지날수록 그 능력은 더욱 증대될 것이라서 한국의 가치는 점점 증대될 것이다.

평가　　위에서 논의한 사항을 종합할 때 북한의 핵무기 개발로 위협의 공통성은 커져서 전체적으로는 미국의 동맹공약 이행 정도는 낮지 않다. 중국 위협에 대한 공유도가 다소 약하고, 감당능력에서 다소 문제가 있으며, 국내여론과 연루 위험과 관련해 부정적인 측면이 없는 것은 아니지만, 결정적 요소라고 보기는 어렵다. 동맹 지속에 따른 이익으로 보아도 한반도가 전

표 3.2 미국 안보공약 이행 정도 평가 결과

요소	이행요구 정도	내용	한국의 대응방향
공통위협	높음	– 북한 위협은 절대 공유 – 중국 위협은 공유 미흡	중국 위협 공유 노력
감당능력	높음	– 감축에도 불구하고 여전히 막강 – 지상 증원군 제한 가능성	미국이 증원 제한되는 전력 위주 증강 노력
국내여론	낮음	– 타국 문제 불개입 여론 강화 – 정치적 입지 확보 위한 시행 가능성	방위비 분담 증대 필요
연루의 위험 정도	낮음	– 북한의 핵무기 개발로 위험 증대 – 중국과의 군사적 충돌 가능성	북한의 ICBM, SLBM 개발 저지 중요
동맹지속에 따른 이익	중간	– 동맹에 대한 미국의 신뢰성 과시 – 미국의 주관적 판단 가능	한국의 전략적 가치에 대한 적극적 홍보 필요

세계에서 가장 중요한 지역이라고 볼 수는 없지만, 미국이 쉽게 포기해도 괜찮을 지역은 아니다. 이러한 내용을 표로 제시하면 〈표 3.2〉와 같다.

그럼에도 불구하고 한국이 유의해야 할 것은 해외개입에 대한 미국의 국내여론과 연루의 위험에 대한 미국의 인식으로서 한국은 '자율성-안보 교환'의 모델에 충실함으로써 국내여론의 부정적 측면을 최소화할 필요가 있다는 점이다. 그리고 미국의 연루 위험성을 줄이고자 북한의 ICBM이나 SLBM 개발을 지체 및 중단시키기 위한 노력을 더욱 적극적으로 경주할 필요가 있다. 유사시에 미국이 어느 정도로 개입할 것인지 누구도 사전에 확신할 수는 없지만, 미국의 적극적 개입이 절실한 한국의 입장에서는 반미시위와 같은 위험한 돌출행위를 자제하는 등 국익에 기초한 냉정한 노력이 필요하다고 할 것이다.

2. 북핵 대응을 위한 한미연합군의 분업 방향

핵위협 대응방법   국가별 상황에 따라서 다소 차이가 나지만, 지금까지 인류가 개발한 핵무기에 대한 대응방법은 억제, 민방위, 요격(BMD), 타격(선제타격과 예방타격)이다. 이 중에서 '최대억제'(maximum deterrence)는 미국과 소련이 채택한 방법으로 상대방이 공격할 경우 그보다 더욱 큰 피해를 끼칠 수 있는 능력을 과시해 상대의 핵 공격을 억제하는 방법이고, '최소억제'(minimal deterrence)는 영국과 프랑스가 채택하고 있는 방법으로서 상대의 핵 공격보다 더욱 큰 피해를 끼칠 수는 없지만 상당한 피해를 끼칠 수 있는 능력을 과시함으로써 억제하는 방법이다. 어떤 방법을 선택하느냐는 것은 핵위협의 심각성 정도나 기술적 가용성, 해당 국가의 제반 상황에 의해 달라질 것이다. 이러한 대응방법들의 기본개념과 위험성을 정리해 보면 〈표 3.3〉과 같다.

표 3.3 핵 대응 방법의 비교

대응방법		기본개념	핵심 요소	위험성
억제	최대억제	공격보다 더욱 큰 보복으로 위협	대규모 보복력	핵 군비경쟁
	최소억제	공격보다 작지만 결정적인 목표에 대한 보복으로 위협	최소한의 보복력	억제효과 불확실

표 3.3 핵 대응 방법의 비교

대응방법		기본개념	핵심 요소	위험성
탄도미사일 방어		공격해 오는 핵미사일의 공중 파괴	미사일 공중요격 능력	요격기술의 신뢰성 미흡
타격	선제타격	공격 직전 상대방 기지와 발사대 파괴	정확/적시적인 정보와 타격력	실현 가능성 저조
	예방타격	언제든지 상대방 기지와 발사대 파괴	국제여론과 상황 악화에 대한 위험	국내 및 국제적 지지 획득 곤란
민방위		공격 시 피해 최소화	국민들의 결연한 의지	국민 불안과 비용

분업의 기본개념　　북한의 핵 위협에 대한 한국의 자체적인 억제 및 방어 능력은 매우 제한되기 때문에 한국은 미국의 역량을 최대한 활용하는 것이 최우선이다. 다만, 이 경우 핵의 억제 및 방어를 위해 동원할 수 있는 모든 대응방법별로 충분한 능력을 한미연합 차원에서 확보할 수 있도록 체계적이면서도 현실적인 분업개념을 정립해 한미 양국이 할당하는 것이 중요하다. 그래야 한미 양국군이 노력할 경우 중복되는 부분이나 제외되는 부분이 없고, 효과적인 노력의 통합이 보장될 것이기 때문이다.

　　이를 위해 한국은 핵 대응을 위한 다양한 방법을 열거하고, 각 방법별로 한국과 미국이 보유하고 있는 구현능력을 정확하게 파악한 다음에 미흡한 부분이 있을 경우 그것을 미국이 지원하도록 할 것인지 아니면 한국이 자체적인 능력을 보완해 나갈 것인지를 결정해야 할 것이다. 그리고 나서 더욱 구체적으로 한미 양국군이 어떤 능력들을 분담해 구비할 것인지를 결정하고, 그러한 방향으로 미국과 협의하면서 한

표 3.4 한국의 핵 위협 대응을 위한 한미 분업 방향

대응방법		분담개념	한미 분업 방향	
			대미 요구	한국의 노력
억제	최대 억제	미국 의존	– 전술 핵 배치 – 핵 보복 전력 할당 – 핵 보복 계획 공유	– 대미동맹 강화 – 적극적 방위비 분담
	최소 억제	한국 전담	– 한국의 계획에 동의 – 정보 및 타격능력 일부 지원	– 세부계획 수립 – 대북 인적정보자산 확충 – 지하 벙커 공격능력 확보
탄도미사일 방어		한국 주도/ 미국 지원	– 사드로 상층방어 제공 – 위성 및 레이더로 북한 핵미사일 탐지	– 주요 도시 및 전략목표 방어 가능한 PAC-3 획득 – 서울 등 북부지역 도시 방어를 위한 중층방어무기 개발
타격	선제 타격	미국 주도/ 한국 지원	– 북한 핵 공격 활동에 대한 기술정보 제공 – 타격 주도	– 인적 정보 제공 – 타격 지원
	예방 타격	한국 전담	– 한국의 결정 묵인 – 필요시 동참	– 개념과 계획 발전 – 인적 정보 확충
민방위		한국 전담	– 일부 관련 지식 제공	– 경보체제 구축 – 대피소 정비 및 강화

국군이 전담해야 할 부분은 한국군이 집중적으로 증강해 나가야 할 것이다. 이러한 취지하에서 북한의 핵 위협 대응을 위한 한미 양국의 분업개념을 정리해 보면 〈표 3.4〉와 같다.

〈표 3.4〉를 보면 최대억제(북한이 핵 공격을 할 경우 북한을 초토화시키겠다는 위협으로 억제)는 미국에 의존하되, 최소억제(북한이 핵 공격을 할 경우 초토화는 못 시키더라도 수뇌부나 평양 등 가치가 높은 결정적인 표적은 확실하게 파괴시키겠다는 위협

으로 억제), 예방타격, 민방위는 한국이 전담하는 것이 효과적이다. 그리고 탄도미사일 방어와 선제타격의 경우는 시행의 정당성이 크기 때문에 한미연합으로 구축해 나가되 전자는 한국이 주도하고, 후자는 미국이 주도하도록 하는 것이 효과적일 것이다. 최소억제는 한미연합군이 당연히 함께 시행하겠지만 주체적인 측면에서 한국이 전담 또는 주도할 필요가 있고, 예방타격의 경우에는 한국이 시행할 필요성이 있다고 판단하더라도 미국이 동의하지 않을 가능성이 높기 때문에 한국이 전담하며, 정당성이 높은 선제타격의 경우에는 미국이 주도하도록 할 필요가 있다. 이러한 것은 대체적인 방향으로서, 실제에 있어서는 미국의 간섭을 받아야 하는 측면과 미국의 지원을 획득하는 측면을 균형 있게 고려해 적절한 분업을 시행해 나가야 할 것이다.

한국의 노력 방향　　　한미 양국이 분업개념에 의해 북한의 핵 위협에 대응해 나가더라도 한국은 나름대로의 억제 및 방어전략을 수립해 나가지 않을 수 없다. 그래야 주체성이 보장되고, 자주국방 의식을 잃어버리지 않을 것이기 때문이다. 이와 관련해 한국에서는 '능동적 억제전략'이나 '적극적 억제능력 확보'가 제시된 적이 있으나 추상적이라서 구체적인 실천 방향이 드러나지 않는다는 단점이 있다. '맞춤형 억제전략'은 미국의 입장에서 한국의 상황과 여건에 부합되도록 만든 전략이라는 의미로서 주체적이지 않고, 역시 어떻게 해야 할 것인가에 대한 방향성은 약하다.

　　북한의 핵 대응을 위한 전략과 관련해 필자는 '연합정밀 억제전략'을 제안한 바가 있다(박휘락, 2013: 168-169). 여기에서 '연합'은 한미 양국군의 협력이 전제되어야 한다는 것이고, '정밀'은 한국군의 능력이 미흡해 매우 정교한 기획과 시행이 필요하다는 점을 강조하기 위한 것이다. 추가적으로 '정밀'은 북한이 핵무기로 공격할 경우 북한 지도부들을 '정밀공격'함으로써 보복하겠다는 최소억제의 개념, 핵무기 발사에 대한 명백한 징후가 발견되었을 때 공군이나 미사일에 의한 '정밀타격'으로 선제타격해 파괴하겠다는 개념, 그리고 북한이 핵미사일을 발사했을 경우 요격미사일로 이를 '정밀'하게 파괴하겠다는 탄도미사일 방어의 개념을 함유하고 있다. '연합정밀 억제·방어전략' 또는 '연합정밀 방어전략'으로 의도에 맞도록 일부 변형시켜 사용할 수도 있을 것이다.

한국군은 한미 양국군의 분업에 기초해 자신이 전담해야 하는 분야부터 필요한 능력을 구비하고자 최선을 경주해야 한다. 현재 상태에서 한국의 전담이 효과적인 분야는 예방타격, 최소억제 차원의 참수작전(decapitation, 북한 지도자 사살작전, 이라크전쟁에서 미국이 후세인 대통령의 사살에 모든 노력을 집중할 때 사용된 용어이다), 핵 민방위이다. 이 중에서 참수작전의 경우에는 상당한 검토와 준비가 필요하다. 어떤 상황에서 시행할 것인지, 성공의 가능성은 어떠하며, 그 위험은 무엇인지를 면밀하게 논의하고, 누가 건의해 누가 최종적으로 결심할 것인지도 정해 둘 필요가 있다. 한국군은 결정 시 시행할 수 있도록 정보부대, 공군 전력, 특전부대를 포함하는 별도의 팀을 구성하고, 이들로 하여금 유사시 실행계획을 발전 및 숙달하도록 하며, 지하 깊숙한 북한의 벙커들을 파괴할 수 있는 특수탄약의 구매를 비롯해 필요한 전력을 확보해 나가야 할 것이다. 유사한 시설을 만들어서 훈련하고, 억제 차원에서 일부를 공개할 수도 있을 것이다.

북한의 핵 공격을 억제하는 데 가장 강력한 수단이라는 점에서 확장억제의 확실성을 높이기 위한 추가적인 조치들을 지속적으로 강구해 나가야 한다. 억제는 미국이 핵 응징보복을 확실하게 이행할 것인가도 중요하지만 북한으로 하여금 그렇다고 믿게 만드는 것이 더욱 중요하기 때문이다. 한국은 미국과 유럽의 핵무기 공유(nuclear sharing)를 참고 삼아(미국은 현재 약 480발의 핵무기를 벨기에, 독일, 이탈리아, 네덜란드, 터키, 영국의 6개국 8개 기지에 보관하고 있고, 이를 바탕으로 미국과 해당 국가들은 핵정책에 대해 상호 협의해 공동으로 결정하고, 운반수단을 유지하며, 훈련을 실시한다) 미국과 유사시 응징보복을 위한 계획을 공동으로 수립하거나 대북한 응징보복 전력을 사전에 할당하도록 협의해 나갈 필요가 있다. 상황이 더욱 절박해질 경우 미국의 핵무기를 한반도에 배치함으로써 현장 억제력을 더욱 현실화할 수도 있다. 미국의 전략폭격기, 핵잠수함, 항공모함들을 괌이나 일본 등 한반도 가까이에 배치하도록 요구하고, 필요할 경우 그 비용의 일부분을 담당할 수도 있을 것이다.

미국의 핵 억제 및 방어 역량을 최대로 활용한다는 차원에서 현재 '조건에 기초한' 방식으로 추진하도록 되어 있는 전시 작전통제권 환수, 즉 한미연합사 해체에 관한 논의를 공식적으로 중단하는 문제도 검토해 볼 필요가 있다. 한미연합사 해체 논의로 인해 한반도의 전쟁 억제와 유사시 전쟁 승리의 책임을 부여받고 있는 한미연합사령관의 사명감과 적극성이 최근에 걸쳐 약해진 점이 있기 때문이다. 현재 한미 양국군 간의 현안에 대해 한미연합사령관을 경유하지 않은 채 한미 국방부 및 합참 간에 직접 논의되는 경우가 많은데, 이렇게 될 경우 이견이 발생하거나 반대급부가 요구되거나 쉽게 합의하지 못할 가능성이 높다. 현지 지휘관의 건의를 존중하는 미국의 풍토를 고려할 때 한미연합사령관이 자신의 이름으로 미국 국방부·합참·태평양사령부에 필요한 조치와 전력을 요청하도록 하는 것이 한국에게는 유리하고, 신속하게 조치될 가능성도 높다.

북한 핵 위협에 대한 효과적인 대응을 위해 참여정부에서부터 수립해 추진해 오고 있는 국방개혁의 타당성과 방향도 근본적으로 재검토해 볼 필요가 있다. 국방 분야를 개혁 및 혁신할 필요성은 있지만, 남북 화해협력의 추세를 바탕으로 군대 규모를 감축하는 방향으로 수립된 국방개혁 계획이 북한 핵 위협이라는 현재의 상황에 부합되지 않을 가능성이 높기 때문이다. 국방개혁의 중점이나 방향이 북한의 핵 위협 대응에 부합되는지, 계획된 대규모의 육군 병력 감축을 그대로 시행해도 문제점이 없는지를 원점에서 재점검해 볼 필요가 있다. 기존의 계획대로 구현하는 것이 중요한 것이 아니라 한국의 안보를 튼튼하게 보장하는 것이 중요하다는 점에서 핵 위협 상황에 부합되는 방향으로 새로운 국방개혁 계획을 수립할 필요가 있다.

3. 결론과 함의

북한은 핵분열탄은 물론이고 수소탄까지 개발했다면서 핵무기를 증강하고 있고, 이에 대해 한국은 유효한 방어수단이나 방법을 보유하고 있지 못한 상태이다. 경제성장률 둔화로 국방비 확보는 점점 어려워지고 있고, 미국도 국방비 삭감으로 어려움을 겪고 있다.

비록 해외개입에 대한 국민들의 부정적인 여론, 연루에 대한 부담 등으로 유사시 미국의 지원 여부나 정도가 불안해지는 점이 없지는 않지만, 북핵 위협에 대한 공통적 이해, 세계 각국에 대한 동맹공약의 신뢰성, 한미동맹 유지에 따르는 다양한 전략적 이익 등을 고려할 때 미국의 안보공약 이행 정도는 낮지 않다. 따라서 한국은 동맹공약 이행에 관한 부정적인 요소들의 영향을 최소화하기 위한 노력을 경주하면서 동시에 한미연합의 차원에서 북핵 대응을 구상함으로써 최소한의 노력으로 최단기간 내에 필요한 대응태세를 구비하고자 노력할 필요가 있다.

북한의 핵 위협 대응과 관련해 한국은 최대억제, 탄도미사일 방어, 선제타격은 미국이 주도하되, 최소억제, 예방타격, 민방위는 한국군이 전담한다는 방침을 명확하게 정립하고, 그러한 방침하에서 효율적인 전력증강을 추진해 나갈 필요가 있다. 미국이 주도하는 분야가 계획대로 시행될 수 있도록 한미동맹을 지속적으로 강화하면서 미국의 지원력을 최대한 많이 확실하게 확보할 수 있도록 세부적인 협의를 지속해 나가야 한다. 한국군이 전담해야 하는 분야에 대해서는 가용한 재원과 노력을 집중해 최단기간 내에 어느 정도의 능력을 확보할 수 있어야 할 것이다. 이러한 분업개념을 적용함으로써 최소한의 투자와 노력으로 단기간에 북핵 위협 대응을 위한 한미연합의 억제 및 방어충분성을 확보할 수 있어야 할 것이다.

각 군에 존재하는 강력한 자군중심주의(parochialism)를 고려할 때 객관적인 논의나 결정이 쉽지는 않지만, 이제 한국군은 해공군 전력의 증강과 함께 지상군 전력의 실태를 점검하고, 미흡함을 개선하는 데도 관심을 기울일 필요가 있다. 북한의 지상군 군사력이 너무 많고, 그동안

제3부 자강

육군이 낙후된 바도 크기 때문이다. 북한군이 핵무기 사용으로 위협하면서 대규모 지상군을 이용해 수도권에 대한 제한공격이나 전면공격을 감행하는 상황도 심각하게 고려해 볼 필요가 있다. 해공군의 경우에도 미군이 지원해 줄 수 있는 원거리 작전용 첨단 전투력보다는 미군의 지원이 어렵거나 우리가 수행하는 것이 효과적인 단거리 작전용이나 중급의 전투력을 중심으로 군사력을 증강해 나가야 할 것이다. 2015년 11월 20일 '육군력 포럼'에서 파라고(Niv Farago) 박사가 이스라엘의 사례를 들어서 설명한 다음 사항을 유념해 볼 필요가 있다.

> 북한이 공격하는 경우에 대비해 한국은 육군 등의 지상군에 대한 투자를 강화해야 한다. 한국은 이스라엘이 공군력 강화에 너무나 많은 자원을 투입한 나머지 1973년 패배 가능성에 직면했고, 2006년 인명피해가 극심했다는 사실을 명심해야 한다. 한반도에서 전쟁이 벌어지면 미국이 공군력을 지원할 것이기 때문에 한국은 육군 전력에 집중투자하는 것이 군사적 분업과 효율성을 달성할 수 있는 방안이다(Farago, 2015: 97).

북한이 핵무기를 보유 및 증강하고 있는 현 상황은 민족의 공멸까지도 가능한 극단적인 위기의 상황이다. 자체 핵무장의 어려움에서 보듯이 핵대비는 우리 스스로가 노력해 완성할 수 있는 부분이 크지 않다. 한국은 한미동맹에 근거한 한미 양국군 간의 분업체제를 효과적으로 활용함으로써 핵 위협으로부터 국가와 국민들을 보호할 수 있어야 한다. 자주와 같은 감정적 요소에 의해 국가와 국민의 생존을 위태롭게 만들어서는 곤란하다.

제11장
선제타격과 예방타격

북한이 다수의 핵무기를 보유하게 된 상태에서 생각할 수 있는 최선의 대책은 그것을 사전에 파괴하는 것이다. 그러나 이것은 실현 가능성이 문제이고, 효과적인 만큼 위험도 적지 않다. 이의 성공을 위해서는 북한의 핵무기가 어디에 있고, 어디로 이동하는지를 정확하게 파악하고 있어야 하는데, 현실적으로 그것은 쉽지 않다. 핵무기를 파괴하는 데 성공했다고 하더라도 북한은 생물학 및 화학무기 등으로 보복할 것이고, 그것마저 파괴할 경우 가용한 모든 재래식 수단을 사용해 보복을 가할 것이다. 이와 같이 위험이 크기 때문에 국민들의 동의나 지지를 획득하기 어렵고, 이를 결행할 정도로 단호한 정치지도자도 흔하지 않다.

북한의 핵무기 파괴에 관해서는 선제타격(preemptive strike)과 예방타격(preventive strike)으로 나누어 논의할 필요가 있다. 전자는 북한의 공격에 대한 명백한 징후가 있을 때 시행하는 것으로서 정당성은 크지만 성공의 가능성은 높지 않고, 후자는 선제타격보다 훨씬 이전에 실시하는 것으로서 성공의 가능성은 높은 대신에 정당성을 인정받기가 어렵다. 이스라엘의 경우 주변 아랍 국가들의 핵 발전소를 예방타격 개념에서 파괴한 바 있지만, 한국의 경우에는 1994년에 유사한 상황이 도래했음에도 오히려 미국의 결행을 만류한 것으로 알려져 있다. 그 당시에 예방타격을 했더라면 지금과 같은 북한의 핵 위협은 없었을 것이라는 점에서 보면 선제타격보다는 예방타격에 대한 검토가 더욱 중요할 수 있다. 한국의 경우 예방타격에 관해서는 제대로 논의조차 하지 않은 채 현 상황에 이르렀다는 아쉬움이 있다. 따라서 선제타격과 예방타격에 관한 면밀한 검토는 매우 중요하다.

1. 선제타격 vs. 예방타격

선제와 예방의 개념　　　선제(先制)의 사전적 의미는 "손을 써서 상대방을 먼저 제압"하는 것이다. 그래서 통상적으로 국민들은 적보다 미리 공격한다는 의미로 사용하고, 6·25의 경우에도 북한의 '선제공격'으로 시작되었다고 말한다. 이 경우 선제공격은 기습공격이나 미리 공격하는 '선공'(先攻)의 의미로 사용된다고 보아야 한다.

또한 '선제'와 관련해서는 다양한 합성어가 사용되고 있는데, '선제공격'의 경우 대규모 전쟁에서부터 전술적 행위에 이르기까지 폭넓게 적용되는 일반적인 용어이지만, 민주주의 국가에서는 '공격'이라는 용어에 대한 거부감이 존재해 가급적 사용을 자제하는 경향이 있다. 9·11 테러 이후 미국에서는 '선제행동(조치)'(preemptive action)이라는 용어를 통해 공격적인 이미지를 감추면서 용어의 융통성과 범위를 넓히기도 했고, 군사 분야에서는 타격의 형태에만 치중해 '외과수술적 타격'(surgical strike)이라는 용어를 사용하기도 한다. 한국의 경우에는 미리 행동한다는 의미와 공군기나 미사일을 통한 정밀타격의 의미를 결합해 '선제타격'이라는 용어를 일반적으로 사용한다.

한국에서 '선제'로 번역하기는 하지만, 영어의 'preemption'은 명확한 조건이 전제되어 있는 전문적인 용어로서 '상대의 공격적 행위가 임박한 상태'에서 먼저 행동해 그것을 못 하도록 한다는 불가피성을 전제하고 있다. 미군은 '선제공격'(preemptive attack)을 "적의 공격이 임박했다는(imminent) 논란의 여지가 없는 증거에 기초해 시작하는 공격"

으로 정의한다(Department of Defense, 2010: 288). 따라서 preemption에 해당되는 선제는 정당한 것으로 인식되고, 이를 위한 대비 또한 불가피해진다. '선공'을 의미하는 선제와의 구별을 위해 한때 국방대학교에서는 preemption을 '자위적 선제'라고 번역한 적도 있다.

대부분의 국민들이 일반적으로 이해하는 선공 차원의 선제는 예방적 조치를 의미한다. 즉 예방(prevention)은 상대방의 공격이 임박하지 않은 상황에서 취하는 행동으로서, "혹시나 있을 수 있는 상대의 행위나 의도를 방지하기 위해 지나쳐 버릴 수도 있는 기회를 활용"하는 행위이다(강임구, 2009: 46). 즉 "임박하지는 않지만 무력충돌이 불가피하고, 지체될 경우 상당한 위험이 있을 것이라는 믿음하에서 시작하는 공격, 타격, 전쟁"(Lykke, 1993: 386)이 그것이다. 아직은 위험하지 않지만 나중에 더욱 위험해지면 곤란하다는 판단에 근거해 실시하는 것이 예방이다.

선제와 예방을 더욱 대조적으로 설명한다면, 선제와 예방은 무행동(inaction)이 위험하다는 판단하에 사전에 조치하는 것은 동일하다(Warren, 2012: 9). 다만, 선제는 신뢰할 만하고 임박한 공격의 증거에 기초해 이루어지는 반면, 예방은 초보적이고 불확실한 위협에 기반을 두고 이루어진다는 것이 다르다. 선제는 방어하는 것보다 공격이 유리하다고 판단해 먼저(first) 행동하는 것이라면, 예방은 나중에 행동하는 것보다는 지금 일찍(sooner) 행동하는 것이 유리하다고 판단해 조치하는 것이다(Mueller et al., 2006: 10; Brailey, 2005: 149). 그렇기 때문에 선제는 어느 정도 정당성을 인정받지만, 예방은 대체적으로 과잉방어 또는 부당한 조치로 비난된다. 다만, 예방은 위기상황 이전에 처리하기 때문에 최소한의 노력이 소요되면서 성공의 가능성이 더욱 높고, 냉정한 사태 처리가 가능하다고 할 것이다(Freedman, 2004: 107).

개념적으로는 선제와 예방을 위와 같이 구분해 설명할 수 있지만, 실제의 상황에서 둘을 명확하게 구분하는 것은 쉽지 않다. 상대방이 공격할 것이라는 임박성이 어떤 것인지를 판단해 줄 기준이나 기관이 없고, 둘 다 상대방이 기도하고 있었던 어떤 공격적 행위를 차단 또는 파괴해 임박성을 입증할 수 있는 증거를 없애 버리기 때문이다. 그래서 대부분의 경우 공격하는 국가는 불가피한 선제공격이었다고 주장하고, 공격받은 국가는 예방공격을 당했다고 주장한다. 이것이 바로 "예방전쟁을 선언하는 것은 침략, 심지어 정복의 욕망에 대한 가면에 불과하다는"(Colonomos, 2013: 18) 비판이 제기되는 이유이다.

국제법 측면　　　선제나 예방과 관련한 국제법적 논리는 '예상 자위' (Anticipatory Self-defense, 한국에서는 이를 '예방적 자위'나 '선제적 자위'로 번역하지만, 이것은 '예방'이나 '선제'와 혼동될 수 있다. 직역을 하되 '예상적'이라는 말은 거의 쓰지 않기 때문에 '예상 자위'를 선택했다)이다. 자위권 (right of self-defense)이란 "외국으로부터 급박 또는 현존하는 위법한 무력공격이 발생한 경우 공격을 받은 국가가 이를 배제하고 국가와 국민을 방어하기 위해 부득이 필요한 한도 내에서 무력을 행사할 수 있는 권리"(강영훈·김현수, 1996: 42)인데, 적의 공격을 허용하면 국가가 파멸될 수도 있는 상황일 경우 공격을 받은 후에는 이미 국가가 파멸되어 버려 자위권을 행사할 수가 없는 상황이 된다. 즉 핵무기 공격을 허용한 후 자위권을 행사한다는 것은 의미가 없다는 것이다. 따라서 이 경우 적의 공격을 예상해 미리 대응하는 것도 자위권으로 볼 수 있다는 개념이 예상 자위권이다. 이 개념은 1962년 쿠바 사태 이후 국제사회에서 활발하게 논의되기 시작했고, 2001년 9·11 테러 이후 광범위하게 확산되었다.

　예상 자위권을 둘러싼 논쟁은 자위권을 규정한 유엔헌장 제51조와 관련해 전개되고 있다. 제51조는 "이 헌장의 어떤 규정도, 유엔 회원국에 대해 무력공격(armed attack)이 발생할 경우, 안전보장이사회가 국제평화를 유지하기 위해 필요한 조치를 취할 때까지 개별적 또는 집단적 자위의 고유한(inherent) 권리를 침해하지 아니한다."라는 내용인데, 예상 자위권에 동의하지 않는 입장은 유엔헌장에서 명시된 '무력공격'이 실제로 발생해야 함을 강조한다. 반대로 예상 자위권에 동의하는 입장은 유엔헌장에서 언급하고 있는 '무력공격'에는 '급박한 무력의 위협'도 포함시켜야 한다는 주장이다(최태현, 1993: 210). 즉 핵무기와 같은 치명적 공격을 받고 나면 반격 자체가 불가능하기 때문에 예상 자위권에 입각한 선제공격이 불가피하고, 이 또한 정당방위로 보아야 한다는 입장이다.

　실제로 무기체계가 고도화되면서 예상 자위권을 인정하는 경향이 증대되고 있다. 2004년 유엔 사무총장실의 보고서에서는 "위협되는 공격이 '임박'하고, 다른 수단으로 그것을 완화시킬 수 없으며, 행동이 비례적일 경우" 위협을 받은 국가가 군사적 조치를 강구할 수 있다는 입장이 제시된 바 있다(United Nations, 2004: 63). 국제법학자들도 '자위권에 의한 국가의 군사력 사용에 관한 국제법 원칙'을 설정하면서 "어떤 공격이 임박하다는 것이 만장일치가 아니더라도 광범위하게(widely) 수용될 경우 그 위협을 회피하고자 행동할 권리를 국가가 보유하고 있다"는 의견을 발표한 바 있다(Szabo, 2011: 2). 유엔헌장 51조가 '임박한'

(imminent) 위협에 대한 자위 차원의 군사력 사용을 제한하는 것으로 이해되어서는 곤란하다면서 대량살상무기가 사용될 우려가 있는 상태에서 합리적인 수단을 모두 사용해도 해결이 되지 않을 때의 선제는 허용되어야 한다는 학자도 있다(Sofaer, 2003).

국제법에 의해 공식적으로 인정되지는 않더라도 선제의 불가피성을 수용하는 견해는 많지만, 예방에 대해서는 부정적인 견해가 대부분이다. 다만, 핵무기의 등장 이후 특정한 조건하에서는 예방적 조치의 정당성을 인정할 필요가 있다는 견해도 제기되고 있는 것은 사실이다. 월저(Michael Walzer)는 사전공격의 정당성을 평가할 경우 위협의 임박성에만 국한하지 말고(다른 말로 하면, 선제공격만 수용하지 말고), 위협의 심각성, 위협이 발생할 개연성 정도, 위협의 임박성, 지체로 인한 비용 등 종합적 요소를 사용할 것을 주장해 특수한 상황에서는 예방적 조치도 허용할 필요가 있다고 주장한 바 있다(Walzer, 2000: 74; Ulrich, 2005: 4). 유(John C. Yoo)도 현재의 국제법은 임박성만을 고려함으로써 결과적으로는 자위권 행사를 제약한다면서 자위권 여부는 공격의 개연성, 그러한 공격의 개연성이 높아질 가능성, 그리고 피해의 크기 등을 종합적으로 고려해 결정되어야 한다고 주장하고 있다(2004: 18). 만약 A국이 대량살상이 가능한 치명적인 무기를 확보해 나가고 있고, B국이 아무런 조치를 하지 않으면 사용될 가능성이 높은 상황이라면 B국이 예방적 조치를 강구하는 것은 정당화되어야 한다는 주장도 존재한다(Dipert, 2006: 39). 대량살상무기 공격과 같은 "극단적 비상사태"(supreme emergency)를 회피하기 위해 불가피하다면 사전의 군사적 조치가 허용되어야 한다는 주장도 있다(Malcolm, 2005: 153).

냉정하게 볼 때 지금 아무런 행동을 하지 않는 것(inaction)이 나중에 감당하기 어려운 참혹한 피해를 초래하는 것이 확실할 경우 그로부터 자신을 방어하기 위해 사전에 조치하는 것은 충분한 당위성을 지니고 있다. 선제적 조치에 비해서 시행 시기만 다를 뿐 예방적 조치의 경우도 예상 자위권 행사라는 명분은 동일하기 때문이다. 국제사회는 국가들의 안보를 보장해 줄 수 있는 상위기관이 없는 무정부(anarchy)라서, 생존에 필수적이라면 예방적 조치를 위한 특정 국가의 권한을 거부할 수 없다는 시각도 있다(Silverstone, 2007: 5).

남용의 위험성이 커서 선제타격이나 예방타격을 위한 국제법적 근거가 공식화되기는 어렵다고 판단되지만, 그렇다고 핵 공격과 같은 치명적인 공격이 예상되는 상황에서 아무런 조치를 취하지 않을 수는 없다. 결국 선제타격이나 예방타격의 여부는 특정 국가가 그 당시의 상황과 여건에 맞추어서 판단 및 결심해야 할 사항이고, 그 이후의 국제적 비난이나 논란도 스스로가 감당할 몫이라고 할 것이다.

사례   선제공격과 관련해서는 이스라엘과 아랍 국가들 간의 사례가 빈번하게 언급된다. 1956년 이스라엘은 이집트의 수에즈 운하 봉쇄를 사전에 차단하기 위해 이집트를 선제공격해 성공했고, 1967년의 제3차 중동전쟁 또는 '6일 전쟁'에서 이스라엘은 선제공격의 진수를 세계에 과시했다. 그 당시 이집트는 시나이 반도 주둔 병력을 10만 명으로 증강하고, 시리아군과 요르단군도 준비태세를 갖추었으며, 알제리는 총동원령을 선포했고, 리비아와 수단도 전시태세로 전환했고, 사우디아라비아, 튀니지, 쿠웨이트 등도 동참하기 시작했으며, 이스라엘에 우호적이었던 요르단마저 5월 30일 이집트와 상호방위조약을 체결했고, 6월 2일 아랍연합군사령관이 전투명령을 하달해 부대들이 이동을 개시한 상황이었다. 이에 이스라엘은 거국내각을 구성해 다얀(Moshe Dayan) 장군을 국방상으로 임명했고, 다얀은 군사적으로 더욱 불리해지기 전에 선제공격할 것을 건의해 승인을 받았으며, 결과적으로 이스라엘군은 선제의 효과에 힘입어 6일 만에 전쟁에서 승리했다(권혁철, 2012: 89~90).

재래식 전쟁에 관한 선제공격의 사례는 역사적으로 상당하지만, 핵무기에 대한 선제공격의 사례는 아직 없다. 핵무기 사용 직전까지 이른 상황이 많지 않기 때문이다. 다만, 예방타격에는 다수의 사례가 존재하는바, 1981년 6월 7일 이스라엘은 이라크가 건설 중이던 오시라크(Osirak) 핵 발전소를 공군기를 동원해 예방 차원에서 타격했고, 이로 인해 이라크의 핵 개발은 지체되었다. 이스라엘의 예방타격에 대해 다수의 국가가 비난했지만 제재 결의안까지는 이르지 않았다. 또한 이스라엘은 2007년 9월 6일 '과수원 작전'(Operation Orchard)이라는 명칭으로 시리아 북동부 지역에 건설되고 있던 모종의 시설물을 폭격해 파괴했고, 두 달 후 이 사실을 확인했다. 예방타격을 가하기 전 이스라엘은 시리아의 보복공격을 우려했으나 시리아는 불법적인 핵무기 개발 사실이 노출될까 두려워 피폭 사실을 감추었고, 나중에 시리아의 불법 핵무기 개발이 드러나 안전보장이사회에 회부되었으며, 결국 시리아는 핵무기 개발능력을 상실했다.

2003년 실시한 미국의 이라크 공격도 핵무기 개발을 차단하기 위한 예방적 조치의 성격으로 볼 수 있다. 당시 미국 정부는 이라크가 미국이나 동맹국에 대해 핵무기나 화생무기를 사용하고자 한다든가 이것들을 테러분자들에게 제공했다는 증거를 제시하지도 않은 채 그러할 개연성이 낮지 않다는 판단으로 공격했기 때문이다(Silverstone, 2007: 1). 이 당시 미국은 국제사회의 지지를 획득하기 위해 외부적으로는 '선제'라는 용어를 사용했지만, 미국 내에서는 선제와 예방을 상호교환적으로 사용하는 모습을 보였다(Keller and Mitchell, 2006: 10-11).

평가　　　　　특정 국가의 존망이 위협받아서 어쩔 수 없는 상황에서 실시되는 생존을 위한 모든 조치들은 인정될 수밖에 없다. 개인의 경우 자위권의 정당성 여부를 판결해 주는 법원이 있지만 국가는 그렇지 않아 허용 범위를 정확하게 판단할 수는 없으나, 국제법보다는 국가의 생존이 우선시되는 것은 분명하다. 따라서 선제든 예방이든 생존을 위해 불가피하다면 결행할 수밖에 없다.

핵무기와 같은 대량살상무기의 경우에는 더욱 선제와 예방의 필요성이 커진다. 상대가 핵무기로 공격할 것이 명확한데도 증거를 확보하기 위해 공격할 때까지 기다릴 수는 없고, 공격이 임박하지 않다고 하더라도 나중에 속수무책이 되는 것보다는 지금 공격해 파괴하는 것이 더욱 합리적일 가능성이 크기 때문이다. 다만, 선제의 경우에는 성공의 가능성이 높지 않다는 점에서 핵 위협이 심각해질수록 예방타격을 더욱 적극적으로 검토해 보아야 한다. 예방타격에 대해 지나치게 신중하게 접근하다가 상대가 더욱 대량의 핵무기를 확보해 버리면 예방타격 자체가 불가능해질 수도 있다. 결국 선제나 예방은 정당성의 문제라기보다는 어느 정도의 위험을 각오해야 할 정도로 국가의 생존이 위협받고 있느냐에 관한 것일 뿐이다. 생존을 위해 불가피한 조치라고 판

단했으면서도 국제적 비난이 무서워 선제타격이나 예방타격을 주저해
서는 곤란할 것이다.

2. 북한 핵무기에 대한 적용

선제타격   1993년 북한이 핵확산금지조약(NPT: Nuclear non-
Proliferation Treaty)을 탈퇴함으로써 핵무기 개발 의도를
노골화했지만, 한국은 북한의 핵무기 개발과 관련해
예방타격은 물론이고 선제타격에 관해서도 필요한 정도로 충분하게
논의했다고 보기 어렵다. 북한과의 화해협력이나 평화통일에 대한 기
대가 커서 북한의 핵에 관한 사항은 가급적 논의를 자제한 측면이 없
지 않았다. 그럼에도 불구하고 실무 차원에서는 선제타격의 필요성에
대한 인식이 증대되고 있던바, 이명박 정부 당시 대통령 직속으로 운영
되었던 '국방선진화추진위원회'에서는 '능동적 억제전략'이라는 명칭
으로 "북한이 핵이나 미사일 등 대량살상무기와 비대칭전력으로 도발
하려 할 때 북한 지휘체계와 주요 공격수단을 미리 타격하거나 제거하
는 능력과 의지를 갖춰 전쟁을 억제하는 전략"을 제시한 바 있고(《조선
일보》, 2010.9.4) 2011년 3월 발표된 '국방개혁 307계획'에 "적극적 억제능
력 확보"로 반영되기도 했다(국방부, 2011: 11).
　　선제타격이 한국군의 중요한 대응방안으로 포함되기 시작한 것은
북한의 제3차 핵실험이다. 2013년 2월 북한이 제3차 핵실험을 실시할

것이라고 공언하자 한미 국방당국은 선제타격 방안도 검토하기 시작했고《조선일보》, 2013.2.5: A6), 정승조 합참의장은 "적이 핵무기를 사용한다는 명백한 징후가 있다면 자위권 차원에서 선제타격하겠다."고 언급했다《조선일보》, 2013.2.7: A1). "그것(핵무기)을 먼저 얻어맞고 하는 것보다는 선제타격을 하고 (전쟁을) 하는 게 낫다."(《조선일보》, 2013.2.7: A5)는 논리였다. 이로 인해 한국은 북한 핵 대응을 위한 중요한 대안의 하나로 선제타격을 간주하기 시작했고, 이의 구현을 위한 과정을 '킬 체인'으로 명명한 상태에서 필요한 능력을 구비하기 시작했다. 북한이 핵무기로 공격한다는 명백한 징후를 파악하고, 실제 핵무기 공격을 가하는 순간까지의 짧은 시간 동안에 파괴공격을 결행해 성공할 수 있는 능력을 구비하는 것은 쉽지 않지만, 한국군이 선제타격을 위해 노력하고 있는 것은 분명하다.

평화헌법으로 공세적인 군사력 행사가 엄격하게 제한되어 있지만 일본에서도 2006년과 2009년 북한이 미사일 시험발사와 핵실험을 했을 때 "적지공격론"(敵地攻擊論)이 대두되면서 선제타격 개념이 제기되었다(남창희 · 이종성, 2010: 80). 미군도 교범을 통해 핵을 포함한 대량살상무기를 사용할 수도 있는 상대에 대해 즉각 선제타격(preempt)하거나 보복할 수 있는 능력과 의지가 있음을 믿도록 하는 것을 강조하고 있다 (U.S. Joint Chiefs, 2005: I-6). 일본에서도 북한의 제3차 핵실험 이후 이에 대한 논의가 더욱 적극화되었던바, 당시 일본의 자민당 간사장이었던 이시바 시게루 의원도 선제타격의 필요성을 제기했고(《조선일보》, 2013.4.15: A5), 미국 내에서도 반드시 확전이 되지 않을 수도 있다면서 선제타격이 최선의 방안이라는 의견이 제시되었다(The New York Times, 2013.4.12). 북한이 핵무기를 사용해 버리면 반격해 북한을 초토화시킨다고 하더라도 이미 일어난 대량살상의 피해를 회복시킬 수 없다는 점에서 선제타격에 대한 논의가 활발해지는 것은 너무나 자연스러운 현상이라고 할 것이다.

이러한 점에서 한국 정부는 한미연합 또는 한국 단독으로라도 다양한 상황을 검토해 어떠한 조건에 도달하면 선제타격하겠다는 방침을 정해 두고, 누가 어떻게 건의해 결정할 것인지에 대한 절차를 발전시킨 후, 이를 규정화해 사전에 정해 두어야 할 필요가 있다. 북한의 핵미사일 공격이 임박한 상황을 평가하는 데 필요한 척도(measure)를 설정하고, 그러한 척도를 종합한 결과가 어느 수준에 이르게 되면 선제타격을 고려하도록 할 수도 있다. 다만, 선제타격은 상대의 공격이 임박한 이후 실제 공격이 개시될 때까지의 긴박하면서도 짧은 시간에 실시 여부와 제반 세부사항을 결정해야 하기 때문에 실패의 가능성이 높다는 것이 문제이다(Mueller, 2006: 21).

예방타격　　　　북한의 핵 위협 대응에 관해 한국에서는 선제타격과 달리 예방타격은 제대로 논의되지 않았다. 일본의 경우 '적지공격'이라고 해서 선제와 예방 모두를 포괄하는 용어를 사용했으나, 한국의 경우 예방타격을 공개적으로 논의한 적은 없다. 미국의 경우 1993년 북한이 핵확산금지조약을 탈퇴함으로써 조성된 위기상황에서 당시 페리(William Perry) 미 국방장관은 북한의 핵 발전소를 '정밀타격'하는 방안, 다른 말로 하면 예방타격을 검토한 바가 있다. 이 기간 동안인 1994년 5월 18일에는 미 국방부 회의실에서 페리 장관 주재하에 육군, 해군, 공군의 군 수뇌부들이 북한에 대한 예방타격을 진지하게 논의하기도 했다고 한다(박준혁, 2007: 146). 그러나 예방타격을 감행할 경우 전면전으로 확전될 수 있다고 판단해 페리 장관은 대통령에게 건의하지 않았다고 하는데(Carter and Perry, 1999: 128), 당시 김영삼 대통령을 비롯한 국내여론의 반대가 그러한 결정에 영향을 주었을 수도 있다.

당연히 이론적으로만 접근하면 북한의 핵 위협 해소에는 예방타격이 가장 효과적인 방안이다. "가능한 모든 수단을 사용해 문제가 돌출되기 이전 잉태될 때 늦지 않게 조기에 조치"하는 것이 예방타격이 지니는 결정적인 이점이기 때문이다(Freedman, 2004: 114). 미국의 랜드 연구소에서 테러리스트나 위험국가들에 대해 북한이 핵무기를 확산시킬 경우 예방 차원에서 공격해야 할 가능성을 제기한 바도 있다(Mueller et al., 2006: 103). 이와 같이 예방타격을 비롯한 모든 대안들을 예외 없이 적극적으로 고려해야 그 의지와 능력이 북한에게 전달되어 다른 억제방책의 효과도 높아질 것이다(Renshon, 2006: 162).

문제가 되는 것은 예방타격의 성공 여부이다. 북한의 경우 핵무기를 도처에 예상하기 어려운 방법으로 은닉해 두었을 것이기 때문에 이것을 100% 확인해 동시에 모두를 파괴하는 것은 이론과 달리 무척 어려운 과제이다. 북한과 같이 정보 획득이 어려운 상황에서 정확한 표적을 모두 확인한다는 것이 어렵고, 만에 하나 파괴하지 못한 핵미사일이 존재할 경우 북한은 이것으로 한국을 공격할 것이며, 그렇게 되면 한국은 핵전쟁을 자초한 결과가 된다. 북한의 핵무기를 모두 제거하는 데 성공했다고 하더라도 북한이 생화학무기를 비롯한 다른 대량살상무기를 사용하거나 수도권 지역을 장사정포로 집중적으로 포격하거나 지상군을 투입해 남침을 하는 등 한반도의 긴장을 극도로 고조시킬 수 있다. 예방타격의 경우 기대되는 효과만큼 위험이 큰 것은 분명하고, 상황이 어느 정도로 절박하냐에 따라서 그 시행 여부가 결정될 수밖에 없다.

예방타격에 관해 앞에서 학자들이 제시한 기준에 대입해 볼 경우 한국의 상황은 그 필요성이 점점 증대되는 것으로 평가될 수 있다. 예를 들면, 위협의 심각성(북한 핵무기 사용 시의 심각성은 당연), 위협이 발생할 개연성 정도(북한 지도층의 비합리성과 빈번한 사용 위협 등 고려 시 사용의 개연성이 낮지 않은 편), 위협의 임박성(판단하기 어려우나 임박성은 점점 증대), 지체로 인한 비용(계속 지체할 경우 선제타격은 물론 예방타격도 불가능할 정도로 북한의 핵무기 증강 가능) 측면에서 볼 때 예방공격의 필요성은 낮지 않다. 또한 북한의 핵미사일 위협은 예방공격이 필요한 '극단적 비상사태'에 충분히 해당될 수 있다. 북한 핵 위협에 관한 치명성, 개연성, 정당성, 합법성을 종합적으로 고려한 후 북한이 언젠가는 공격할 것이 확실하다고 판단될 때는 "예방공격도 매력적인 정책수단이 될 것"이라는 학자도 없는 것은 아니다(현인택, 2010: 205). 예방조치의 중요한 동기는 공포(fear)라는 말처럼(Renshon, 2006: 5) 북한이 핵무기를 더욱 증강함으로써 사용할 개연성이 높아질 경우 공포는 점점 증대될 것이고, 그러한 상태라면 예방타격은 당연히 중요한 대안으로 검토해야 할 것이다.

실행 가능성 평가 선제타격의 경우에도 정보가 문제이기는 하지만, 실행할 수 있는 능력, 의지, 명분이 충분하다는 점에서 실행 가능성(feasibility) 측면에서 문제 될 사항은 거의 없다. 핵 공격을 가할 것이 너무나 명확하고, 공격을 받은 후

반격하든 아니면 공격 직전에 선제타격을 하든 전쟁으로 가는 결과는 다르지 않다는 점에서 실행 가능성 자체가 크게 문제가 되지 않을 수 있다.

그러나 예방타격의 경우에는 선제타격만큼 절박한 상황이 아니라는 점에서 실행 가능성은 매우 중요하고, 따라서 충분히 검토해 볼 필요가 있다. 여기에서 실행 가능성은 제시된 정책대안이 실제로 집행될 수 있는 정도로서, 통상적인 정책대안의 경우에는 재원의 충분성이 가장 중요하다. 다만, 더욱 종합적으로 판단해 보아야 할 경우에는 정치적, 행정적, 기술적, 법적인 제약조건도 고려해 판단하게 된다(남궁근, 2012: 639-643). 북한의 핵무기에 대한 예방타격은 국가의 명운을 좌우할 수 있는 사안이라는 점에서 행정적인 사항은 문제가 되지 않을 것이기 때문에 재원 측면과 정치적, 기술적, 법적인 측면에서 예방타격의 실행 가능성을 분석해 볼 필요가 있다. 다만, 정치적 측면의 경우 워낙 중요한 요소라서 국제정치 측면, 북한의 반발 측면, 국내정치적 측면으로 구분하고, 가장 먼저 분석하고자 한다.

예방타격에서 최우선적으로 고려해야 할 사항은 국제정치적 실행 가능성이다. 예방타격 자체가 국제사회에서 정당하게 인정된 방법이 아니고, 무역에 대한 의존도가 높은 한국으로서는 국제여론에 신경을 쓰지 않을 수 없기 때문이다. 이스라엘의 사례에서 보듯이 국제사회의 경우 한국이 예방타격을 깨끗하게 성공시킬 경우 격렬한 비난은 일지라도 제재조치까지 이를 가능성은 높지 않다. 이스라엘의 예방타격에 대한 미국의 태도나 1994년의 페리 제안에서 나타났듯이 미국의 경우에는 한국의 예상 자위권 행사를 지지할 수 있고, 다수의 국가가 이에 호응할 수 있다. 북한이 불법으로 핵무기를 개발한 것이 사실이고,

인권 문제 등으로 북한이 국제사회의 규범을 어긴 것이 한두 가지가 아니기 때문이다. 중국이나 러시아가 부정적인 반응을 보일 수 있지만, 이들에게도 북한이 핵무기를 갖지 못하게 되어 버린 상황이 그다지 나쁘지 않을 것이라서 이들이 극단적인 조치를 강구할 가능성은 높지 않다. 따라서 예방타격을 위한 국제정치적 실행 가능성이 그다지 나쁘다고 보기는 어렵다.

북한이 어느 정도로 반발할 것이냐는 것 역시 예방타격의 성공 여부와 예방타격의 방법에 좌우된다. 예방공격으로 북한이 보유하고 있는 핵무기를 모두 파괴시켜 버리고, 북한에게 확전의 의도는 전혀 없다는 점을 명확하게 전달할 경우 북한이 의미 있는 반발을 하지 못할 수도 있다. 1981년 이스라엘의 이라크 폭격이나 2007년의 시리아 타격의 경우가 그것이다. 그러나 예방타격으로 일부만 파괴했을 경우에는 잔존한 핵무기로 공격할 가능성이 크고, 모든 핵무기가 파괴되었다고 하더라도 생화학무기를 장착한 장사정포를 사용해 서울을 공격하는 등의 극단적 반발을 보일 가능성이 높다. 다만, 정밀타격으로 핵무기와 생화학무기만을 선별적으로 파괴시키고, 북한 체제에 대한 위협을 최소화할 경우 예방타격을 실시하지 못할 정도로 북한의 반발이 크지 않을 가능성도 존재한다고 할 것이다.

오히려 예방타격에 관한 국내정치적 실행 가능성이 문제일 수 있다. 예방타격은 나중에 치명적인 위협이 되거나 속수무책의 상황이 될 것이라서 북한의 핵무기를 지금 파괴해야 한다는 논리인데, 미래 세대는 그것을 합리적인 결론이라고 생각하겠지만 국내여론을 형성하는 현세대는 당장의 위험성을 더욱 결정적으로 생각할 가능성이 크기 때문이다. 국민들은 가급적이면 평화적인 해결방법을 모색하기를 요구할 것이고, 투표에 의해 선출되는 정치지도자가 그러한 국민여론을 무시하기는 어렵다. 대통령이 예방타격을 결심할 경우 야당에서는 극력 반대할 것이고, 그렇게 되면 성공을 하든 실패를 하든 엄청난 정치적 후폭풍을 각오해야 할 것이다.

예방타격의 수행에 필요한 예산이나 기술적 소요가 큰 것은 아니다. 긴박한 상황하에서 다수의 표적을 단기간에 동시에 파괴해야 하는 선제타격에 비해 예방타격은 충분히 준비해 실시하는 성격이라서 킬체인의 효과가 더욱 높아질 것이고, 표적 수에 따라서 달라지겠지만 한국이 보유하고 있는 2개 대대 규모의 F-15과 F-16, 그리고 정밀포탄을 잘 활용해 효과적인 공격대형을 편성하고, 체계적으로 표적할당을 하면서, 충분히 연습해 시행한다면 크게 어렵지 않을 수 있다(박휘락·김병기, 2012: 97). 순항미사일과 앞으로 스텔스 전투기도 확보해 가세하면 타격능력은 크게 향상될 것이다. 정확한 정보를 수집할 수 있느냐가 관건이지만, 예방공격은 시간적 여유를 갖고 준비하는 것이라서 정보의 체계적인 수집과 분석을 위한 여유가 있고, 표적에 대한 확신이 없을 경우 시행하지 않으면 된다. 미국과 협력해 시행할 경우에는 더욱 예산이나 기술적 사항이 문제 되지 않을 것이다.

법적인 측면의 경우 국제법 위반으로 인식될 소지가 크지만, 국가의 존망이 결정되는 상황이라는 점에서 옹호할 논리가 적지 않다. 국내법의 경우에도 헌법 5조에 "침략적 전쟁을 부인한다"라고 되어 있지만, 이어서 "국군은 국가의 안전보장과 국토방위의 신성한 의무를 수행함을 사명"으로 하는 것으로 명시되어 있어 불가피한 상황이라면 예방타격은 허용될 수 있다. 헌법 제73조에는 대통령이 "선전포고와 강화를 한다"라고 되어 있고, 제74조에는 "대통령은 헌법과 법률이 정하는 바에 의해 국군을 통수한다"라고 되어 있기 때문에 대통령의 결심으로 예방타격을 실시하는 데 문제가 있는 것으로 보이지는 않는다.

이상에서 검토해 본 바와 같이 한국의 상황에서 예방타격을 실시해야 할 필요성은 매우 크고, 그에 따른 실행 가능성은 낮지 않다. 예방타격의 위험성에만 주목해 심층적으로 검토하지 않은 채 시간을 보낼 경우 북한에게 추가적인 핵무기 증강의 시간을 허용하는 결과가 될 것이고, 몇 년 후에는 예방타격도 실시할 수 없을 정도로 북한이 많은 핵무기를 보유하게 될 수 있다. 실행 가능성 측면에서 국제정치 측면, 북한의 반발, 국내정치 측면에서 예방타격의 시행을 어렵게 만드는 요소가 있지만, 극복할 수 없을 정도는 아니다.

한국이 예방타격을 실시할 수도 있다는 정책을 채택한 상태에서 이를 구현하는 데 필요한 능력을 구비해 갈 경우 북한은 개발된 핵무기의 배치나 추가 개발을 위한 노력을 더욱 은밀하게 진행해야 할 것이고, 결과적으로 북한의 핵 관련 활동을 지체시키는 효과도 기대할 수 있다. 한국이 예방타격의 위험까지도 감수하겠다는 결의와 능력을 구비하는 것은 북한에게 핵 공격 시 응징보복이 필연적이라는 점을 더욱 확고하게 인식시켜 억제에도 기여할 수 있다. 예방타격에 관해 최소한 시인도 부인도 하지 않는 정책(NCND: Neither Confirm Nor Deny)만 채택하더라도 억제효과는 높아질 것이다. "북한의 핵무기가 위협이 되는 한 남한은 모든 정책적 가능성을 열어 두고 필요에 따라 가장 적합한 정책을 실행하는 것이 바람직하다. 따라서 굳이 선제공격이나 예방공격을 사전에 배제할 필요는 없을 것이다"(한인택, 2010: 204).

3. 결론과 함의

북한의 핵 위협으로부터 국민들을 안전하게 보호하기 위한 최선의 방법은 핵무기가 없는 상태로 되돌리는 것이지만, 협상을 통해서 그것이 달성되지 않을 때 가용한 방법은 북한의 핵무기를 지상에서 파괴하는 것이 차선일 수 있다. 여기에는 적이 핵 공격을 감행할 것이라는 명백한 징후가 발견되었을 때 미리 파괴하는 선제타격과 그렇지 않은 상태이지만 불가피하다고 판단해 미리 파괴하는 예방타격이 있다. 이 중에서 선제타격은 현재 한국이 가장 핵심적인 핵 위협 대응방법으로 인식하고 있고, '킬 체인'이라는 개념하에 이를 구현하기 위한 다양한 준비를 갖추어 나가고 있다.

다만, 선제타격은 북한이 핵무기 공격을 가하기 직전에 실시하는 것으로서 시간적 제한으로 인해 성공의 가능성을 확신하기 어렵다. 북한도 핵미사일 공격을 결심했다면 성공할 수 있는 다양한 기습적 방법을 사용할 것이기 때문이다. 따라서 선제타격보다 조금 앞서서 북한의 핵미사일을 파괴하기 위한 노력이 필요한데, 그것이 바로 예방타격이다. 예방타격은 필요한 정보를 충분히 확보한 다음에 완벽한 파괴를 위한 계획을 수립해 철저히 연습한 후 실시하는 것으로서 성공의 가능성이 높다. 반면에 예방타격은 핵전쟁과 전면전을 포함해 상황을 극도로 악화시킬 수도 있는 위험한 대안으로서 국제 및 국내에서 심각한 정치적 저항에 직면할 가능성이 높고, 따라서 극단적인 경우 이외에는 사용되기 어렵다. 그러나 위험만 고려해 예방타격에 대한 논의조차 회피할 경우 한국은 의미 있는 조치 한 번 취하지 못한 채 북한의 핵미사일 위협에 굴종하게 될 수도 있다.

북한의 핵 위협으로부터 국가와 국민들을 보호하는 것이 국가 본연의 임무라면 예방타격의 위험만 주목해서는 곤란하다. 2008년 3월 26일 김태영 당시 합참의장 내정자가 인사청문회에서 북한의 핵무기에 대해 대비책 중에서 제일 중요한 것이 "그것을 사용하기 전에 타격하는 것"이라고 답변했을 때 상당수의 국민들이 이를 비판했고, 결국 대통령이 나서서 진화하는 상황까지 이르렀다(《조선일보》, 2008.4.4: A4). 이와 같이 예방타격을 금기시하는 태도로 인해 북한이 핵무기를 개발하는 동안에 한국은 한 번도 의미 있는 조치를 취하거나, 취할 수 있는 태세를 갖추지 못했다. 실제 시행 여부는 가능한 모든 요소를 종합적으로 고려해 결정하지만, 예방타격에 관한 논의는 활발해야 한다. 그러할 때 북한 핵무기에 대한 정확한 정보를 획득할 수 있을 뿐만 아니라 북한으로 하여금 핵무기 은닉에 더욱 많은 관심과 재원을 낭비하도록 만들 것이다. 한국 국민들이 예방타격을 지지할 정도로 극단적 피해도 감수할 자세가 되어 있다고 북한이 판단하면 함부로 핵 공격을 고려하지 못할 것이다. 9·11 테러 이후 미국의 부시 행정부가 예방적 조치도 불사하겠다는 방침을 발표하자 지지도가 상승했다는 사례에 비추어 볼 때(Wirtz and Russel, 2003: 119), 정부가 이와 같이 적극적인 핵 위협 해소 의지를 지닐 경우 국민들의 지지도는 더욱 높아질 것이다.

예방타격의 경우 성공할 경우에는 북한의 핵 위협을 일거에 종료시킬 수 있지만, 실패할 확률도 무시할 수 없고, 북한이 반발할 경우 가능한 모든 무기를 사용하는 무제한 전면전이 발발할 수 있다. 따라서 예방타격을 감행할 경우에는 예상되는 북한의 반응도 철저하게 분석하고, 그에 대한 대비책까지도 강구해 두어야 할 것이다. 북한의 핵미사일 공격에 대비한 핵 민방위 조치를 검토하고, 북한의 핵무기 공격이 임박했거나 발생했을 경우 어떤 식으로 경보를 하며 국민들은 어떻게 대피해야 하는가에 대한 세부사항을 검토하며, 핵 민방위를 위한 세부적인 구현방안을 정립해 상황에 맞도록 실천해 나가야 할 것이다.

주변국에서 핵무기를 개발할 기미를 보이자 이스라엘은 과감한 예방타격을 실시했고, 결과적으로 후세들에게 핵 위협을 인계하지 않았다. 반면에 한국의 경우 예방타격은 물론이고 북한의 핵 위협에 대한 유효한 조치를 계속 지체함으로써 위협을 후손들에게 전가하고 있다. 현세대의 '무행동'은 당연히 후세들이 행동해야 할 몫을 크게 만들 수밖에 없다. 현세대는 현재처럼 아무런 행동도 하지 않음으로써 심각성을 후세들에게 전달할 것인가, 아니면 '피와 땀과 눈물'을 각오하면서 핵 위협을 약화시켜 후세들에게 전달할 것인가 중에서 한 가지를 선택해야 하는 기로에 서 있다고 생각해야 한다.

제12장
탄도미사일 방어(BMD)

상대가 핵미사일로 공격할 가능성이 존재한다면 당연히 그에 대한 대비책을 강구해야 한다. 국가안보는 최선을 희망하지만 최악까지 대비하는 것이기 때문이다. 미국은 소련이 핵미사일 개발에 성공하자 바로 핵미사일을 공중에서 요격하는 방법을 고민했고, 수십 년에 걸친 노력이 결실을 맺어 필요한 기술적 돌파(breakthrough)를 달성함으로써 탄도미사일 방어(BMD)를 구축하게 되었다. 또한 이스라엘과 일본 등 핵미사일 위협에 노출될 위험이 있거나 노출되어 있는 국가는 나름대로의 BMD를 구축하고자 최선을 다하고 있다. 전 세계에서 가장 단거리에서 노골적인 핵미사일 공격의 위협에 직면해 있는 한국이 아직까지 신뢰할 만한 요격체제를 구비하고 있지 않다는 것을 어떻게 이해해야 할까?

비록 늦었지만, 한국은 북한의 핵미사일로부터 국민들을 보호하기 위한 대책을 서둘러 강구해 나가야 한다. 자체적인 능력이 너무 미흡하기 때문에 미국은 물론, 일본과의 협력도 추진해야 할 것이다. 시간이 없지만, 현재 상황에서 무엇이 미흡하고, 어떤 부분을 집중적으로 보강해야 할 것인가를 정확하게 파악한 후 올바른 방향으로 노력해 나가야 할 것이다. 이러한 점에서는 한국과 유사한 상황에서 BMD를 고민해 오고 있는 이스라엘과 일본을 비교해 교훈을 도출하는 것은 매우 유용한 접근방법일 수 있다.

1. BMD의 기본개념

BMD의 발전 경과   한국 사회에서는 최근에 부각되었지만 BMD의 역사는 깊다. 미국은 1956년부터 나이키 제우스 (Nike Zeus)라는 명칭의 프로그램으로 소련의 핵미사일을 공중에서 요격하겠다는 개념을 구현하는 데 착수했다. 당시에는 북극 상공에서 다른 소규모 핵폭탄을 폭발시켜 파괴한다는 개념이었는데, 'Sentinel'이나 'Safeguard'로 명칭을 바꾸어 가면서 지속적으로 추진했다(Hildreth et al., 2007: 3). 그러나 핵무기 폭발로 인한 부작용이 너무나 커서 미국은 이를 중단한 후 1972년 소련과 대탄도탄(ABM: Anti-Ballistic Missile) 조약을 체결해 양국이 함께 BMD를 추진하지 않기로 약속했다.

결국 미소 양국은 상대방의 핵미사일 위협에 대해 대규모 응징보복을 감수해야 할 것이라는 위협으로 억제하는 상호확증파괴(MAD: Mutual Assured Destruction) 전략에만 의존하게 되었는데, 이것은 불안할 수밖에 없었다. 상대방이 공멸을 각오하거나 어떤 예상치 못한 요소로 인해 공격을 결심해 버리면 속수무책이기 때문이었다. 미국의 케네디 (John F. Kennedy) 대통령이 '비합리적인 적'에 의한 공격의 가능성을 제기해 민방위의 필요성을 역설한 것도 이러한 불안감 때문이었다(Hildreth et al., 2007: 12). 그러나 민방위는 대피소 구축 등에 막대한 비용이 들어갈 뿐만 아니라 피해를 감소시킬 수는 있어도 온전한 생존을 보장할 수는 없다는 결정적인 한계가 있었다. 결국 1983년 레이건 대통령은 상호확증파괴전략이라는 '전략적 공격'에 의존하는 방식에 '전략적 방어'를 추가할 것을 결심했고, 따라서 이를 위한 구상(전략적 방어구상, SDI: Strategic Defense Initiative)을 발표하게 되었으며, 상대의 핵미사일을 공중에서 요격하는 무기의 개발을 추진하게 되었다. 이후 미국의 대통령들은 다양한 명칭으로 BMD의 구현을 위해 노력하게 되었고, 미국 본토용 국가미사일 방어(NMD: National Missile Defense)와 해외 미군 보호용 전구미사일 방어(TMD: Theater Missile Defense)로 구분해 추진했다. 그리고 부시(George W. Bush, 아들) 대통령 시절의 럼즈펠드(Donald H. Rumsfeld) 국방장관이 'MD'(Missile Defense)라는 명칭으로 이 둘을 통합해 적극적으로 추진한 결과 요격무기 개발에 성공했고, 그 이후 BMD라는 명칭으로 복귀해 그 개념과 기술을 지속적으로 개선해 나가고 있다.

현재 미국이 개발해 둔 BMD가 러시아나 중국의 대규모 핵미사일을 요격할 수 있는 수준은 아니다. 그 목적으로 사용될 수 없는 것은 아니지만 현재 배치된 요격미사일의 숫자가 제한되어 수백 기의 러시아나 중국의 핵미사일을 요격할 수 없고, 러시아와 중국의 모든 핵미사일을 요격할 수 있는 숫자를 생산 및 배치하려면 엄청난 비용을 지출해야 하기 때문이다. 미국의 BMD는 불량국가나 테러분자들의 제한된 미사일 발사로부터 미 본토와 해외에 배치된 미군을 방어하는 수준으로서, 현재 캘리포니아의 반덴버그(Vandenberg) 공군기지에 4기, 알래스카의 포트 그릴리(Fort Greely)에 26기의 지상배치 요격미사일(GBI: Ground-based Interceptor)을 배치해 두고 있다. 북한이 핵무기 개발에 성공하자 미국은 본토 방어를 위한 요격미사일을 2017년까지 14기 추가하기로 결정해 추가로 생산하고 있다.

한국과 관련이 있는 미국의 BMD는 해외 주둔 미군을 보호하기 위한 용도로 개발된 것으로, 과거에는 TMD로 구분해 불렀다. 이것은 걸프전쟁 시 미군이 이라크의 탄도미사일에 대한 공격의 피해를 입은 경험에 의해 적극적으로 추진된 것으로서 핵미사일과 함께 재래식 미사일 위협으로부터도 전진배치된 미군을 보호하기 위한 목적이다. 이를 위해 미국은 SM-3 해상 요격미사일, THAAD, PAC-3 등의 지상 요격미사일을 개발했고, 이를 필요한 지역에 전개시키거나 본토에 배치해 두었다가 유사시에 바로 전개할 수 있도록 준비하고 있다. 당연히 해외 주둔 미군의 BMD를 위해서는 주둔지역 동맹 및 우방국과의 협력이 필요하기 때문에 미국은 우방국 BMD와 상호 보완효과를 추구하고 있다.

BMD의 기본개념 핵무기 공격에 주로 사용되는 탄도미사일(ballistic missile)은 순항미사일(cruise missile)에 비해 속도가 빠르고(음속의 5-20배), 레이더에 나타나는 면적이 너무 작아서[통상적 전투기에 비해 100분의 1 이하의 레이더 반사면적(RCS, Radar Cross Section)] 탐지 및 요격이 무척 어렵다. 이와 같이 탄도미사일의 독특성이 크기 때문에 '미사일 방어'라는 일반적 용어 대신에 BMD라는 용어로 구분해 사용하는 것이다. 이론적 BMD는 발사 이전에 미리 공격해 파괴하는 공격작전(attack operations)과 적의 공격을 받지 않을 수 있도록 조치를 강구하는 소극방어(passive defense)까지도 포함하지만, 현실적으로 논의되는 BMD의 주된 내용은 상대의 탄도미사일을 공중에서 파괴하는 적극방어(active defense)이다. 이것은 기술개발이 어렵다는 단점은 있지만 성공할 경우 안정적인 방어를 보장한다는 장점이 크다.

　미국은 본토를 공격할 것으로 예상되는 대륙간 탄도미사일(ICBM)

에 대한 방어와 해외 미군을 공격할 것으로 예상되는 단거리 및 중거리 탄도미사일에 대한 방어개념을 구분해 적용하고 있다. 높은 고도로 상당한 시간에 걸쳐 공격해 오는 본토 방어를 위해서는 부스트단계 (boost phase), 대양을 횡단하는 중간경로단계(midcourse phase), 목표에 진입하는 종말단계(終末段階, terminal phase)로 구분하고, 적과의 대치거리가 짧은 해외 주둔 미군 보호를 위해서는 부스트단계와 종말단계 상층방어 (upper-tier defense), 종말단계 하층방어(lower-tier defense)로 구분해 다층방어 (多層防禦, multi-layered defense)를 실시한다. 한국의 경우 중·단거리 탄도미사일 위협에 직면해 있다는 점에서 해외 미군 보호용 BMD의 개념을 원용해야 한다.

① 하층방어

공격해 오는 탄도미사일에 대한 가장 직접적인 방어는 종말단계 방어로서, 이것은 표적지역에서 공격해 오는 상대방의 탄도미사일을 타격하는 활동이다. 이 중에서 표적에서 가까운 방어가 하층방어로서, 이를 위해 미군이 개발한 무기가 PAC-3 요격미사일이다. 이것은 표적으로부터 약 15km 정도의 상공에서 상대의 탄도미사일을 요격한다. 이 경우 적의 탄도미사일은 대기권을 비행하느라 속도가 늦어진 상태이고, 표적을 향해 오기 때문에 탐지가 용이하다. 다만, 대기와의 마찰로 탄두가 불규칙적으로 움직일 가능성이 있고, 요격했다고 하더라도 그 잔해가 피해를 끼칠 수 있다. 따라서 하층방어는 미사일 기지와 같은 전략적 시설, 국가행정의 중심부 등 특별한 지역이나 시설을 보호하는 데 활용된다. 하층방어의 결정적 단점은 사거리가 짧아서 많은 숫자의 요격미사일을 배치해야 한다는 점이다.

② 상층방어

종말단계 중에서 하층방어보다 높은 고도에서, 또는 앞서서 요격하는 것이 상층방어이다. 이를 위해 미군이 개발한 장비가 사드 (THAAD)인데, 이것은 150km의 고도에서 적 미사일을 요격해 파괴한다. 상층방어는 방어범위가 넓다는 장점은 있지만, 최저교전고도 (minimum engagement altitude: THAAD의 경우 40km) 이하로 공격해 오는 상대의 탄도미사일은 요격할 수 없다. 예를 들면, 북한이 단거리 탄도미사일로 서울을 공격할 경우 고도가 낮아서 상층방어가 어려울 수 있다. 따라서 상층방어는 하층방어에 의해 보완되어야 한다.

이 외에도 미국은 부스트단계에서 요격하기 위한 무기 개발도 추진한 적이 있다. 이 단계에서는 적의 탄도미사일이 적외선을 대량으로 분출해 탐지가 쉽고, 중력과 반대 방향으로 상승함에 따라 속도가 느리며, 추진체가 달려 있어서 표적도 크기 때문이다. 그러나 수십 초에 불과한 부스트단계에 표적을 탐지해 요격하는 것은 현실적으로 어렵다. 한때 레이저 무기를 항공기에 탑재해 체공하는 방안도 고려했으나 '우주의 무기화'(weaponization of space)를 초래할 위험성이 크고, 순간적으로 상대 탄도미사일을 타격해 파괴할 수 있을 정도의 출력을 보장하는 것이 어려워 진전을 이루지 못하고 있다.

2. 이스라엘의 BMD

위협　　　　이스라엘은 1980년에서 1988년 동안에 있었던 이
란과 이라크전쟁을 통해 탄도미사일의 위력을 실감
한 후 이것이 자신에게도 사용될 수 있다고 생각해
그에 관한 방어의 필요성을 절감했다. 1991년의 걸프전쟁 동안에 이
스라엘은 이라크로부터 직접 탄도미사일 공격을 받기도 했다. 이라크
가 핵무기를 개발하자 이스라엘의 우려는 더욱 커졌지만 다행히 2003
년 미군이 이라크를 공격해 사담 후세인 정권을 붕괴시키고 핵 개발을
불가능하게 만들었다. 다만, 최근에는 이란이 핵무기 개발을 시도하고
있고, 그 외에도 주변 아랍 국가들이 언제 핵무기를 개발해 핵미사일로
이스라엘을 공격할지 알 수 없다는 점에서 이스라엘에게 BMD는 너
무나 중요한 과제이다.

　이스라엘에게는 주변 아랍 국가들이 보유하고 있는 모든 탄도미
사일이 직접적이거나 잠재적인 위협이다. 1991년 걸프전쟁 시 이라
크가 이스라엘에 대해 42발의 스커드 미사일을 발사했듯이 그들은 언
제 어떠한 명분으로든 이스라엘을 공격할 수 있기 때문이다. 현재 이
란, 시리아, 리비아, 이집트, 파키스탄 등의 주변 아랍 국가들이 다수
의 탄도미사일을 보유하고 있는데, 이 중에서 가장 우려되는 위협은 이
란으로서, 평화적 이용에 국한하는 것으로 국제사회와 합의하기는 했
지만 원자로를 계속 가동하고 있어 언제 핵미사일 개발에 성공할지 알
수 없다. 이란과 이스라엘 간의 최단거리는 1,400km 정도이기 때문에
〈표 3.5〉에서 제시되고 있는 이란의 탄도미사일 전력 중에서 Shahab-3

표 3.5 이란의 미사일 전력

미사일 종류	사거리(km)	탑재중량(kg)	수량(기)
Shahab-1(Scud B)	300	1,000	300
Shahab-2(Scud-C)	500-600	800	100
Shahab-3(No-dong2)/3B, Ghadir	1,300-1,800	1,000	300
Ghadir-1	1,800	1,000-750	미상
Sejjil-2	2,000	1,000	미상
Qiam 1	700	700	미상

출처: Cordesman, 2014: 7-8.

미사일부터는 이스라엘을 타격할 수 있다.

최근에 이스라엘이 대응하고 있는 직접적인 위협은 헤즈볼라 (Hezbollah)나 하마스(Hamas)와 같은 팔레스타인 무장단체들이 이스라엘에 대해 발사하는 로켓 등의 단거리 발사체들이다. 1996년 4월 2주 동안에 이스라엘에 대해 600발 이상의 카추샤 로켓을 발사한 이래 헤즈볼라는 남부 레바논 지역에서 로켓 공격을 가하고 있고, 상당한 숫자의 단거리 로켓탄 및 미사일을 보유하고 있는 것으로 추정되고 있다. 가자 지역에서는 하마스가 간헐적으로 로켓탄 공격을 하고 있다. 이스라엘은 단기적으로는 이러한 다양한 발사체의 공격에 대응하면서 장기적으로는 어떤 국가가 핵미사일로 공격할지 모른다는 위기의식하에 BMD를 추진하고 있다.

BMD 구성과 형태   ① 기본개념

　　이스라엘의 경우 2만km^2 정도밖에 되지 않는 좁은 면적의 국토라서 최초에는 부스트단계 요격에 주안을 둔 BMD를 구상했다. 그리하여 이스라엘은 레이저 무기의 개발에 상당한 노력을 투자했는데, 그것이 성과를 달성하지 못해 더 이상 추진하기가 어려운 상황에 직면하게 되었다(이상일, 2014: 106). 이런 상황에서 2006년 제2차 레바논 전쟁 시 헤즈볼라가 단거리 로켓탄 공격을 감행해 50여 명의 사상자와 2,200명 이상의 부상자가 발생했고, 2014년 가자에서는 하마스가 박격포로 공격해 다수의 사망자가 발생하자, 이스라엘은 로켓탄을 비롯한 단거리 발사체 요격부터 해결해야 했다.

　　그러면서도 이스라엘은 주변 아랍 국가들의 탄도미사일 공격 가능성에 대비하지 않을 수 없었고, 따라서 상층방어와 하층방어로 두 번을 방어한다는 개념으로 전환했다. 즉 상층방어의 애로(Arrow)를 지속적으로 발전시키면서, 미국이 개발한 PAC-3 요격미사일을 구매해 하층방어 능력을 단기적으로 충당한다는 개념이었다. 다만, PAC-3의 성능이 제한적이라서 이를 대체할 필요성을 인식했고, PAC-3와 애로 사이에서 한 번 더 요격하는 개념이 필요하다고 판단해 데이비즈 슬링(David's Sling)이라는 자체적인 요격미사일을 개발하게 되었다.

② 하층방어

　　하층방어용으로 이스라엘은 PAC-2와 PAC-3를 보유하고 있고, 2015년 5월에 독일로부터 PAC-3 4개 포대를 추가로 구입해 보강했다. 또한 이스라엘이 개발한 데이비즈 슬링은 탄도미사일은 물론 항공기와 순항미사일도 요격할 수 있고, 사거리가 70-250km로서 하층방어의 윗부분과 상층방어를 동시에 담당할 수 있다. 데이비즈 슬링의 경우 2012년 11월 최초 시험, 2013년 11월 2차 시험, 2015년 4월에 최종 시험에 성공했고, 2016년부터 배치되고 있다(Jewish Virtual Library, 2015).

로켓이나 포탄 요격을 위한 이스라엘의 하층방어체계는 아이언 돔(Iron Dome)인데, 이것은 2007년부터 개발에 착수해 2011년 배치되었고, 4km에서 70km의 범위에서 항공기는 물론 포병탄도 요격할 수 있다. 아이언 돔은 2012년 11월 가자 지역에서 발사된 400개 이상의 로켓 중에서 85%를 요격해 그 위력을 입증한 바 있고, 미국도 그 성능을 인정해 공동생산체제를 구축해 나가고 있다(Sharp, 2014: 1-2).

③ 상층방어

현재 이스라엘이 보유하고 있는 상층방어체계는 '애로'이다. 이것은 1986년 미국과 공동으로 개발한 요격 무기체계로서, 애로-2는 2000년부터 배치되었다. 이스라엘은 애로-3 개발에도 성공해 2016년부터 배치하고 있다. 애로-2는 90-150km의 사거리(고도는 50-60km)를 담당할 수 있고, 발사대별로 여섯 개의 요격미사일을 장착하고 있으며, 고체연료로 된 2단계 추진 로켓이다. 이의 최대 속도는 마하 9까지 가능하다(Harmer, 2012: 7). 현재 개발되고 있는 애로-3은 600마일 이상의 사거리(고도는 100km 이상)에서 99% 이상의 요격률을 자랑하고 있다(Jewish Virtual Library, 2015). 이스라엘에 대해 주변국가가 핵미사일을 발사할 경우 애로-3이 가장 먼저 요격을 시도하게 된다.

대미협력의 방향과 정도　　　이스라엘은 미국과의 긴밀한 협력 및 지원을 바탕으로 BMD 청사진을 수립하고, 무기체계를 개발했다. 미국의 입장에서도 이스라엘을 통해 관련된 기술을 개발할 수 있다는 장점이 컸을 것이다. 미국이 전략미사일에 대응하는 기술을 개발하는 동안에 이스라엘은 전술미사일에 대응하는 기술을 개발한 셈이고, 이러한 점에서 양국의 보완성이 작지 않았으며, 그래서 미국은 상당한 규모의 예산을 이스라엘의 BMD 구축에 지원했다.

즉 이스라엘의 요격체계 개발을 위한 대부분의 사업은 미국의 막대한 예산 지원이 수반되었는데, 연간 지원액이 2006년 1억 3천 달러(1,300억 원)에서 출발해 2014년에는 5억 달러(5천억 원) 정도에 이르렀다(Zanotti, 2014: 42). 그동안 지원된 금액을 누계할 경우 전체 지원액수는 상당할 것이다. 애로 미사일의 경우만 보아도 미국은 1990년부터 2014년까지 총 24억 달러(약 2조 4천억 원)를 지원했다라고 한다(이상일, 2014: 111). 이스라엘의 BMD를 위한 사업별로 미국이 지원한 내역은 〈표 3.6〉과 같은데, 아이언 돔의 경우 미국에게는 필요성이 적어서 개발 단계에서는 예산을 지원하지 않다가 그 능력이 입증되자 공동생산 체제를 구축하고 있다.

요격미사일 개발에 대한 지원 이외에도 미국의 X-밴드 레이더가 2008년부터 이스라엘에 배치되어 있고, SM-3미사일을 장착한 미 이지스함 2척도 지중해에서 임무를 수행하여 이스라엘의 BMD를 지원하고 있다. 이스라엘과 미국은 2009년부터 'Jupiter Cobra'라는 명칭으로 BMD를 위한 양국군의 훈련을 실시하고 있다(이상일, 2014: 111).

표 3.6 이스라엘의 BMD를 위한 미국 국방예산 지원　　　　　　　　단위: 백만 달러

회계연도	ArrowII	ArrowIII	David's Sling	Irone Dome	총계
2006	122.866	–	10.0	–	132.866
2007	117.494	–	20.4	–	137.894
2008	98.572	20.0	37.0	–	155.572
2009	74.342	30.0	72.895	–	177.237
2010	72.306	50.036	80.092	–	202.434
2011	66.427	58.966	84.722	205.0	415.115
2012	58.955	66.220	110.525	70.0	305.700
2013	40.800	74.700	137.500	194.0	479.736
2014	44.363	74.700	149.722	235.309	504.091

출처: Zanotti, 2014: 42.

3. 일본의 BMD

위협　　　　　일본에 대한 직접적인 탄도미사일 위협은 북한의
탄도미사일이다. 일본과 북한은 적대적인 관계를 유
지하고 있고, 핵무기를 탑재한 탄도미사일로 공격할
거리에 있으며, 핵 공격의 피해는 엄청나기 때문이다. 평양에서 동경까
지는 1,300km 정도의 거리지만, 북한의 남단에서 일본의 서남단까지
는 600km 정도에 불과해 노동 미사일이나 무수단 미사일은 물론, 스

커드 미사일의 경우에도 사거리를 조금만 연장하면 일본을 공격할 수 있다. 그래서 일본은 1998년 8월 31일 북한의 대포동 1호 미사일이 일본 상공을 지나 1,600km 정도로 비행하는 데 성공하자 BMD의 연구에 본격적으로 돌입하게 되었다. 2006년 7월 5일 북한이 노동, 스커드, 대포동 2호로 구성된 7기의 미사일을 일본 방향으로 발사하자 일본의 총리는 북한의 탄도미사일이 일본 안보에 직결된 사안이라고 발표했고, 그 이후 BMD 구축을 위한 집중적인 노력을 경주하게 되었다.

일본은 북방 도서의 영유권을 둘러싸고 러시아와도 분쟁의 소지를 갖고 있지만, 단기간에 위협으로 변모할 가능성은 높지 않다. 대신에 중국은 일본과 동북아시아에서 세력경쟁을 벌이고 있고, 센카쿠 열도에서 보듯이 영토분쟁을 빌미로 한 직접적인 군사적 충돌의 소지도 있다. 중국은 250개 정도의 핵무기를 보유하고 있고, 그중 150개는 핵미사일 형태인 것으로 알려지고 있다(Rinehart, 2015: 7). 모두는 아니더라도 소수의 핵미사일 공격을 방어하는 것은 일본의 대중국 전략에서 매우 중요한 사항이다. 상해에서 동경까지 1,500km의 거리지만, 일본 본토 서남단의 나가사키까지는 800km밖에 되지 않아서 중국은 다수의 탄도미사일로 일본을 손쉽게 타격할 수 있다. 중국이 보유하고 있다고 판단되는 탄도미사일 현황은 〈표 3.7〉과 같다.

최근 중국은 더욱 개량된 DF-31A 이동형 ICBM과 DF-5의 고정형 ICBM을 야전 배치한 것으로 알려지고, 4,600마일의 사거리로 다수의 탄두를 발사할 수 있는 새로운 이동형 ICBM인 DF-41을 개발하고 있으며, 핵추진 잠수함에서 발사할 수 있는 미사일도 개발하고 있는 것으로 파악되고 있다(Rinehart, 2015: 7). 따라서 일본에게는 장기적인 차원에서 중국의 핵미사일 대비가 점점 중요해질 것이고, 이러한 차원에

표 3.7 중국의 주요 미사일 현황(사거리 800km 이상)

별명	급수	탄두/중량(kg)	사거리	상태
DF-16	SRBM		800-1,000	개발 중
DF-21/21A/21B/21C/21D(CSS-5)	MRBM	단일/600	2,150	운용 중
DF-25	IRBM	단일 또는/1,200-1,800	3,200-4,000	미상
DF-31/31A(CSS-9)	ICBM	단일 또는 3개/1,050-1,750	8,000-11,700	운용 중
DF-4(CSS-3)	IRBM	단일/2,200	4,750	운용 중
DF-41(CSS-X-10)	ICBM	단일/2,500	12,000-15,000	개발 중
DF-5/5A(CSS-4)	ICBM	단일/3,900	12,000	운용 중
DF-5A	ICBM	단일, 4-6 MIRV/3,200	13,000	운용 중
JL-1(CSS-N-3)	SLBM	단일/600	2,150	운용 중

출처: Marshall, 2015.

서 북한의 핵미사일 위협에 대한 대응은 이중의 목적을 지닐 수 있다고 판단된다.

BMD 구성과 형태　① 기본개념

미국과의 공동연구로 개발됨에 따라서 일본의 BMD 개념은 미국의 과거 TMD 개념을 적용하고 있고, 해양으로 이격되어 있다는 장점을 최대한 활용하고 있다. 일본은 SM-3 요격미사일을 장착한 해상의 이지스함이 상층방어를 담당하고, 지상의 PAC-3가 하층방어를 담당한다는 개념이다. 그리고 이것은 다양한 레이더 체계에 의해 지원되고, 이를 위한 일본의 종합적인 지휘통제체제라고 할 수 있는 JADGE(Japan Aerospace Defense Ground Environment)에 의해 연결 및 통제된다(Ministry of Defense, 2015: 230). 일본이 방위백서를 통해 공개적으로 제시하고 있는 BMD 수행개념도는 〈그림 3.2〉와 같다.

〈그림 3.2〉를 보면 일본은 한 번은 해상의 SM-3, 또 한 번은 지상의 PAC-3에 의해 2회 요격한다는 개념이다. 다만, 일본은 추가적으로 1회 더 요격할 수 있도록 지상용 SM-3 요격미사일이나 미군이 상층방어용으로 개발한 THAAD를 도입하는 것을 검토하고 있고, 그것을 도입할 경우 일본은 3회의 요격기회를 갖는 셈이다.

② 하층방어

일본의 하층방어는 미국에서 구입한 PAC-3 요격미사일이 주된 수단으로서 현재 17개 포대를 동경을 비롯한 주요 도시를 방어하도록 배치해 둔 상태이다(Rinehart et al., 2013: 9). 다만, 이것으로는 일본의 주요 도시들을 모두 보호할 수 없기 때문에 미군이 보유하고 있는 1개 대대의 능력도 일본의 하층방어에 기여하도록 통합적으로 운용하고 있다.

그리고 일본은 PAC-3 요격미사일의 경우 속도가 빠른 북한의 노동 미사일을 효과적으로 방어하기 어렵고, 방어에 성공해도 잔해가 일본에 낙하한다는 제한사항을 인식하고 있다(Norifumi, 2012: 10). 또한 PAC-3는 탄도미사일에만 특화되어 있다. 따라서 일본은 순항미사일이나 항공기에도 대응할 수 있는 다목적 PAC-3 MSE(Missile Segment Enhancement)로 성능을 향상시키고 있다(Ministy of Defense, 2014: 193).

그림 3.2 일본의 BMD 수행 개념도

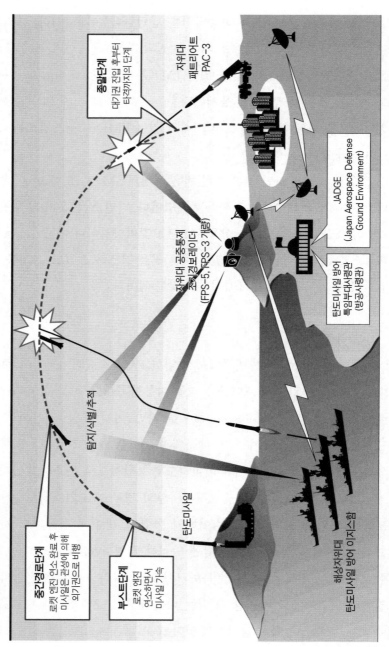

중말단계
대기권 진입 후부터
타격까지의 단계

자위대
패트리어트
PAC-3

JADGE
(Japan Aerospace Defense
Ground Environment)

탄도미사일 방어
특별부대사령관
(방공사령관)

자위대 공중통제
조기경보레이더
(FPS-5, FPS-3 개량)

탐지/식별 추적

탄도미사일

해상자위대
탄도미사일 방어 이지스함

중간경로단계
로켓 엔진 연소 완료 후
미사일은 관성에 의해
외기권으로 비행

부스트단계
로켓 엔진
연소하면서
미사일 가속

출처: Ministry of Defense, 2015: 230.

제3부 자강

③ 상층방어

일본의 상층방어는 해상에서 수행되는데, 고도 160km, 사거리 500km에 달하는 SM-3 미사일을 장착한 구축함이 핵심적인 요소이다. 현재 일본은 그러한 구축함을 4척(Kongo, Chokai, Myoko, Kirishima) 운영하고 있고, 2018년까지 2척을 추가해 6척을 확보한다는 계획이다. 현 아타고(Atago)급의 이지스함 2척에 탄도미사일 요격미사일을 장착함으로써 총 8척까지 증대시킬 예정이다(Ministry of Defense, 2014: 193).

일본은 SM-3의 경우 요격고도가 낮아서 무수단 미사일과 같은 중거리 미사일을 요격하는 데 실패할 수 있다고 판단해 요격능력을 더욱 개선한 SM-3 Block IIA를 미국과 같이 개발하고 있다. 이의 정확한 성능은 공개되고 있지 않지만, 북한의 모든 미사일은 물론, 중국이 ICBM으로 공격하더라도 요격할 수 있는 능력을 지향했을 것이다. 이 것은 3단 로켓을 장착해 상층방어나 그보다 더욱 높은 고도(중간경로단계)에서 타격할 수 있도록 설계되어 있고, 2017년에 완성해 2018년에 군에 인도되도록 되어 있다(Ministry of Defense, 2014: 195).

일본은 지상의 상층방어체계도 구비하고자 노력하고 있는데, 2014년부터 사드 및 지상용 SM-3 요격미사일 획득의 타당성을 검토해 도입하는 쪽으로 추진하고 있다(《동아일보》, 2015.11.25: A20).

대미협력의 방향과 정도　일본도 이스라엘과 유사하게 처음부터 미국과의 긴밀한 협력을 바탕으로 BMD를 구축하기 시작했다. 1993년 북한이 NPT를 탈퇴하자 장기적인 대비 필요성을 인식해 미국 정부와 실무단을 구성했고,

1998년 북한의 대포동 1호가 일본 상공을 통과하자 미군과 해군전역 방어(NTWD: Navy Theater Wide Defense)를 공동으로 연구했다(Norifumi, 2012: 1). 2001년 미국의 부시 행정부가 BMD를 적극적으로 추진하자 이에 대한 양국의 협력 관계는 더욱 긴밀해졌고, 2003년 12월 미국의 개념을 바탕으로 하층방어로 지상의 PAC-3 요격미사일, 상층방어로는 해상의 SM-3(Block IA) 요격미사일을 확보한다는 BMD의 기본 청사진을 결정했다(Norifumi, 2012: 11). 일본은 1999년부터 미국과 해상 상층방어체계를 연구했고, 2005년 12월에는 미국이 개발한 SM-3의 사거리와 성능을 향상시킨 SM-3 Block IIA(통상적으로 '21인치 SM-3'로 부른다)를 공동으로 개발하기로 결정했다. 최근에는 개발된 SM-3 Block IIA를 미국이 제3국에 수출하도록 허용하기도 했다(Ministry of Defense, 2015: 230).

일본은 미군의 BMD 전력을 적극적으로 수용해 BMD를 위한 양국군 간의 긴밀한 협력을 보장하고 있다. 'X-밴드 레이더'라고 불리는 TPY-2 레이더를 2006년 미군 샤리키(Shariki) 기지에 배치하도록 했고, 다수의 미국 이지스함이 일본 해역에서 활동하도록 했으며, 2006년에는 PAC-3 부대, 2007년에는 미군의 합동전술지상팀(JTAGS: Joint Tactical Ground Station)을 배치하도록 했고, 2014년에는 두 번째의 TPY-2 레이더를 쿄가미사키(Kyogamisaki) 기지에 배치하도록 한 것이 그것이다(Ministry of Defense, 2015: 230).

일본은 미군과 일본군 간의 BMD 작전에 대한 긴밀한 협조를 보장할 수 있도록 2005년부터 동경 근처의 요코타(Yokota) 공군기지에 '미일 통합운용조정소'(BJOCC: Bilateral Joint Operation Coordination Center)를 설치했다. 또한 일본 공중자위대본부 지하실에 미·일 연합상황실을 구성해 탄도미사일 요격에 관한 신속한 결심을 보장하는 역할도 수행하고 있다(Rinehart et al., 2013: 11). 일본은 미군으로부터 BMD에 관한 정보를 공유하고, 무기 및 장비의 유지 및 훈련 활동도 함께 하며, 2014년에 이어 2015년에는 일본 해상자위대와 미 해군이 BMD를 위한 훈련을 실시해 양국군 간의 협조태세를 점검 및 향상시키기도 했다(Ministry of Defense, 2015: 230).

4. 한국의 BMD

위협   한국은 북한의 탄도미사일, 특히 핵미사일 위협에 직면하고 있다. 북한은 20개 정도의 핵무기를 개발했고, 제3차 핵실험을 실시한 후 북한이 발표한 바와 같이 이를 미사일에 탑재해 공격할 정도로 '소형화·경량화'하는 데도 성공했을 가능성이 높기 때문이다. 〈표 3.8〉에서 보듯이 북한이 핵무기를 ICBM에 탑재하고자 하면 더욱 소형화해야 하지만 스커드에 탑재하려면 1톤 정도라도 가능하다. 북한이 보유하고 있는 대부분의 탄미사일은 핵무기를 탑재할 수 있고, 언제든지 한국을 공격할 수 있다.

북한은 스커드-B와 스커드-C를 합해 200-600기 이상 운영 중이고, 노동 미사일을 90-200기 정도 배치한 것으로 알려지고 있다(장철운, 2015: 131-132; 국방부, 2012: 282). 북한은 이동식 미사일발사대(TEL: Transporter Erector Launcher)도 200대 이상 보유하고 있어서(Department of Defense, 2013: 15) 기습적인 핵미사일 공격도 가능하다. 특히 북한은 노동 미사일의

표 3.8 북한 보유 미사일 제원

구분	SCUD-B	SCUD-C	노동	중거리 미사일	대포동 1호	대포동 2호	신형 미사일
사거리 (km)	300	500	1,300	3,000	2,500	6,700 이상	미상
탄두중량 (kg)	1,000	770	700	650	500	650-1,000 (추정)	미상
비고	작전배치	작전배치	작전배치	작전배치	시험발사	개발 중	개발 중

출처: 국방부, 2014: 241.

사거리인 1,300km를 650-750km로 줄일 경우 한반도를 공격할 수 있고, 실제로 2014년 3월 고고도 탄도(lofted trajectory)로 노동 미사일을 발사해 650km 표적을 맞춘 시험을 실시한 적이 있다(홍규덕, 2015: 123). 스커드 미사일의 경우에도 최대 사거리보다 150-200km 연장해 시험사격하는 것으로 미루어 볼 때 한반도 전역을 공격할 수 있는 능력을 갖추어 나가고 있다(이연수, 2015). 북한 탄도미사일의 정확도, 즉 공산오차(CEP, Circular Error Probability: 타격 시 50%의 숫자가 떨어지는 반경)가 스커드-B 미사일은 0.5-1km, 스커드-C는 1-2.4km, 노동 미사일은 3km 이상이라면서 과소평가할 수도 있지만(장철운, 2015: 134), 핵무기의 타격에는 이러한 공산오차가 중요하지 않다는 점도 이해해야 한다.

북한의 핵미사일 위협이 이와 같이 심각한데도 한국이 지금까지 그 정도로 심각하게 인식하고 대비했다고 보기는 어렵다. 대북한 화해협력정책을 추진한다는 명분으로 지도자들은 북한의 핵 위협에 대해서는 "최대한 발언을 자제하거나 드러난 사실만을 언급"했고(이상훈,

2006: 153-154), 이러한 경향은 현재에도 이어지고 있다. 《2014 국방백서》에서 핵미사일 대응태세에 대한 설명이 처음으로 독립된 내용으로 포함될 정도로(국방부, 2014: 28-29, 56-61) 위협을 인정하지 않으려 하는 의도를 보였다.

BMD 구성과 형태　　　① 기본개념

한국은 현재. '한국형 공중 및 미사일 방어체계' 또는 KAMD라는 명칭으로 자체적인 BMD를 추진하고 있다. 그러나 한국이 BMD를 구축하면 미국 MD의 일부가 된다는 일부 인사들의 주장을 극복하지 못해 지금까지 하층방어에만 국한된 BMD 개념을 수립했고, 따라서 개념부터 한계가 있었다. 《2014 국방백서》에서부터 〈그림 3.3〉에서 보듯이 종말단계에서 2회 요격하는 것으로 개념을 수정하면서 이를 위한 무기를 자체 개발한다는 개념이지만, 이에 관한 적극성의 정도와 성공 여부는 지켜보아야 할 일이다.

〈그림 3.3〉을 보면 한국군은 종말단계의 상층에서 1회 요격하고, 하층에서 1회 요격한다는 개념인데, 상층방어는 자체 개발 예정인 장거리 지대공미사일(L-SAM)이 담당하고, 미군의 PAC-3에 해당하는 요격미사일도 자체의 중거리 지대공미사일(M-SAM)을 개발해 대체한다는 방향이다. 한국의 경우 해상에서의 요격은 기술적인 측면은 더욱 종합적으로 검토해야 할 필요성이 있고, 현재는 정보수집 정도만 기여하는 것으로 표시되어 있다.

그림 3.3 한국형 미사일 방어체계의 개념도

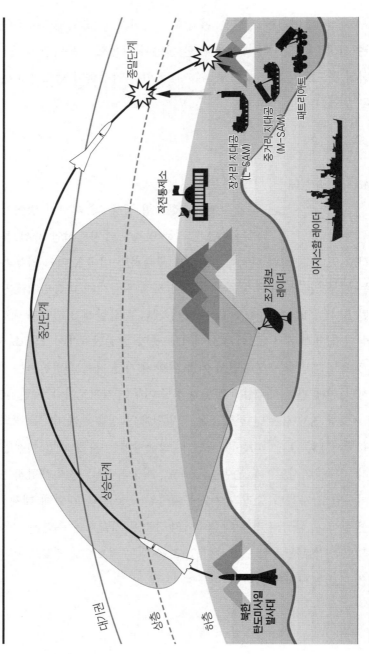

북한
탄도미사일
발사대

조기경보
레이더

작전통제소

장거리 지대공
(L-SAM)

중거리 지대공
(M-SAM)

패트리어트

이지스함 레이더

하층

상승

상층

대기권

상승단계

중간단계

종말단계

출처: 국방부, 2014: 59.

② 하층방어

한국의 현 하층방어를 구성하는 것은 독일로부터 도입한 PAC-2 요격미사일 2개 대대(48기)이다. 다만, 이것은 공격해 오는 상대방의 탄도미사일 몸체를 직접 타격해 파괴하는 직격파괴(直擊破壞, hit-to-kill) 능력이 없고, 따라서 BMD로는 충분하지 않다. 그렇기 때문에 한국은 2020년까지 현재의 PAC-2를 직격파괴 능력을 구비한 PAC-3로 개량한다는 계획이다(Rinehart, 2015: 10). 도입되어 있는 PAC-2도 도시의 방어가 아니라 공군 비행장 등 주로 군사적 방호용으로 운용하고 있다는 문제점이 있다.

한국의 경우 북한과 워낙 근접하고 국토가 좁아서 상층방어를 위한 고도와 거리가 허용되지 않기 때문에 하층방어가 현실적일 가능성이 높다. 1999년 미 국방부에서 주한미군의 보호를 위한 BMD체계를 연구하면서 한국의 경우 25개 포대 정도의 하층방어체계를 전국적으로 구비하는 방안이 제시된 적도 있다(Department of Defense, 1999: 11).

③ 상층방어

한국은 현재 상층방어 능력을 보유하고 있지 않다. 다만, 2016년 2월 7일 북한이 장거리미사일 시험발사를 실시하자 미국이 주한미군 보호 차원에서 요청해 오던 사드의 배치를 협의하기 시작했고, 이것이 배치되면 한국의 상당한 지역에 대해 상층방어를 제공할 수 있다. 한국은 현재 2020년대 중반까지 장거리 지대공 미사일을 개발해 상층방어를 담당시킨다는 방침이다. 한국이 보유하고 있는 이지스함의 경우 탄도미사일에 대한 추적능력만 구비하고 있을 뿐 요격능력은 갖추지 못하고 있다는 한계가 있다(Rinehart, 2015: 10). 보유하고 있는 미사일이

SM-2로서 항공기 방어용이고, 직격파괴 능력을 갖추고 있지 못하다.

한국의 입장에서 상층방어는 제한사항이 없지 않다. 그 이유는 사드의 경우 40km 정도가 최저교전고도라서 그 이하로 공격해 오는 스커드 미사일은 요격할 수 없기 때문이다. 따라서 북부 지역에서 2회의 요격기회를 확실하게 보장하고자 한다면 최저교전고도가 더욱 낮은 새로운 요격미사일이 유용할 수 있다.

대미협력의 방향과 정도　　미국과의 협력에 있어서 한국은 이스라엘이나 일본과 대조적인 접근을 보여 왔다. 1991년 걸프전에서 이라크의 탄도미사일이 미군 막사를 타격해 30명 정도의 사망자가 발생하자, 한국은 미군의 TMD 개념에 지대한 관심을 보였고, 요격미사일의 구매까지 검토했다(Allen et al., 2000: 34). 그러나 북한과의 화해협력정책을 우선시하면서 부정적인 입장으로 선회했고(《동아일보》, 1999.8.15: A8), KAMD라는 용어를 사용하면서 미국과의 협력을 금기시하기 시작했다(《조선일보》, 2003.6.11: A1).

이러한 분위기가 지속되면서 지금까지 한국에서는 최선의 BMD 청사진이 어떠해야 하느냐가 아니라 미 MD(세계적으로 사용되는 용어는 BMD이지만 한국에서는 MD로 지속 사용) 참여 여부를 중심으로 토론을 전개해 왔다. 일부 인사들은 "한국이 BMD를 구축하면 미 MD의 일부가 된다"라는 논리를 주장했고(정욱식, 2003; 평화와 통일을 여는 사람들, 2008), 이것이 야당과 언론은 물론, 다수의 국민들에게도 설득력을 가졌다. 이러한 맥락에서 미군이 자신을 보호하고자 사드를 배치한다고 하자 이것을 허용하는 것은 미 MD에 참여하는 조치라면서 치열하게 반대하는 여론이 발생했던 것이다. 한미 양국은 동맹 관계로서 한반도의 전쟁 억제와 유사시 승리를 위해 한미연합사라는 공동의 사령부를 구성하고 있음에도 유독 북한의 핵미사일에 대한 방어에 대해서는 협조하지 못하는 이상한 현상이 벌어져 온 셈이다.

5. 이스라엘, 일본, 한국 BMD의 비교 결과

이스라엘, 일본, 한국의 BMD를 비교해 보면, 이스라엘과 일본은 상당한 수준의 BMD를 구축한 상태이지만, 한국은 상당히 지체되어 있어 대조적인 모습을 보이고 있다. 위협, BMD 개념과 구성, 대미협력에 관한 비교결과를 정리해 보면 다음과 같다.

첫째, 위협의 강도는 한국이 가장 높고, 일본과 이스라엘의 순서로 낮다고 평가될 수 있다. 한국은 북한과 인접한 상태라서 북한의 모든 탄도미사일이 위협이 되고 또한, 북한은 핵미사일로 한국을 언제라도 공격할 수 있다. 특히 행정과 경제의 중심 도시인 서울이 휴전선에서 40km 정도밖에 떨어져 있지 않아서 북한이 핵무기로 서울을 공격할 경우, 한국은 탐지와 방어를 위한 여유 시간과 공간을 거의 확보하고 있지 못한 상황이다. 일본의 경우 한국에 비해서는 거리가 멀리 떨어져 덜 불안하다고 할 수 있으나, 북한이 보유하고 있는 노동 미사일 등을 고려할 때 북한의 핵미사일 공격에 노출되어 있는 것은 동일하다. 반면에 이스라엘에 대한 위협은 하마스와 헤즈볼라의 로켓 및 단거리

미사일이 주류를 이루고 있고, 탄도미사일 위협은 심각하지 않으며, 핵미사일 위협은 아직은 없다. 이란이 핵미사일을 개발할 가능성이 높지만, 1,400km 이상 떨어져 있어 어느 정도의 여유는 있다. 이렇게 볼 때 세 국가 중에서 위협 측면에서 탄도미사일 방어에 가장 적극적이어야 할 국가는 한국인데, 실제로는 가장 소극적이고, 따라서 위협과 대응 사이에 상당한 불일치가 존재하는 셈이다.

둘째, BMD의 기본적인 방어개념은 다층방어인데, 이 역시 한국이 가장 미흡한 수준이다. 이스라엘은 핵미사일 위협의 원천이 될 수도 있는 이란과 이라크가 다소 떨어져 있었기 때문에 상층방어체계부터 개발했고, 그다음에 하층방어를 위한 무기체계를 개발했으며, 로켓탄 등의 소규모 위협에도 적극적으로 대응한다는 개념이다. 데이비즈 슬링이 개발되면 하층과 상층방어 사이를 보완해 3중 요격도 가능해질 수 있다. 일본의 경우에는 상층방어와 하층방어를 동시에 추진했는데, 해상의 SM-3와 지상의 PAC-3로 2중 요격을 구현했고, 사드나 지상용 SM-3를 추가로 구매할 경우 3중 요격까지도 가능하다. 반면에 한국은 지금까지 하층방어만을 추진했고, 최근에 개념적으로는 상층방어를 포함시키면서 자체 개발계획을 밝히고 있지만, 상당한 기간을 기다려야 하는 상황이다.

셋째, BMD의 실제적인 요격 능력에 있어서도 한국이 가장 뒤처진다. 이스라엘의 경우 자체 개발한 애로-2와 미군의 PAC-3를 배치한 상태에서 자체 개발한 데이비즈 슬링도 완성되었다. 일본의 경우에는 미국의 SM-3 해상 요격미사일과 PAC-3 지상 요격미사일을 구매해 배치한 상태이고, 일본의 상황에 맞도록 SM-3와 PAC-3의 성능을 개량해 나가고 있다. 이에 반해 한국은 PAC-2를 확보하고 있으나 직격파괴가 불가능해 개량이 필요하고, 장거리 대공미사일은 2020년대 중반에 개발 가능할 것이라고 말하지만, 불확실성이 매우 큰 상황이다.

넷째, 세 개 국가 중에서 한국의 BMD 역량이 전반적으로 미흡한 것은 미국과의 협력 정도와 관련이 있다. 이스라엘은 애로 미사일은 물론, 모든 요격미사일 개발에 미국의 기술과 재원을 최대한 활용했다. 일본의 경우에는 처음부터 미국의 지도와 협력을 바탕으로 BMD를 구축했고, 이스라엘과 같이 SM-3와 PAC-3의 기술개량을 미국과 공동으로 하고 있으며, BMD의 운영에 있어서도 통합기구를 만들어 단일지휘(unity of command)를 보장할 정도로 미국과 긴밀하게 협력하고 있다. 그러나 한국의 경우에는 초기 단계에서부터 미국과 협력을 기피했고, 이로 인해 사드나 SM-3의 구매 여부는 제대로 검토조차 하지 못했다. 공동개발은 전혀 거론되지 않았고, 주한미군 보호를 위한 사드의 배치를 두고도 몇 년 동안 논란을 벌였다.

이스라엘과 일본의 사례를 비교해 볼 때, BMD에 관한 한 한국의 접근이 미숙한 부분이 적지 않다. 위협 인식도 실제에 비해서 낮았고, 기본개념도 잘못 설정했다. 능력 확보도 지체되었으며, 미국과의 협력을 기피함으로써 효율성도 낮아졌다. 이것을 요약하면 〈표 3.9〉와 같다.

〈표 3.9〉를 보면 핵미사일 위협에 가장 심각하게 노출되어 있는 상황임에도 불구하고 한국은 기본개념, 능력, 대미협력 측면에서 가장 낮은 수준이다. 일본은 해상으로 이격되어 위협이 한국에 비해서 덜 심각함에도 미국 다음으로 가장 유효한 BMD 능력을 구비하고 있다. 한국의 경우 탄도미사일에 관한 위협과 대응 간에 심각한 불일치가 발생한 상태이고, 조기에 개선을 하지 않을 경우 외부의 위협으로부터 국민들의 생명과 재산을 보호해야 한다는 국방 본연의 임무를 완수하기 어려

표 3.9 이스라엘, 일본, 한국의 BMD 추진 비교

항목		이스라엘	일본	한국
위협	내용	– 핵미사일 위협 부재 – 로켓탄, 포탄 등 위협	북한 핵미사일 위협 (해상 이격)	북한 핵미사일 위협 (근접)
	평가	낮음	다소 높음	매우 높음
기본 개념	내용	– 현재 2중 방어 – 3중 방어 지향	– 현재 2중 방어 – 3중 방어 지향	– 현재 1중 방어 – 2중 방어 지향
	평가	타당	우수	미흡

능력	내용	– 상층방어, 하층방어
		  구비
		– 중층방어 구비 임박
			– 해상 상층방어, 지상
			  하층방어 구비
			– 지상 상층방어 지향
				– 제한된 하층방어
				  구비
				– 중층방어 지향

	평가	중간	중간	미흡
대미 협력	내용	무기 개발 협력	무기 개발 및 운영 협력	협력 미흡
	평가	중간	적극	소극

울 위험도 존재한다고 보아야 한다.

6. 결론과 함의

다소 늦었지만 한국은 BMD에 관한 한 지금까지의 이해나 접근방법
에서 미흡한 점이 적지 않았다는 점을 반성하고 시정 노력을 배가할
필요가 있다. 핵미사일 위협을 직시하지 않으려는 경향으로 인해 '핵',

'핵무기', '핵미사일' 등의 용어보다는 '비대칭 위협', '대량살상무기'와 같은 포괄적인 용어를 선호한 점이 있었고, 국방부와 합참에서도 북한의 핵미사일 위협에 대한 대응이 적정한 정도의 우선순위를 차지하지 못했다.

이러한 반성을 바탕으로 한국은 한국의 상황과 여건에 부합되는 BMD 개념과 청사진을 정립해야 할 것이다. 미국, 일본, 이스라엘의 전문가들을 초청해서 최선의 BMD 청사진을 정립하고, 이에 근거해 필요한 능력을 구체적인 일정을 세워서 확보해 나가야 할 것이다. 이스라엘이나 일본과 같이 국가적 과제로서 BMD를 추진함으로써 정책 결정의 독립성과 신속성, 그리고 안정적인 예산 확보와 정부부처 간의 조정을 보장해야 할 것이다(이상일, 2014: 102). 예를 들면, 현재의 '국가안보실'을 '북핵대응실'로 개편해 BMD와 핵 대응을 위한 컨트롤 타워를 구축하고, '합동방공사령부'를 편성함으로써 BMD에 관한 소요제기 및 개념발전에 관한 실무적인 사항을 전담하도록 할 필요가 있다. BMD에 관한 절차와 교리, 위기관리와 방어연습, 실시간 정보관리체계 정비 등으로 운용의 질을 보장하기 위한 노력도 필요하다고 할 것이다(이연수, 2015). 당장의 조치로서 KAMD라는 용어 대신에 보편적인 용어인 BMD를 사용하거나 '한반도 탄도미사일 방어'로 개칭하는 것도 논의해 볼 필요가 있다.

한국은 지체된 BMD 수준의 조기 격상을 위해 미국 및 일본과의 협력을 더욱 적극화할 필요가 있다. 탄도미사일 방어에 관한 기술이나 범위에 있어서 세계를 선도하는 국가는 미국이고, 일본은 미국과의 협력을 통해 단기간에 체계적인 BMD 능력을 구비할 수 있었다. 동맹 관계를 유지하는 한국과 미국이 한반도의 전쟁 억제와 유사시 승리를 위한 다른 모든 사항은 협조하면서 BMD에 관한 사항은 협조하지 않는다는 것은 말이 되지 않고, 미국과 협력하면 일본과의 협력도 자연스럽게 진전될 것이다. 특히 일본은 북한의 핵미사일 위협을 직접적으로 공유하고 있다는 점에서 협력의 동기가 크다. 한국은 BMD 운영에 있어서도 주한미군 또는 일본의 BMD와 적절하게 연계시킬 필요가 있고, 일본 BMD의 정보수집능력을 활용할 뿐만 아니라 필요시 요격 역할을 분담함으로써 BMD에 관한 한 한미일 3각 협력체제를 구축해 나가야 한다.

이제부터 다층방어의 필요성을 국민들에게 명확하게 이해시켜야 할 뿐만 아니라 북한과의 지근거리라는 특수성을 고려해 상층방어, 하층방어 사이에 중층방어 개념을 설정할 필요도 있다. 휴전선으로부터 40km밖에 떨어지지 않은 서울에 대해 2회의 요격기회를 보장하고자 한다면 하층방어보다 조금 더 높되 현재의 상층방어보다는 다소 낮은 범위에서 먼저 요격하는 체계가 필요할 것이기 때문이다. 실제로 국방연구소에서 2020년대 중반 개발을 목표로 추진하고 있는 L-SAM의 요격고도도 사드와 같은 150km의 고도가 아니라 40-50km를 지향하고 있고(이연수, 2015), 이것은 중층방어에 해당된다고 할 것이다. 후방 지역의 경우에는 하층방어와 상층방어로 다층방어를 조직할 수 있을 것이다. 수도권은 중층방어와 하층방어, 후방도시는 상층방어와 하층방어를 통해 2회의 요격기회를 갖게 되는 셈이다.

당분간 한국의 BMD는 미흡한 수준일 수밖에 없기 때문에 한국은 광의의 BMD 개념에 포함되어 있는 공격작전과 소극방어까지 동원할 필요가 있다. 실제로 한미 양국은 최근 탐지(Detect) · 교란(Disrupt) · 파괴(Destroy) · 방어(Defend)라는 '4D' 개념으로 북한의 핵미사일에 대한 대응

계획을 구체화하고 있는데, 이것이 바로 선제타격과 요격의 유기적인 연결을 전제로 하는 것이다. 한국은 F-15K 등에 장착해 북한 전역을 타격할 수 있는 사거리 500km의 타우러스 공대지 미사일을 수백 기 도입했고, 사거리 280km의 공대지 순항 미사일인 AGM-84H, 즉 일명 SLAM(Stand-Off Land Attack Missile)-ER을 보유하고 있어 표적만 정확하게 제공될 경우 원거리에서도 정확하게 제거할 수 있는 능력을 보유하고 있다(장철운, 2015: 147-148).

추진의 정도는 북한의 핵 위협 정도와 BMD 능력 구비 수준에 근거해 적절하게 판단해야 하겠지만, 소극방어 차원에서 민방위에 핵 공격 상황도 포함시키고, 이에 근거한 대피도 고려할 필요가 있다. 2014년 3월 20일 북한이 숙천에서 시험발사한 노동 미사일의 경우 체공시간이 7분 30초였는데(이연수, 2015), 비록 길지 않은 시간이지만 이 정도라도 사전에 훈련되어 있는 상태에서 신속하게 전파만 될 경우 어느 정도의 대피는 보장될 수 있다. 군과 국민안전처가 경보 단계, 사이렌의 형태, 발령 방법 등에 대해 긴밀하게 협의해 결정하고 이를 근거로 필요한 연습을 실시해야 할 것이다. 동시에 군 내에서도 북한이 핵무기로 공격할 경우 군사작전을 어떻게 수행할 것이냐는 사항에 대해 고민하고, 필요한 조치 방향을 개발해 실천하거나 장병들에게 교육 및 훈련시켜 나가야 할 것이다.

제13장
핵 민방위

어떤 연유로든 북한이 핵미사일로 한국의 어느 도시를 공격하면 어떻게 되는가? 국방은 최악의 상황까지 대비하는 것이라면 우리는 가능한 모든 상황을 가정해야 할 것이고, 직면하고 싶지 않은 상황도 대비해야 한다. 그렇게 하지 않다가 핵 공격을 받을 경우 실제 피해는 엄청날 수 있기 때문이다. 온 국민이 혼란에 빠져서 각자도생(各自圖生)으로 동분서주하는 상황과 질서정연하게 대피소에서 생활하면서 기다리는 상황을 비교해 보라.

냉전시대에 미국과 소련은 상호확증파괴전략을 사용해 서로의 핵 공격을 억제한다고 하면서도 대피소를 비롯한 적극적인 민방위 활동을 전개해야 했다. 유럽의 국가들도 나름대로의 민방위 조치를 강구했고, 스위스는 영세중립국임에도 다른 어느 국가보다 철저한 민방위 조치를 강구했다. 그런데, 미국, 소련, 스위스가 그 당시 직면하고 있었던 핵 위협보다 한국이 현재 직면하고 있는 핵 위협의 심각성과 직접성이 훨씬 크다. 그 당시에는 어느 누구도 핵 공격의 의사를 공개적으로 말하지 않았지만, 북한은 노골적으로 핵 공격 가능성을 과시하고 있기 때문이다.

핵 공격을 당하는 것은 끔찍한 일이지만, 1-2발의 공격으로 모든 국민들이 사망하거나 국토가 폐허가 되는 것은 아니다. 사전에 어느 정도 대비해 둘 경우와 그러지 않은 경우의 사상자와 피해의 차이는 매우 클 수 있다. 국민들을 불안하게 할까 봐, 또는 북한에게 약한 모습을 보일까 봐 계속 미룰 경우 무방비 상태에서 최악의 상황을 맞을 수도 있다. 지금까지 북한의 핵무기 개발을 방지하지 못했다면 대피소를 구축하는 어려움이라도 감수해야 하는 것 아닌가?

1. 핵 공격의 위력과 피해

핵무기가 지상에서 폭발하면 대형 구덩이가 발생하고, 화염이 확산되며, 폭풍이 전달되고, 버섯 모양의 구름이 형성되는데, 그 과정에서 강력한 폭풍이 인명을 살상하면서 건물을 파괴하고, 열복사선이 빛의 속도로 전파되어 화재를 유발한다. 또한 초기방사선으로서 감마선과 중성자가 발산되고, 방사능을 함유한 먼지인 낙진(落塵)이 공중으로 이동하며 광범위한 지역에 잔류방사능을 발산한다. 각 효과의 비중과 위력은 당연히 핵무기의 종류나 폭발 형태에 따라서 달라지지만 대체적으로 폭풍(blast) 효과가 50%를 차지할 정도로 가장 크고, 다음으로는 방사선(radiation)과 열(heat) 순이다. 추가적으로 전자기파(EMP: Electromagnetic Pulse)가 발생해 전기 및 전자기기들을 무력화시키기도 한다.

현재까지 핵무기가 인류에게 사용된 사례는 1945년 8월 히로시마와 나가사키에 대한 미국의 핵무기 공격이다. 미국이 4년에 가까운 기간 동안 온갖 노력을 기울여도 종료시키지 못했던 전쟁을 2발의 핵무기로 종료시켰다는 점에서 핵무기의 엄청난 위력을 실감할 수 있다. 〈표 3.10〉에서 보듯이 당시의 핵 공격으로 69만 명이 피폭을 당하고, 그중에서 23만 명 정도가 사망했다.

한국의 어느 도시에 핵 공격이 가해진다면 그 피해는 히로시마와 나가사키의 피해보다 더욱 클 것으로 판단된다. 한국의 경우 도심화의 진전 정도가 커서 인구가 매우 조밀하게 살고 있기 때문이다. 2004년 미국의 환경기구인 NRDC(Natural Resources Defense Council)의 연구원들은 중국 북경에서 열린 세미나에서 미 국방부가 1990년대에 모의분석

표 3.10 1945년 일본에 투하된 원자폭탄에 의한 피해 규모

구분	총 피폭자 수	사망자 수
히로시마	420,000	159,283
나가사키	271,500	73,884
합계	691,500	233,167

출처: 허광무, 2004: 98.

해 본 자료를 소개하면서 일본에 투하된 동일한 위력의 핵폭탄이 동일한 형태(지상 500m 공중폭발)로 폭발할 경우 6배, 지상에서 폭발할 경우에는 10배 이상의 사상자가 발생할 것이라고 언급한 적이 있다(McKinzie and Cochran, 2004). 한국 국방연구원에서도 독자적 시뮬레이션을 통해 다음과 같은 결과를 발표한 바 있다.

통상적인 기상조건하에서 서울을 대상으로 20kt급 핵무기가 지면 폭발 방식으로 사용된다면 24시간 이내 90만 명이 사망하고, 136만 명이 부상하며 시간이 경과할수록 낙진 등으로 사망자가 증가한다. 100kt의 경우 인구의 절반인 580만 명이 사망하거나 다친다. 용산 상공 300m에서 20kt급 핵무기가 폭발하는 경우 30일 이내에 49만 명이 사망하고 48만 명이 부상당할 것이고, 100kt급 핵무기를 300m 상공에서 폭발시키는 경우 180만 명이 사명하고 110만 명이 부상당할 것으로 예상된다(김태우, 2010: 319).

핵무기 공격을 받을 경우 엄청난 규모의 대량살상이 초래되는 것

표 3.11 10kt 핵폭발 시의 거리별 압력과 바람

최대 압력(psi)	원점에서의 거리(km)	최대 풍속(km/h)
50	0.29	1503
30	0.39	1077
20	0.48	808
10	0.71	473
5	0.97	262
2	1.8	113

주: • 0.1~1psi: 빌딩에 대한 소규모 피해, 유리창 정도 파손
   • 1~5psi: 빌딩에 대한 상당한 피해, 원점 방향의 부분 피해
   • 5~8psi: 빌딩에 대한 심각한 피해, 또는 파괴
   • 9psi 이상: 튼튼한 빌딩만 심각한 피해 후 건재하고, 나머지 빌딩은 파괴
출처: National Security Staff Interagency Policy coordination Subcommittee, 2010: 16.

은 분명하지만, 그렇다고 모든 국민들이 한꺼번에 사망할 정도는 아니다. 핵무기 공격을 받았다고 해서 모든 것을 포기할 수도 없는 일이다. 핵무기가 폭발한 원점(ground zero)만 어느 정도 벗어나면 생존할 수 있고, 사전에 대비해 둔 것이 있을 경우 생존율은 더욱 높아질 수 있다. 핵무기 폭발 시 원점에서의 거리에 따라 압력과 피해가 어느 정도인지를 나타내면 〈표 3.11〉과 같은데, 10kt 위력의 핵무기일 경우 대부분의 빌딩이 부서지는 범위는 반경 700-900m 내에 불과하다. 당연히 핵무기 위력이 커질수록 그 범위는 넓어지겠지만, 북한이 보유하고 있을 것으로 판단되는 10-20kt 위력의 핵무기라면 1-2km 바깥일 경우 치명적이지는 않을 수 있다.

핵무기가 폭발할 경우 폭풍과 열 효과는 순간적으로 발생했다가

사라지지만, 지속되는 것은 방사선이고, 특히 낙진(落塵, fall-out)은 바람을 타고 광범한 지역으로 이동하면서 피해를 줄 수 있다. 낙진에 함유된 방사능은 지속적으로 방사되고, 일정한 강도 이상의 방사선에 노출되는 사람들은 사망 또는 심각한 후유증을 앓게 된다. 따라서 핵무기 폭발 원점 이외에 있는 사람들은 낙진으로부터 안전을 도모하는 것이 중요하고, 이것은 사전에 조금만 대비해 두면 거의 대부분 피해를 예방할 수 있다. 특히, 핵폭발 시 원점에서 폭풍효과를 차단하는 대피소를 구축하려면 상당한 비용이 소요되지만, 낙진대피소(fall-out shelter)는 상대적으로 쉽게 구축할 수 있다. 따라서 핵폭발에 대비하는 국민들의 일반적인 노력은 낙진대피소를 구축하거나 낙진이 없는 지역으로 이동하는 활동인 셈이다.

낙진의 경우 최초에는 강력하지만, 방사능 원소들의 반감기로 인해 급격히 그 강도가 줄어들기 때문에 일정한 기간만 대피하면 피해를 크게 줄일 수 있다. 낙진의 방사능은 핵폭발 1시간 후 1,000R(뢴트겐: roentgens)/H이라면 7시간 이후에는 100R/H, 48시간 이후에는 10R/H까지 떨어지고, 2주 후에는 1R/H까지 떨어진다. 또한 방사선에 노출되었다고 모두 사망하는 것이 아니라 대체적으로 450R/H를 받은 사람 중에서 2분의 1 정도가 사망하는 것으로 되어 있다. 따라서 대체적으로 핵무기 폭발 이후 2일만 견디면 간헐적인 활동이 가능하고, 2주 후에는 전반적인 활동이 가능할 수 있다(Kearny, 1979: 13). 핵폭발 초기의 얼마간을 방사선에 노출되지 않고 지내는 것이 관건인 셈이다. 따라서 유럽 등에서는 민방위(civil defense)라는 이름으로 냉전시대부터 방사선에 노출되지 않고 2주 정도를 견딜 수 있도록 대피소들을 건축해 온 것이다.

2. 핵 민방위의 형태

핵무기 공격으로부터 피해를 최소화할 수 있는 방법은 크게 방사선을 차단할 수 있는 물질로 둘러싸인 공간에서 일정한 기간 대피할 수 있는 대피소(shelter)를 구비해 두는 것과 위험한 지역에서 위험하지 않은 지역으로 이동시키는 소개(疏開, evacuation)로 구성된다. 그리고 이러한 소개와 대피소의 적시성과 효과성을 보장하려면 당연히 체계적이면서 신속한 경보와 안내(warnings and communications)가 선행 또는 병행되어야 한다.

경보와 안내   경보와 안내는 국민들에게 핵 공격이 임박하거나 일어났다는 사실, 그리고 핵 공격 이후 진행되고 있는 상황이나 바람직한 조치 및 행동의 방향을 알려 주는 활동이다. 이것이 신속하면서도 정확하게 수행될 경우 소개와 대피의 효과성이 높아지고, 따라서 피해를 크게 감소시키게 된다. 원론적으로 보면 경보와 소개·대피는 상호 보완적이어서 전자가 구비되어 있지 않으면 후자가 기능을 발휘할 수 없고, 후자가 준비되어 있지 않으면 전자는 의미가 없다.

경보의 경우 핵 공격 이전에 그 가능성을 경보해 주는 사전경보와 핵무기 발사 사실을 알려 주는 사후경보로 구분해 볼 수 있다. 사전경보는 상대방이 핵 공격을 할 준비를 하고 있고, 따라서 이에 대한 대비가 필요하다는 것을 알려 주는 것으로서, 수일에서 수 시간 전에 경보가 이루어지겠지만, 적의 행동에 따라 경보의 하달과 취소가 반복되면서 상당한 기간이 소요될 수도 있다. 어쨌든 사전경보가 내려지면 그 임박성과 심각성의 정도에 부합되도록 국민들은 안전한 지역으로 이동(소개)하거나 대피소를 구축 및 보강하는 등의 조치를 강구해야 할 것이다. 경보가 정확하지 못할 가능성이 높기 때문에 이동보다는 대피소의 준비에 중점을 두는 것이 안전할 가능성이 높다.

사후경보는 핵무기가 발사되었다는 사실을 국민들에게 알려 주는 활동으로서, 이것은 국가의 상황에 따라서 다를 수밖에 없다. 적과 거리가 어느 정도 이격되어 있을 때는 수십 분의 시간이 주어질 수 있지만, 한국과 같이 북한과 지리적으로 근접해 있는 국가는 수 분에 불과할 수 있다. 비록 사후경보가 짧더라도 경보가 될 경우 국민들은 방호효과가 보장되는 장소로 이동하거나 응급 보호조치를 취함으로써 상당한 정도로 피해를 줄일 수 있다. 전혀 경보를 받지 못해 핵폭발의 섬광을 본 후 공격 사실을 알았다고 해도 폭풍이 도래하기 전까지의 수초 동안에 건물의 안쪽으로 재빨리 이동한다든지, 지상에 눈을 감고 엎드린다든지 필요한 조치를 취하기만 해도 피해를 감소시킬 수 있다.

핵 공격의 경보와 함께 정부와 관련 기관에서는 현재 상황이 어떠한지 국민들은 어떻게 행동해야 하는지에 대한 정보를 제공할 필요가 있는데, 이것을 별도로 '안내'라고 명명할 수 있다. 일단 국민들이 대피나 소개를 했다 하더라도 상황을 정확하게 알 수 없으면 적절하게 대처할 수 없고, 행동요령을 잘 모르는 국민들에게는 정부의 적절한 안내가 생명줄과 같다. 따라서 정부는 어떤 상황에서라도 국민들에게 필요한 사항을 전달할 수 있는 체제를 구축해야 하고, 필요한 안내사항은 사전에 정립해 두었다가 유사시에 일부분만 조정해 사용할 수 있어야 한다.

대피　　　　　대피는 핵폭발의 피해를 최소화해 줄 수 있는 시설로 이동하는 활동인데, 핵폭발의 위력이 워낙 크기 때문에 사전에 적절한 대피소를 구축해 두었다가 유사시가 되면 그쪽으로 이동하게 된다. 이 경우 핵폭발의 폭풍으로부터 보호해 줄 수 있을 정도로 강력한 대피소를 구축하는 것은 너무나 많은 비용이 소요되기 때문에 대부분의 국가들은 낙진에 대한 보호를 제공하면서 일부 핵폭풍으로부터도 보호를 제공받을 수 있는 수준의 대피소를 구축한다. 대피소는 공공대피소와 개인 또는 가족대피소로 구분해 볼 수 있다. 공공대피소는 국가에서 준비해 둔 것이고, 개인대피소는 개인이, 가족대피소는 몇 사람이 준비한 대피소라고 할 수 있는데, 관건은 대피할 사람들을 방사선으로부터 보호할 수 있는 두꺼운 벽과 출입문을 지니면서, 공간 내의 사람들이 2주 정도 외부에 나가지 않고 생활할 수 있는 제반 물자 및 시설을 준비하는 것이다. 특히 대피소는 벽과 문의 두께가 중요한데, 물질이 조밀할수록 두께는 줄어든다. 99%의 방사선을 차단하는 두께는 대체적으로 콘크리트는 30cm, 벽돌은 40cm, 흙은 60-90cm 이상이 되어야 한다(Federal Emergency Management Agency, 1985: 18).

국가나 지방자치단체에서 구축 및 관리하는 대피소는 공공대피소일 것인데, 이것은 핵 대피소로 특별히 구축할 수도 있지만, 지하철, 터널, 지하시설, 고층건물의 일부분을 보완해 공공대피소로 지정할 수도 있다. 공공대피소가 없을 경우 개인은 스스로 대피소를 구축할 수밖에 없는데, 도시 지역에서는 근처 빌딩의 지하실이나 중간층을 활용할 수 있고, 아파트 지역에서는 지하주차장도 유용하게 활용할 수 있다. 자신이 주거하는 가옥의 지하실을 보강해 활용하는 것도 하나의 방법이다.

지하실이 없으면 땅을 파서 대피호를 만들거나, 그것도 가용하지 않을 경우에는 집에서 가장 내부에 있는 방을 선택해 취약한 벽이나 창문을 다양한 재료로 보강해 사용할 수도 있다.

대피소로 이동하는 것만으로는 충분한 대피를 보장할 수 없다. 대피소에서 2주간을 외부 노출 없이 생활하는 것이 중요하고 어렵기 때문이다. 따라서 대피소에는 다수의 인원이 장기간 생활하기 위한 환기, 식수, 음식, 용변에 대한 대책을 필수적으로 강구해 두어야 한다. 이것은 생각처럼 쉽지 않은 일로서 사전에 이를 위한 준비를 생각하거나 실천해 두어야 하고, 체험을 통해 무엇이 필요한지를 실질적으로 체득할 필요가 있다. 겨울에는 난방, 여름에는 냉방을 위한 조치도 필요하고, 질병이 발생하지 않도록 위생에도 주의해야 할 것이며, 다수의 인원이 불편 없이 지내기 위한 생활규칙도 정립해야 할 것이다.

소개

소개(疏開, evacuation)는 핵무기 공격을 당할 위험이 높은 지역에 사는 사람들이나 핵 공격으로 위험해진 사람들을 안전한 지역으로 이동시키는 조치이다. 예를 들면, 핵무기가 주요 군사시설을 먼저 타격할 것으로 예상될 경우 군사시설 근처에 사는 사람들을 정부가 다른 지역으로 옮길 수 있고, 부분적인 핵무기 공격을 받았을 경우 위험지역에 있는 사람들을 더욱 안전한 지역으로 이동시킬 수 있다. 핵 공격의 위험성이 있는 상태에서 대규모 인원들을 준비된 대피소로 소개할 수도 있지만, 핵무기 공격의 시점이나 지점을 정확하게 파악하는 것이 어렵다는 측면에서 보면 그러한 결정을 내리기는 쉽지 않다. 다수 국민들이 다른 지역으로 이동할 경우 상당한 혼란이 야기될 수 있고, 소개하는 도중에 핵 공격이 감행되다면 더욱 엄청난 피해를 입을 위험성도 존재한다.

이러한 점에서 핵 공격 지점이 확실하거나 충분한 인원을 수용할 수 있는 공공대피소가 특정 지역에 준비되어 있는 경우 이외에는 소개의 시행에 신중하지 않을 수 없다. 상황이 예상한 대로 진전되지 않을 경우 진퇴양난의 어려움에 직면할 수 있고, 집을 떠난 대규모 인원의 생활을 유지시키는 것이 너무나 어렵기 때문이다. 다시 말하면, 현재 살고 있는 지역에 핵무기가 투하될 것이라는 확실한 정보가 존재하거나, 소개할 경우 안전 및 상당한 기간의 생활을 보장할 수 있는 시설이 준비되어 있거나, 교통이 보장되어 최단기간 내에 목적지에 도착할 수 있거나, 개인과 가족을 확실하게 이동시킬 수 있는 신뢰할 만한 교통수단이 가용할 때 소개를 선택해야 할 것이다(Connor, 2013: 3). 더구나 급한 마음에 아무런 준비 없이 이동하는 것은 피해를 더욱 키울 수 있다. 항상 최악의 상황에 대비해야 한다는 점에서 소개를 하더라도 〈표 3.12〉에서 제시되고 있는 사례와 같이 충분한 물품을 휴대할 필요가 있다.

표 3.12 소개 시 준비물

범주	종류	품목
1	생존 관련	대피호 구축 및 생존 관련 지침, 지도, 소형 배터리 라디오와 예비 배터리, 방사능 측정 도구, 기타 관련 인쇄물
2	도구류	삽, 곡괭이, 톱, 도끼, 줄, 펜치, 장갑, 기타 대피호 구축에 필요한 도구
3	대피호 구축 재료	방수 물질(플라스틱, 샤워 커튼, 천, 기타) 등 대피소 구축에 필요한 모든 재료. 환기통 등
4	식수	소형 물통, 대형 물통, 정수제
5	귀중품	현금, 크레디트 카드, 유가증권, 보석, 수표책, 기타 중요 문서
6	불	플래시, 초, 식용유를 이용한 램프 제작 재료(유리병, 식용유, 헝겊), 성냥과 성냥 보관을 위한 상자
7	의류	방한화, 덧신, 덧옷, 우의 및 판초, 활동복 및 활동화
8	침구류	슬리핑백 또는 1인당 모포 2장
9	음식	유아용 음식(분유, 식용유, 설탕), 무요리 취식 가능 음식, 소금, 비타민, 병따개, 칼, 뚜껑 있는 냄비 2개. 개인별로 컵, 밥그릇, 수저 한 벌. 급조 난로 또는 만들 재료
10	위생 물품	배설물 보관 용기, 오줌통, 화장지, 생리대, 기저귀, 비누
11	의약품	아스피린, 응급처치 물품, 항생제 및 소염제, 환자가 있을 경우 처방약, 방사선 노출 치료약, 예비 안경, 콘택트렌즈
12	기타	모기장, 모기 퇴치약, 읽을 책

출처: Kearny, 1979: 33.

3. 외국의 핵 민방위 사례

냉전기간에 핵무기를 보유한 미국과 소련을 정점으로 하는 자유민주주의 진영과 공산주의 진영이 극한적인 대결을 벌이게 되자, 핵전쟁의 가능성을 심각하게 고려하지 않을 수 없었다. 따라서 나토 국가들은 물론이고, 공산권 국가, 스위스나 스웨덴과 같은 중립 국가들도 '민방위'라는 명칭으로 최악의 상황에서도 피해를 최소화하기 위한 다양한 방안들을 강구하기 시작했다. 이 중에서 대표적이라고 판단되는 소련(러시아), 미국, 스위스의 경우를 설명하면 다음과 같다.

소련(러시아)　　　현재의 러시아가 대부분을 계승한 소련은 적의 핵 공격으로부터의 생존이 전략적 가치가 있다고 생각했다. 미국의 핵 공격에 대부분이 생존할 수 있다면 핵전쟁에서 승리할 수 있기 때문이었다. 그래서 소련은 대규모 핵 응징 보복으로 상대의 핵 공격을 억제하는 노력을 보완하는 군사적 조치로 민방위 활동을 인식하면서 강조했다(Green, 1984: 7). 소련은 민방위를 담당하는 국방성 차관을 편성했고, 각 공화국 및 군관구별로도 핵 피해 최소화를 위한 민방위 참모를 편성했으며, 이를 위한 군사학교와 부대를 창설했다(박휘락, 1987: 290).

경보와 관련해 소련은 국민에게 알리는 것보다는 핵미사일 부대들에게 미국의 핵 공격 사실을 신속하면서도 정확하게 알려 즉각 대응하도록 하는 데 최우선적인 중점을 두었다. 조기에 경보가 이루어져야 미국의 핵미사일이 도달하기 이전에 반격 핵미사일이 발사될 수 있고, 그래야 억제가 성립된다고 생각했기 때문이다. 국민들을 위해서도 사이렌과 라디오를 집중적으로 보강했고, 세부적인 행동요령을 교육시켰다. 경보가 하달되면 국민들은 지시에 따라 대피시설로 이동하고, 민방위 대원들이 소집되며, 필요한 대피소를 추가적으로 구축 및 보강하고, 필요한 장비를 불출하며, 소개하는 등의 세부적인 조치들을 정립하고 실천하도록 노력했다(Goure, 1960: 16).

소련은 대피소 구축에도 집중적인 노력을 경주해 1970년대 후반에 이미 핵 공격을 받더라도 인구의 2-3% 정도만 희생되는 수준으로까지 대피소를 구축했다고 평가하는 자료도 있다(Wolfe, 1979). 1980년대에 소련은 집중적인 재원을 투입해 더욱 많은 대피소를 구축했고, 매년 20억-30억 달러 정도가 이 분야에 사용되었다고 한다(Green, 1984: 7). 공산정권에 의한 일사불란한 지시가 가능했고, 국토가 넓어서 대피소를 구축하는 것이 크게 어렵지는 않았을 것이다.

소련은 주민들의 소개에 대해서도 세부적인 계획을 수립했다. 핵 전쟁이 발발할 기미가 높아질 경우 핵심 도시 지역에 있는 주민들을 시골 지역으로 소개함으로써 적의 핵 공격에 의한 피해를 예방하거나 적에게 표적을 제공하지 않는다는 개념을 가졌기 때문이다. 나아가 소련은 핵 공격 이후 위험지역에 있는 주민들을 조기에 안전한 지역으로 소개하고, 핵 방사선에 노출된 국민들을 구조하는 것도 상당히 중요하다고 판단해 이를 위한 조치들을 계획했다(Green, 1984: 16-19).

소련이 이와 같이 철저한 핵 민방위를 시행하자 핵 공격을 상호 교환할 경우 미국이 더욱 큰 피해를 입을 것으로 예상되었고, 따라서 서로를 초토화시킬 수 있다는 전제하에서 서로의 핵무기 사용을 억제

한다는 상호확증파괴전략은 지속될 수 없었다. 따라서 미국의 레이건 (Ronald Reagan) 대통령은 억제 위주의 전략에서 방어를 가미하는 '전략적 방어를 위한 구상'(Strategic Defense Initiative)을 발표하게 되었다(Green, 1984: 10).

미국　　　　1949년 소련이 핵실험에 성공하자 미국은 '연방 민 방위법'을 제정하고, '연방 민방위청'을 창설함으로 써 본격적인 민방위 조치에 착수했다(Homeland Security National Preparedness Task Force, 2006: 5-7). 이러한 노력은 1961년 취임한 케네 디(John F. Kennedy) 대통령에 의해 크게 강조되었다. 그는 '비합리적인 적' 에 의한 핵 공격의 가능성을 거론하면서 보험 차원에서 민방위를 강화 할 것을 역설했다. 그는 대통령 직속으로 '비상계획실'을 창설해 이 문 제를 집중적으로 추진하도록 했고, 전국적으로 4,700만 개의 대피소 를 지정했으며, 일부에 대해서는 필요한 물품을 저장하도록 강조했다 (Homeland Security National Preparedness Task Force, 2006: 12).

　그러나 핵 민방위의 경우 철저하게 하려면 한도가 없을 정도로 많 은 비용이 들어간다는 점에서 예산의 판단 자체가 어려웠고, 민주주의 국가의 경우 다른 사안에 비해서 높은 우선순위를 부여하기가 쉽지 않 았다. 따라서 케네디 대통령이 강조했지만, 실제로 구현된 정도는 크지 않았다. 그러다가 1979년 3월 28일 펜실베이니아 주의 핵 발전소 사고 로 핵물질이 유출됨으로써 핵에 관한 국민적 경각심이 증대되었고, 그 보다 더욱 심각한 사태라고 생각되는 핵 공격에 대한 대비태세도 더 불어 강조되었다. 따라서 카터(Jimmy Carter) 대통령은 연방비상관리국

(FEMA: Federeal Emergency Management Agency)을 창설했고, 지금도 이 기관이 미국의 민방위에 관한 제반 노력을 통제 및 추진하고 있다.

부시(George W. Bush) 행정부 시절인 2001년 9 · 11 테러로 인해 미국은 핵 민방위보다는 테러 등으로부터 국민들의 안전을 중요시하는 측면을 강조하게 되었다. 국토안보부(Department of Homeland Security)가 창설되면서 FEMA도 그 예하로 소속이 변경되었고, 테러와 자연재해 등이 강조됨으로써 핵 피해 최소화를 위한 활동의 비중은 상대적으로 줄어드는 결과가 되었다. 대신에 부시 행정부는 공격해 오는 핵미사일을 공중에서 요격하는 기술을 집중적으로 개발했고, 이것이 어느 정도 성공함으로써 핵폭발 시 피해 최소화를 위한 조치의 필요성은 줄어들었다고 할 수 있다.

경보 및 안내의 경우 미국은 1951년 트루먼(Harry S. Truman) 대통령부터 CONELRAD(Control of Electromagnetic Radiation)라는 체계로 가용한 모든 방송 수단을 사용해 핵전쟁의 상황을 국민들에게 알릴 수 있는 체계를 구축했다. 이것은 Emergency Broadcast System(1963), Emergency Alert System(1997)으로 변화해 오다가, 2006년 부시 대통령에 의해 IPAWS(Integrated Public Alert and Warning System)로 발전했다. 현재 미국은 국토안보부 예하의 FEMA에서 핵 상황에 관한 경보 및 안내를 관장해 연방 및 주의 정부기관은 물론이고, 민간기업 및 다양한 비영리 단체들과도 협력을 추구하고 있고, 라디오나 텔레비전은 물론이고, 인터넷이나 휴대폰 등 현대적 기술에 의해 가용해진 모든 수단들을 종합적으로 사용하고자 노력하고 있다(Federal Emergency Management Agency, 2014).

대피소 구축의 경우 미국은 그 필요성 인식에도 불구하고 워낙 많은 예산이 소요된다는 점에서 필요한 정도의 숫자와 질을 구비하지는 못했다. 다만, 미국인들의 주거방식이 지하실을 적극적으로 사용하는 형태이기 때문에 조금만 노력할 경우 대피소의 숫자는 금방 증대될 수 있다. 토네이도 등이 발생할 때 대피할 수 있도록 구축해 둔 지하시설의 경우 조금만 보완하면 핵 대피시설로 활용할 수 있다. 최근 미국은 핵 대피소 구축을 위한 예산이 충분하게 할당되지 않자 폐광산이나 건물의 지하층을 적극적으로 활용하는 방식으로 접근하고 있다(한국건설기술연구원, 2008: 74).

2012년 쓰나미로 인한 일본 후쿠시마(Fukushima) 원전의 방사능 유출과 주변 국민들의 소개에 관한 사례는 미국으로 하여금 소개에 관심을 갖도록 만들었다. 미 의회에서 일본에서와 같은 사고가 발생했을 경우 미국이 제대로 대응할 수 있느냐에 관해 회계감사국(GAO: Government Auditing Agency)으로 하여금 점검하도록 요청한 적도 있다(Government Accountability Office, 2013). 그러나 어디에 언제 핵 공격이 가해질지 정확하게 알기 어렵다는 측면에서 미국에서 소개는 그다지 적극적으로 검토되지 않고 있다. 주요 군사시설 주변 주민들의 소개에 관한 개념 정도가 연구되어 있는 정도이다.

스위스　　　　　인구 800만 명 정도에 불과한 작은 국가인 스위스는 영세중립국이지만, 국민개병제를 유지하고 60세 이상의 국민들 대부분은 민방위대로 편성된다. 이와 같이 철저한 국방의식이 있기에 스위스는 주변국가로부터의 침략은 물론이고, 핵전쟁의 가능성에 대해서도 철저히 준비해 온 것으로 유명하다.

경보체계의 경우 스위스는 국방부 소속 시민보호실(Federal Office for Civil Protection) 예하의 국가비상작전센터(NEOC: National Emergency Operations Centre)가 임무를 수행하고 있는데, 그의 핵심적 수단은 사이렌이다. 1980년대부터 스위스는 자연재해 등 모든 상황을 통합하되 대피방법이 전혀 다르다는 점을 고려해 일반적인 사이렌(general siren)과 물 사이렌(water siren)으로 구분해 사이렌을 운영하고 있다. 스위스는 초기의 몇 분이 결정적으로 중요하다는 인식하에 전국에 8,200여 개의 사이렌을 설치한 후 이동식 사이렌도 운영하고 있고, 매년 1회(2월 첫째 수요일) 전국적으로 훈련을 실시하기도 한다. 사이렌이 울리면 국민들은 집이나 대피소로 들어간 다음 라디오 등을 통해 추가적인 지시를 기다리고, 그 지시에 의해 행동하게 된다. 이 경우 모든 방송을 중단한 채 ICARO(Information Catastrophe Alarm Radio Organisation)를 통해 국민들에게 필요한 내용을 전달하게 되고, 국민들은 최악의 경우라도 수신이 가능한 장치를 통해 대피소에서 방송을 청취하고 그에 따라 행동하게 된다.

대피소의 경우 스위스는 1990년대에 이미 국민 모두를 대피시키는 데 충분한 대피시설을 확보했고, 그 이후 계속적으로 그 질을 향상시켜 왔다(한국건설기술연구원, 2008: 66). 스위스는 공공대피소만 해도 5,100개 정도에 이른다(Mariani, 2009). 스위스는 건물을 신축하거나 1천 명 이상의 주민이 거주하는 지역에는 대피소를 설치하도록 1950년대부터 의무화했고, 소요되는 경비의 30% 정도를 정부가 보조하면서 기준에 맞게 설치하는지 심사해 왔다. 각 가정별로도 환기 및 공기여과장치를 구비한 대피시설을 구축해 두고 있다.

스위스의 경우 소개에 관한 사항은 거의 언급하고 있지 않다. 아마 국토가 좁아서 소개 자체가 불가능한 점도 있겠지만, 대피가 충분히 갖추어졌기 때문에 소개 자체의 필요성을 크게 느끼지 않고, 소개에 따른 위험을 감수하지 않는다고 결정했을 수 있다.

스위스는 중립국임에도 다른 어느 국가보다 철저한 민방위를 실시하고 있다. 비록 2001년 9·11 테러 이후 스위스에서도 테러나 재해 등의 비중이 증대되었고, '시민보호'(Civil Protection)라는 용어를 사용하지만, 핵 민방위의 중요성은 망각하지 않고 있다. 그래서 테러나 재해는 주(Canton)에서 담당하지만, 핵 공격에 대한 민방위 활동은 여전히 국가가 담당하고 있는 것이다.

4. 한국의 민방위 실태

한국의 경우 재래식 전쟁을 대상으로 한 민방위체제는 상당할 정도로 구축되어 있다. 1975년 "민방위기본법"을 제정해 "전시·사변 또는 이에 준하는 비상사태나 국가적 재난으로부터 주민의 생명과 재산을 보호하기 위한"(제1조) 조치들을 강구하기 시작했고, 국가 및 지방자치단체별로 민방위협의회를 구성해 운영하고 있다. 370만 명 정도의 민방위 대원도 지역별로 편성되어 있다. 다만, 이러한 노력들은 북한과 화해협력정책을 추진하면서 약화되어 온 점이 있다. 그래서 1977년도에 30시간에 이르던 민방위 대원에 대한 교육시간이 현재는 4시간으로 축소된 상태이고, 범국민적 차원에서 매월 실시하던 민방위훈련도 연 8회로 줄면서 그 중점도 민방공훈련 3회, 방재훈련 5회로 다변화된 상태이다. 민방위의 편성과 운영, 시설과 장비, 교육훈련의 분야에서 적지 않은 문제점이 있는 것으로 지적되기도 한다(국립방재연구원, 2012: 41-46).

한국은 아직까지 민방위에 핵 상황을 적극적으로 반영하지는 않은 상태이다. 2006년 10월 북한이 제1차 핵실험을 실시하자 국회에서 지하 핵 대피시설의 의무화에 대한 법률안이 상정된 적은 있으나, 법률화되지는 못했고, 이후에는 그러한 시도조차 없었다. 2014년 11월 "국민의 안전과 국가적 재난관리를 위한 재난안전 총괄기관"으로서 국민안전처가 출범했고, 그 예하 부서로 '민방위과'가 포함되어 있지만, 홈페이지에서 제시하고 있는 13개 안전관리 분야 중에 핵폭발에 대한 안전은 포함되어 있지 않고, 민방위과의 직원들이 수행하는 임무를 보아도 핵 민방위에 관한 업무를 수행하고 있는 직원은 없다(국민안전처 홈페이지).

대피소의 경우 필요한 면적의 2배 이상을 확보하고 있지만(정수성, 2011: 6), 이것은 재래식 위협을 상정해 구축한 시설이라서 출입문, 벽, 수용인원, 환기, 내부 시설 등의 다양한 측면에서 핵폭발이나 낙진대피소로 사용하기에는 미흡한 수준이다. 한국은 공군기의 공습에 대비해 1999년 4월까지는 중대형 건축물을 건축할 때 방공호 개념의 지하층 건설을 의무화하다가 1995년 5월 규제완화 차원에서 이 조항을 삭제했고, 따라서 대피소 구축을 권장할 관련 조항도 없는 상태이다.

그러나 북한의 핵 위협이 심각해짐에 따라서 국민들 중에서 핵 공격의 가능성을 우려하는 사람들의 비중은 커진다고 보아야 한다. 2003년 1차가 완공된 후 계속적으로 증축해 가고 있는 서울 소재의 고급 빌라인 트라움 하우스의 경우 "철벽 수준의 방공호 설치"라면서 핵 대피소를 구비하고 있다고 자랑하고 있다. 이들은 스위스의 핵 대피기준에 근거해 건물마다 콘크리트 70cm 두께의 벽을 설치했고, 200명이 20일 이상을 견딜 수 있도록 방공호를 건축해 보유하고 있다면서 홍보하고 있다(http://www.traumhaus.co.kr/sub_traum_02.asp). 이 외에도 드러나지는 않지만, 나름대로의 핵 대피소를 구비한 건물도 적지 않을 것이고, 점점 증대될 가능성이 있다.

5. 결론과 함의

핵 공격을 받는 것은 상상하기도 싫은 최악의 상황이지만, 언제 어떤 상황에서라도 국가나 국민의 영속과 생존을 포기할 수 없다면, 생각해 보지 않을 수 없다. 수많은 사람이 죽고, 상당한 국토가 폐허로 변모하겠지만, 여전히 생존자와 오염되지 않은 국토는 남아 있을 것이고, 또 다시 민족은 재기해야 한다. 더욱 중요한 것은 이러한 최악의 상황까지도 상정해 대비하고, 이로써 피해를 최소화할 때 오히려 그러한 상황이 막아질 수도 있다는 것이다. 냉전시대에 소련과 미국은 물론이고, 영세중립국인 스위스까지 핵 민방위를 추구한 것은 바로 위와 같은 이유에서일 것이다.

이제부터 한국은 핵 공격이라는 최악의 상황을 가정한 상태에서 어떻게 하면 피해를 최소화시킬까를 고민하고, 나름대로 추진해 나가야 할 정책 방향을 결정해야 한다. 소개에 중점을 둘 것인지, 대피에 중점을 둘 것인지를 결정하고, 공공대피소를 건설할 것인지, 가정별로 대피소를 구축하도록 권장할 것인지, 지하철이나 대형 건물을 구축할 때 대피를 위한 시설을 포함시키도록 할 것인지, 핵 대피를 위한 대국민 훈련을 실시할 것인지 등을 적극적으로 토의하고, 결정해 추진해 나가야 한다. 국민안전처가 중심이 되어 국가적인 차원에서 이러한 사항을 논의 및 결정해야 할 것이고, 국민들도 희생정신으로 수용해야 할 것이다. 필요할 경우 관련되는 법률도 제정해야 할 것이다.

핵폭발 시 피해를 최소화할 수 있도록 민방위 조직을 적극적으로 활용하거나 더욱 확충하는 방안을 검토해 볼 필요가 있다. 현재 재래식 전쟁에 초점을 맞춘 민방위 조직을 핵 피해 최소화 측면에서 보강하거나 운영 및 대비 방향을 전환할 필요가 있다. 민방위 대원들에게 핵 피해 최소화에 관한 사항을 최우선적으로 교육시키고, 유사시에 다른 국민들을 지원하는 임무를 부여하며, 민방위훈련의 중점도 핵 피해 최소화로 전환해야 할 것이다. 민방위법의 개정 등 법령의 제·개정 필요성도 검토할 필요가 있다. 핵 피해 최소화에 관한 전문교육과정을 설치하고, 소정의 과정 수료와 경험을 기준으로 자격증을 부여하거나 인센티브를 제공하는 등의 제도를 발전시킬 필요가 있다.

핵폭발 시를 대비한 경보와 안내체제는 바로 구축해 둘 필요가 있다. 이것은 현 민방위 경보체제를 조금만 보완하면 가능하고, 적을 자극할 소지도 적기 때문이다. 이를 위해 무엇보다 중요한 것은 북한의 핵미사일 동향에 대한 정확한 파악이라는 점에서 국민안전처는 국방부와 실시간 정보공유가 가능한 체제를 구축한 상태에서, 상대의 핵 공격 준비나 실시 여부를 바로 통보받아서 국민들에게 신속 및 정확하게 알려 줄 수 있어야 한다. 텔레비전, 라디오, 휴대전화 등의 다양한 수단을 통합적으로 활용하되, 사이렌도 설치할 필요가 있다. 핵 공격만을 위한 특별한 사이렌의 신호 방법을 결정해 두어야 할 것이다. 별도의 사이렌을 지정함으로써 그 사이렌을 듣는 국민들이 조건반사적으로 섬광, 폭풍, 방사선으로부터 자신을 보호할 수 있는 조치를 강구하도록 되어 있어야 한다.

한국의 경우 국토가 좁고 인구가 밀집되어 있어 소개가 대안이 되기는 어렵다는 차원에서 공공대피소를 지정 및 구축해 나가는 문제를 심각하게 고려하지 않을 수 없다. 이 경우 기존의 민방위 시설을 핵 대피가 가능하도록 보완하거나 대형건물의 지하 공간(지하상가 등)이나 지하철 공간을 공공대피소로 활용함으로써 최소한의 비용으로 최단기간 내에 활용 가능한 상태로 만들 수 있을 것이다. 지하실이나 지하철 공간 등의 경우 출입문과 창문만 일부 보강하면 핵폭발의 폭풍에서도 안전을 보장할 수 있고, 식수와 음식을 보강하면 다수의 인원이 2주일간 견딜 수 있기 때문이다. 핵폭발까지 견디는 대피소, 낙진을 2주 동안 견디는 대피소, 제한된 낙진에 대한 방호만 제공하는 대피소 등으로 등급을 매겨 둘 수도 있다. 어느 경우든 수용인원을 정확하게 판단하고, 어떤 사람들이 사용할 것인지를 할당하며, 개인이 쉽게 찾아갈 수 있도록 표시해 두어야 할 것이다.

아파트 단지별 또는 가정별 대피소도 적극적으로 검토할 필요가 있다. 아파트 단지의 경우 지하주차장의 출입문과 창문만 보완해도 폭풍효과에서도 상당한 피해를 줄일 수 있고, 취약한 벽면만 부분적으로 보완해도 방사선 차단 효과가 클 수 있으며, 환기, 식수, 음식을 준비할 경우 상당한 기간 대피생활을 보장할 수 있기 때문이다. 개인주택의 경우 지하실이 있으면 이를 보강해 대피소로 활용하도록 하고, 지하실이 없는 상태에서 가장 안전한 공간을 선택해 벽면을 사전에 보강해도 대피효과가 상당히 증대될 수 있다.

대피소를 구축하는 것도 중요하지만 그것이 제대로 기능하도록 하는 것은 더욱 중요하다. 따라서 각 대피소별로 환기, 식수, 음식, 수면, 용변에 대한 해결방법을 제시 및 교육시키고, 필수적인 품목은 대피소별로 비치하거나 목록을 만들어 유사시 선택하는 데 문제가 없도록 해야 한다. 방사능 측정기구와 같이 개인별로 확보하기 어려운 것은 국가에서 실비에 공급하거나 무상으로 분배할 수도 있을 것이다. 또한 공공 및 가정별 대피소 내에서 다수가 생활함에 따른 규칙도 사전에 잘 정해 둘 필요가 있다. 필요할 경우 평소에 훈련도 실시하고, 훈련의 결과 제대로 되지 않는 부분은 지속적으로 보완하며, 대피소 내에서 질서를 지키지 않는 데 대한 처벌 조항도 사전에 마련해 둘 필요가 있다.

대부분의 국민들은 핵무기가 폭발하면 어떤 피해가 어떻게 가해지는지, 또는 그에 대한 피해를 최소화하는 방법이 가능한지, 또는 어떻게 하면 생존할 수 있는지를 제대로 알지 못하고 있다는 차원에서 핵 대피와 관련된 지식을 국민들에게 알려서 각자에게 조치할 기회를 제공하는 것도 중요한 과제이다. 핵심적인 사항들을 팸플릿으로 작성해 모든 가정에 배달할 수도 있고, 대피소로 사용되는 곳에는 사전에 부착하거나 비치해 둘 수도 있다. 인터넷의 홈페이지나 동영상 및 문서 파일을 활용해 전파하는 것도 효과적일 수 있다. 국민 각자가 정확한 지식을 가진 상태에서 핵 피해를 최소화할 수 있는 나름대로의 대책을 강구할 경우 당연히 정부가 담당해야 할 부담은 줄 것이고, 그렇게 되면 정부는 더욱 중요한 업무에 집중할 수 있을 것이다.

지역별로 핵 대피 및 응급조치를 위한 체험장을 구축해 관람하거나 실습하도록 하는 것도 효과적인 교육방법일 수 있다. 표준적인 공공대피소를 만들어서 대피하는 요령을 체험시킬 수도 있고, 가정별 대피소를 어떻게 구축하고, 아파트 지하주차장이나 단독주택의 지하실을 어떻게 보완하면 되는지를 실습시킬 필요가 있다. 대피소 내에서 음식물과 식수는 어떻게 확보 및 분배하고, 환자가 발생했을 때 응급처치는 어떻게 할 것인지 등 구체적인 사항들에 대해 대부분의 국민들이 실천적인 지식을 갖도록 만들어야 할 것이다.

제4부

사족

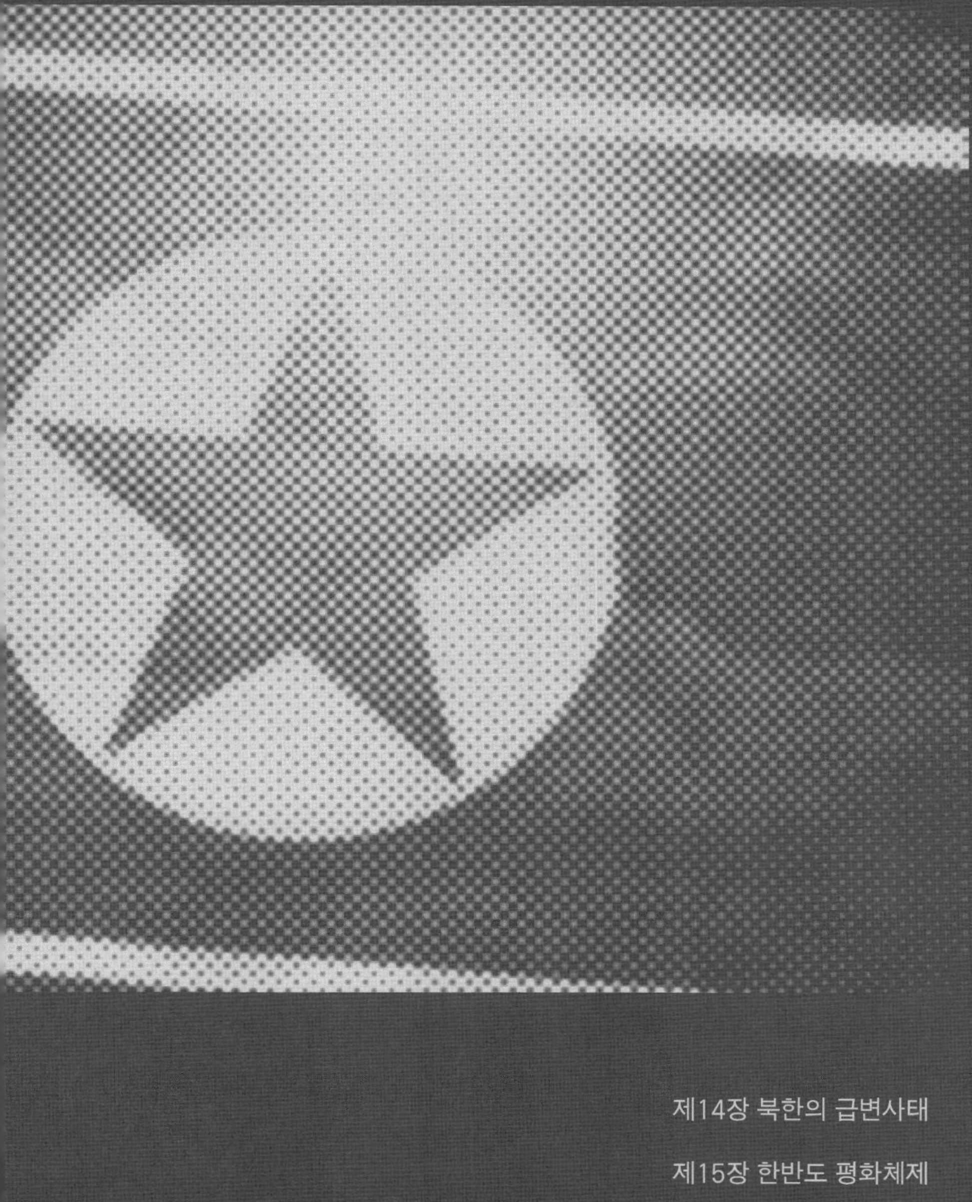

제14장 북한의 급변사태

제15장 한반도 평화체제

제14장
북한의 급변사태

북한의 핵무기 위협에 직면하고 있으면서도 통일에 대한 희망을 버릴 수 없기에 다수의 국민들이 관심을 갖고 있는 것은 북한의 소위 '급변사태'이다. 현 북한 체제에 심각한 문제가 발생해 혼란스러워질 경우 통일로 연결될 수 있는 기회가 도래할 수 있다는 희망적 사고(wishful thinking)에서 비롯되었지만, 실제 그러한 가능성을 전혀 배제할 수는 없다. 따라서 북한 지도자의 건강이나 통제력과 관련해 문제가 발생할 때마다 한국에서는 급변사태에 대한 가능성과 통일에 대한 기대가 높아지곤 했다.

1990년대 후반부터 시작된 급변사태에 대한 한국 사회의 적지 않은 기대와 학계에서의 활발한 토의에도 불구하고 지금까지 북한에서는 급변사태가 발생하지 않았다. 그렇다면 이제는 급변사태의 현실성에 대한 냉정한 접근이 필요한 시점일 수 있다. 관념적으로는 급변사태가 쉽게 발생할 것 같지만, 어떤 계기, 어떤 경로, 어떤 형태로 전개될 것인가를 세부적으로 상상해 보면 그 가능성이 그다지 높지 않다는 점을 알 수 있고, 급변사태가 통일로 연결되는 구체적인 과정을 예상하기도 쉽지 않기 때문이다. 북한이 과연 통제가 불가능할 정도로 붕괴되는 것이 가능할지, 그렇게 된다고 하더라도 한국이 어떤 권리, 수단, 절차로 통일을 이룩할 수 있을 것인지, 나아가 중국을 비롯한 주변국들은 어떻게 반응할 것인지를 냉정하게 분석해 볼 필요가 있다. 이로써 급변사태에 관한 환상에서 벗어날 필요가 있다. 이것은 남북 관계의 개선 또는 통일과도 중요한 관련이 있다.

1. 북한 급변사태 논의의 경과와 발생 가능성

논의 경과   북한 급변사태에 관한 논의가 한국에서 제기된 배경은 1990년대 초반에 소련과 동구권에서 발생한 급격한 소요사태와 체제의 변화였다. 가장 인상적인 사태는 루마니아의 사례로서 당시 대통령이었던 차우셰스쿠(Nicolae Ceauşescu)는 권좌에서 쫓겨났을 뿐만 아니라 민중들에 의해 처형되었다. 북한 독재정권의 행태를 고려할 때 이와 유사한 사태가 북한에서도 발생할 수 있다는 분석이 자연스럽게 대두되었고, 1995년 주한미군이 분석한 내용이 공개됨으로써 한국 사회에 확산되었다.

     1994년 김일성이 사망하고, 이듬해에 극심한 홍수로 북한의 경제사정이 어려워지자 주한미군사령부에서는 북한이 붕괴(collapse)되고 있다면서 ① 식량난 등 자원고갈 단계로부터 시작, ② 대상을 선별해 자원을 공급하는 차별화 단계, ③ 생존이 위협받음에 따라 각 지역별로 자구책을 마련하는 지역독립 단계, ④ 중앙정부의 억압 단계, ⑤ (내부) 저항 단계, ⑥ 폭력을 수반한 균열 단계, ⑦ 권력재편의 7단계로 진행될 것이라는 시나리오를 제시했다. 당시 북한의 상황은 2단계에서 3단계로 넘어가는 과정이라고 평가했다(《조선일보》, 1996.3.25: 1). 당시 주한미군사령관이었던 럭(Gary Luck) 대장은 1996년 3월 미 의회에서의 증언에서 북한의 붕괴는 그의 여부가 아니라 '어떻게'(how)와 '언제'(when)의 문제라고 단언하기까지 했다(《조선일보》, 1996.3.17: 1).

     그러나 김일성이 사망한 후 수년이 흐른 후에도 예측했던 급변사태는 발생하지 않았고, 따라서 그에 관한 논의도 감소되었다. 그러다가 2000년대 후반 김정일의 건강에 문제가 있다는 분석이 제기되자 또다시 급변사태의 가능성과 이로 인한 통일의 가능성이 활발하게 분석되기 시작했고, 이를 둘러싼 한미 양국군의 군사적 대비책까지 마련되었다. 한미 양국군이 북한의 급변사태에 관해 "개념계획 5029"를 작성해 두었을 뿐만 아니라[세부적인 행동계획, 즉 다양한 부록을 포함하고 있는 작전계획과 달리 개념계획(conceptual plan)은 기본적인 방향만 포함해 실현 가능성은 다소 낮다] 이것을 '작전계획' 수준으로 발전시킬 것이라는 보도도 있었다(《조선일보》, 2009.11.2: A6). 그러나 예상과 달리 김정일의 집권 기간 중에는 급변사태가 발생하지 않자, 또다시 급변사태 논의는 약화되었다.

2011년 12월 19일 북한의 김정일 국방위원장이 심근경색으로 갑자기 사망하자 또다시 급변사태에 대한 기대가 커졌다. 특히 약관의 김정은이 권력을 세습하자 다수의 전문가들은 그의 지위가 오래 지속되지 않을 것이라는 견해를 표명하기 시작했고, 상당한 인식의 공감대를 형성하게 되었다. 특히 2013년 12월 북한의 2인자였던 장성택이 전격 처형되는 사태는 북한 권력 내부의 분열 조짐으로 받아들여졌고, 중국의 전문가들까지 급변사태의 발생 가능성을 우려한다는 보도도 있었다(《조선일보》, 2013.12.30: A2). 그러나 그로부터 상당한 시간이 경과되고 있지만 아직까지 북한에서 급변사태는 발생하지 않고 있다.

발생 가능성 평가　전혀 배제할 수는 없지만 지금까지의 경험으로 비추어 볼 때 북한에서 급변사태가 발생할 가능성이 높다고 보기는 어렵다. 1984년 출생인 김정은의 나이를 고려할 때 지도자가 갑작스럽게 사망할 가능성은 낮고, 쿠데타가 발생할 가능성도 생각할 수는 있지만, 지금까지 북한에서 의미 있는 쿠데타 시도가 없었다는 점에서 가능성을 높게 평가하기는 어렵다. 주민들의 집단적인 봉기 가능성도 지금까지 없었다는 점과 집단화가 어려운 사회적 환경을 고려할 때 가능성은 거의 없다. 북한체제의 비합리적 통치관행과 경제적 어려움을 고려하면 붕괴 가능성을 높게 볼 수 있지만, 구체적인 각본들을 생각해 보면 그렇지 않음을 인정하지 않을 수 없다.

어떤 요인으로든 북한에서 심각한 소요가 발생해 권력층이 재편된다고 하더라도 그것이 한국이 바라는 정도의 '급변사태'로 악화될 것이라고 생각하기도 어렵다. 일시적인 소요가 있더라도 새로운 지도자 또는 지도그룹이 나서서 안정을 찾을 것이다. 미국에서 북한의 급변사태를 연구해 온 베넷(Bruce Bennett) 박사도 북한 지도체제의 교체를 의미하는 체제붕괴(regime collapse)를 급변사태로 보기는 어렵고, 북한 정부가 통치불능의 상태에 빠진 정부붕괴(government collapse)여야 한다고 말하고 있듯이(Bennett, 2013: 5-6), 북한 지도층의 혼란이나 교체 과정에 한국이 개입해 통일로 연결시킨다는 것은 매우 어렵다.

한국에서는 베를린 장벽 붕괴 이후 동부유럽에서 발생한 갑작스러운 상황 악화가 북한에서도 재현될 수 있다고 기대하고 있지만, 북한과 그 당시 동구권의 상황은 유사점보다 상이점이 더욱 많다. 당시 동구권의 경우에는 공산주의가 붕괴됨으로써 냉전체제가 종식되는 세계적 차원의 변화가 발생했고, 동구권의 대부분 국가들은 북한과는 비교할 수 없을 정도로 개방 및 개혁된 상태였으며, 그들은 국경을 맞대고 있어서 어느 지역에서 발생한 변화가 다른 지역으로 금방 확산될 수 있는 여건이었다. 동독의 경우 1989년 9월부터 11월 9일에 베를린 장벽이 무너지기까지 약 22만 명의 동독 주민이 서독으로 이주했지만, 남방한계선에 3중의 철책, 북방한계선에 전기가 흐르는 4-5중의 철책, 지뢰가 다수 매설된 4km의 비무장지대를 통과해 그 정도의 인구가 한국으로 이동한다는 것은 물리적으로 거의 불가능하고, 선박을 이용해 이동할 수는 있으나 그 규모는 제한적일 수밖에 없다. 특히 한반도를 둘러싼 동북아시아의 경우는 '신냉전'(new cold war)이라는 용어에서 보듯이 중국과 미국 간의 세력대결이 오히려 강화되고 있고, 북한의 개방과 개혁은 여전히 요원하다.

　　독일의 통일에 자극받아 한국에서는 북한에서 급변사태가 발생하기만 하면 통일로 연결될 것으로 생각하는 경향도 없지 않지만, 남북한은 그 당시의 동서독과도 상황이 무척 다르다. 1989년 11월 9일 베를린 장벽이 무너진 후 1990년 3월 18일 동독에서 자유총선이 시작되었고, 그 결과 서독 기민당의 후원을 받으면서 통일을 지지하던 '독일동맹'이 승리했으며, 이로써 1990년 10월 3일 서독에 흡수되었다. 당시 동독에도 민주주의적 의식과 제도가 상당히 발전되어 있었고, 동서독 정치인들 간에도 긴밀한 유대관계가 존재하고 있었다. 독일의 통일에는 우월한 서독체제의 강한 흡인력, 미국의 강력한 지지, 소련이 제기한 안보 우려의 적극적 해소, 정치 엘리트들의 결단과 외교적 역량, 원칙에 입각한 지속적인 동독과의 교류협력 정책, 동독인, 나아가 독일인들의 자결권 원칙 강조, 역사적 행운 등이 작용했다는 분석에 근거해 볼 경우(양창석, 2011: 233-252), 이 중에서 남북한이 충족시킬 수 있는 조건은 많지 않고, 따라서 독일통일의 경우가 한반도에 적용되기는 어렵다(김동명, 2010: 452-489).

　　북한의 급변사태 발생 가능성이 높지는 않지만, 만약에 그러한 사태가 발생할 경우 통일로 연결시키는 일은 민족사 차원에서 너무나 중대한 일이고, 준비된 경우와 그렇지 않은 경우에는 결과가 무척 다를 것이라는 점에서 북한의 급변사태에 대한 다양한 검토와 논의는 필요할 수도 있다. 다만, 당장 급변사태가 발생할 것이라는 '희망적 사고'에서는 벗어나 급변사태 발생의 실제적인 가능성, 한국 개입을 위한 명분, 중국의 군사개입 가능성, 지도자 사망 이외의 다양한 급변사태 원인 등으로 연구를 다변화하고, 특히 군사적 개입을 둘러싼 제반 사항을 더욱 심층 깊게 연구해 둘 필요가 있다고 할 것이다.

2. 북한 급변사태 시 한국의 개입을 위한 근거

북한에서 급변사태가 발생했다고 통일이 저절로 이루어지는 것은 아니다. 어떤 식으로든 북한의 사태에 한국이 개입해 원하는 방향으로 진행되도록 유도할 수 있어야 한다. 일반적으로는 한국의 헌법을 근거로 한국의 행정력을 북한으로 확대시키면 될 것으로 생각하지만, 상황이 그렇게 간단하지는 않다. 북한은 한국과 함께 유엔에 가입한 독립국가로 국제사회에서 인정되고 있기 때문이다. 또한 북한의 수뇌부들이 한국의 간섭을 수용할 것인지도 장담할 수 없다.

결국 북한의 급변사태를 통일로 연결시키고자 한다면, 한국의 강제력이 북한에 투입되어야 하고, 그것은 군사력을 이용하거나 이용할 수 있는 태세가 되어야 한다. 군사력이야말로 국가의 행정력을 외부에 적용하기 위한 국가의 공인된 강제력이기 때문이다. 다만, 북한에 대한 군사력 투입이 다른 국가들에 의해 용인되지 않을 경우 심각한 문제가 수반될 수 있다는 점에서 그를 위한 근거부터 냉정하게 살펴볼 필요가 있다.

국제법적 근거　　　한국은 유엔의 회원국으로서 국제사회의 책임 있는 일원이기 때문에 국제법을 존중해야 한다. 국제법이 국내법과 같은 정도의 강제력을 갖는 것은 아니라고 하더라도 어떤 조치의 정당성을 주장하거나 다른 국가들의 지지와 지원을 획득하는 데는 매우 중요하고 보편적인 기준이 된다. 또한 한국은 세계의 국가들과 무역을 통해 경제를 발전시키고 있어 국제여론을 쉽게 무시할 수 없고, 국제법을 무시해도 상관없을 정도로 강력한 국력을 보유한 것은 아니다.

　국제법적으로 볼 때 북한은 한국과 함께 유엔에 가입해 별도의 국가로 인정받은 셈이기 때문에 북한 내에서 급변사태라고 지칭하는 극단적인 혼란이 발생했다고 하더라도 한국이 군사적으로 개입할 수는 없다. "모든 회원국은 국제관계에 있어 다른 국가의 영토 보전이나 정치적 독립에 반하거나 또는 국제연합의 목적과 양립할 수 없는 다른 어떠한 형태의 무력 위협 또는 무력행사를 삼간다"는 유엔헌장 제2조 제4항을 정면으로 위배하기 때문이다.

　그럼에도 불구하고 한국이 군사적으로 개입할 수 있는 국제법적 근거를 찾아 본다면, 첫째는 1950년 10월 7일의 유엔 총회 결의 #376(V)가 검토의 대상이 될 수 있다. 여기서는 한국이 한반도에서의 유일한 합법정부(this is the only such government in Korea)이고, 유엔이 "전 한국에서 통합되고, 독립적이며, 민주적인 정부" 설치를 지지했기 때문이다. 그러나 1991년 8월 6일 남북한 동시 가입에 관한 유엔 안전보장이사회 결의안 #702에서는 "한반도의 양측"(both parts of the Korean Peninsula)이 유엔에 가입하는 것을 수용하기로 결정했다고 명시함으로써, 남북한 상호의 인정 여부와는 상관없이 남북한을 별도의 정권으로 인정하고 있다. 따라서 1950년도의 결의안 #376(V)만으로 한국의 군사적 개입이 정당화되기는 어렵다.

아직 1950년 발생한 한국전쟁의 휴전 상태라는 사실도 북한 급변사태 시 한국의 군사적 개입을 정당화하는 데 도움이 될 수 있다. 휴전상태에서 상대가 적대적인 행동을 할 경우 방어 차원에서 북한 지역으로 군사작전을 전개할 수 있기 때문이다. 다만, 북한의 소규모 도발을 구실로 한 한국의 대규모 군사적 개입은 비례성의 원칙을 위배한 것으로 평가될 수 있다. 또한 1970년대 후반에 유엔 사령부의 해체 제안이 유엔에서 제기되었던 것과 같이 한국전쟁은 사실상 종료되었다는 시각도 적지 않아서 이러한 주장의 설득력이 크기는 어렵다.

한국은 국제사회에 대해 한국의 헌법에 근거한 군사적 개입을 주장할 수 있다. 대한민국 헌법에 의하면 한반도에서는 한국만이 유일한 합법정부이고, 북한은 "미(未)수복 불법점유지역"(신범철, 2008: 92)이기 때문이다. "대한민국의 헌법과 법률은 휴전선 남방 지역뿐만 아니라 북방 지역에도 적용되어야 한다"(제성호, 2010: 22). 비록 7 · 4 공동성명이나 남북기본합의서, 6 · 15 및 10 · 4 선언 등 남북 관계의 진전과정에서 남북한이 서로를 책임 있는 별도의 당국으로 인정하기는 했으나 그것은 남북 관계의 개선을 위한 잠정적인 조치였을 뿐 북한을 국가로 인정한 것이라고 보기는 어렵다. 1991년 남북이 합의해 체결한 남북기본합의서 전문에도 남북 관계는 "나라와 나라 사이의 관계가 아닌 통일을 지향하는 과정에서 잠정적으로 형성되는 특수 관계"라고 명시되어 있다. 다만, 한국의 헌법에 명시되어 있다는 사실의 국제적 설득력이 클 것으로 판단하기는 어렵다.

한국 국민들의 상당수는 북한에서 급변사태가 발생할 경우 마음만 먹으면 한국군이 진입할 수 있다고 생각하겠지만, 국제법적 측면에서는 그렇지 않다. 한국이 군사적 개입을 하고자 한다면 더욱 설득력 있는 다른 근거들을 검토해 보지 않을 수 없다.

국제법 이외의 근거　북한의 급변사태에 대해 한국이 군사력 투입을 포함해 적극적으로 개입하고자 할 경우 가장 효과적인 방법은 유엔 안전보장이사회(안보리)에서 결의안을 통해 허용해 주는 것이다. 두 번째는 북한 정부나 북한의 정부로 인정될 수 있는 어떤 단체가 한국의 개입을 요청하는 경우로서, "정통정부의 요청에 의한 간섭은 적법한 간섭"(김명기, 1997: 202)이다. 그리고 세 번째는 주변 강대국들이 한국의 군사적 개입을 권유하거나 묵인하는 경우이다. 이 세 가지 경우를 더욱 자세하게 살펴보자.

① 유엔의 결의안

북한이 지속적으로 불안정해져서 북한 주민들의 생활이 극도로 어려워지거나 인권침해 현상이 극심할 경우 유엔은 보호책임(RtoP: Responsibility to Protect)의 개념을 근거로 북한의 문제에 개입할 수 있다. 아직 국제법 차원에서 그 정당성이 확실하게 인정된 것은 아니지만 특정한 국가가 국민들을 제대로 보호할 능력이나 의지가 없거나 오히려 국민들에 대한 폭력의 원천이 될 경우 국제사회가 이들을 보호해야 한다는 견해는 오래전부터 제기되어 왔다(International Commission on Intervention and State Sovereignty 2001, 17). 실제로 안보리는 2011년 3월 리비아(안보리 결의안 #1973)와 2011년 4월 코트디부아르(안보리 결의안 #1975) 사태에 대해 보호책임을 근거로 군사력 사용을 허용한 바 있다. 이에 근거한 다국적군의 공습으로 리비아의 카다피(Muammar Abu Minyar al Gaddafi) 정권은 붕괴했고, 코트디부아르의 그바그보(Laurent Koudou Gbagbo) 대통령은 체포되어 국제형사재판소(ICC)로 압송된 바 있다.

보호책임에 근거한 안보리의 결의안이 채택되는 데는 중국과 러시아가 거부권을 행사하지 않아야 한다. 시리아 내전이 수년 동안 계속되어 다수의 사망자, 피난민들이 발생했지만 2013년 9월 27일 중국과 러시아의 거부권 사용으로 군사개입이 허용되지 않은 결의안이 통과되는 데 그친 바 있다. 미국을 중심으로 한 민주주의 국가들이 북한에 대해 국제사회의 보호책임을 적용하고자 할 경우에도 중국과 러시아가 거부권을 행사할 가능성은 높다. 안보리의 결의가 어려울 경우 유엔 총회에서 "Uniting for Peace" 절차에 따라 회원국들의 개입을 보장할 수 있다고 하지만, 이것은 평화유지군(PKO) 파병 이외에는 사용된 적이 없을 정도로 예외적인 조치로서 미국을 비롯한 서방이 그 정도로 적극적으로 행동할 것으로 기대하기는 어렵다.

② 북한 정부의 요청

급변사태가 발생해 스스로의 힘으로는 안정을 달성할 수 없다고 판단될 경우, 북한 정부(또는 내란 상황에서는 어떤 정파)가 남한에게 군사력까지 동원해 북한을 조기에 안정시켜 줄 것을 요청할 가능성이 전혀 없다고 볼 수는 없다. 남북한은 동일민족이고, 극단적인 상황에서 북한 수뇌부들은 한국의 진정성을 신뢰할 수 있으며, 그들의 안전보장에 중국이나 러시아보다는 한국이 유리하다고 판단할 수 있기 때문이다.

다만, 한국의 급변사태 대비 사실이 공개될 때마다 북한이 반발했듯이 북한 정부가 한국을 어느 정도 신뢰할 것인가가 문제이다. 2008년 11월 이상희 당시 국방장관이 국회에서 '작전계획 5029'의 필요성을 설명했다고 한국 언론이 보도하자 북한의 《노동신문》은 전면적 대결태세에 진입할 것이며 남북 사이의 합의사항을 무효화할 것이라면서 반발한 바 있다. 2010년 1월 13일 한국 언론이 북한 급변사태에 대비한 한국 정부의 '부흥계획'이 존재한다고 보도하자 북한은 국방위원회 명의의 성명서를 통해 "청와대를 포함해 이 계획 작성을 주도하고 뒷받침한 남조선 당국자들의 본거지를 날려 보내기 위한 거족적 보복성전이 개시될 것"이라고 밝힌 바 있다. 이명박 정부가 통일세 신설을 검토했을 때도 급변사태를 염두에 둔 것이라면서 비난한 바 있다.

그럼에도 불구하고 앞으로 한국이 민족공영을 명분으로 한민족의 단결을 호소하고, 타협적인 남북 관계를 실천해 나가며, 북한 지도층과의 신뢰관계 형성에 성공할 경우 북한 수뇌부들이 유사시 한국의 지원을 요청할 가능성은 높아질 것이다. 베를린 장벽이 붕괴된 후 동독 지도자들이 가졌던 마음 자세도 독일을 믿고 의존하는 것이었다. 쉽지 않을 수는 있으나 노력할 경우 가장 개선의 소지가 많은 것이 바로 이 북한 지도층의 신뢰를 획득하는 것이라고 할 것이다.

③ 주변국들의 권유 또는 묵인

주변국들의 입장에서 북한의 처리가 부담이 된다고 인식했을 경우, 즉 북한을 안정시켜 재건하는 과업이 너무나 많은 재원을 필요로 한다고 생각할 경우 급변사태의 처리와 북한의 재건을 한국 정부에 미루는 것이 그들의 이익에 부합된다고 생각할 수도 있다. 그렇다고 유엔 안보리에서 논의해 공식적인 결의안을 채택하는 것은 국제적인 관례 등을 고려할 때 부적절하다고 판단할 경우이다. 미국 내에서도 북한 붕괴 시 미국의 군사적 개입을 자제해야 한다는 의견이 제기되고 있듯이(Bando, 2014), 주변국이 개입할 경우 북한 주민들의 저항에 직면하거나 주변국들끼리의 분쟁으로 악화될 가능성이 있기 때문이다. 그렇게 생각할 경우 주변국들은 몇 가지 조건을 내걸면서 북한에 대한 처리를 한국에게 위임하거나 묵인할 수 있다.

다만, 주변국들의 입장에서 한국 주도의 한반도 통일이 그들의 국익에 부합된다고 결론을 내릴 것이라는 보장이 없고, 더구나 이들이 이에 대해 합의하는 것은 더욱 쉽지 않다. 이들 국가들의 대부분은 북한이 불안정해질 경우 급변사태로 악화되지 않도록 예방하는 조치를 강구할 가능성이 높고, 중국의 경우에는 자신이 직접 개입해 안정시키고자 노력할 가능성도 없지 않다. 러시아와 일본도 북한에 대한 한국의 배타적 권한을 인정하는 것을 꺼릴 가능성도 크다. 그럼에도 불구하고 한국이 향후 중립적인 노선을 채택하겠다고 약속하고, 북한의 채무나 국제적 의무를 모두 준수하며, 그들이 제시하는 요구조건을 적극적으로 수용할 경우 한국의 개입을 묵인할 가능성이 전혀 없다고는 할 수 없다.

평가　국제법적으로 볼 때 북한에 급변사태가 발생했을 경우 군사력을 포함해 한국이 적극적으로 개입하는 것은 쉽지 않다. 한국과 북한은 유엔에 동시에 가입해 별도의 국가로 인정받고 있기 때문이다. 한국이 개입할 수 있다면 중국, 러시아, 일본, 미국 등 모든 국가들이 개입할 수 있다는 것이 된다. 유엔 안보리 결의안이 허용하거나, 북한 정부가 요청하거나, 주변 강대국이 권유 또는 묵인할 경우 군사력을 포함해 적극적으로 개입함으로써 북한을 안정시킬 수 있지만, 어느 것 하나도 확실히 보장되는 것은 없다. 한국이 적극적 개입에 필요한 국제적 지지를 획득하고자 지금부터 체계적으로 노력해 나갈 경우 근거를 확보할 수 있는 가능성이 없다고 볼 수는 없지만, 국제정세가 그것이 가능하도록 변화하는 등 상당한 행운이 따라야 하는 사항들이다.

결국 한국이 국제사회의 규범을 지키면서 군사력을 포함해 적극적으로 개입할 수 있는 가능성은 낮다. 그렇다고 전혀 노력할 여지가 없는 것은 아니다. 국제법은 국내법과 같은 강제력을 구비하고 있는 것은 아니고, 강대국들의 태도나 국제여론은 한국이 노력하면 변화될 수도 있기 때문이다. 국제법이 명확하지 않을 경우에는 한국 스스로의 판단에 의해 필요한 조치를 강구할 필요도 있고, 그로 인한 후과(後果, consequence)를 감당하겠다는 각오를 가져야 할 것이다. 어느 경우든 국민들은 북한의 급변사태를 통일로 연결시키는 것이 간단한 것이 아님을 이해하고, 철저하게 준비하거나 단호한 조치를 통해 만난(萬難)을 극복하겠다는 자세를 가져야 할 것이다.

3. 한국의 개입을 위해 가용한 명분

국제법적이거나 국제적인 여건이 우호적이지 않다고 하더라도 어떻게든 통일로 연결시키고자 한다면, 한국은 급변사태 시 개입을 위한 명분을 지금부터라도 개발하거나 유사시에 설득력 있게 주장해야 한다. 그중 몇 가지를 제시해 보면 다음과 같다.

헌법의 집행 한국의 헌법에서는 "한반도와 그 부속도서"가 한국의 영토이기 때문에 당연히 북한 지역은 한국 영토의 일부이다. 북한 지역은 어떤 불법단체에 의해 불법적으로 점유되어 있는 상태지만, 그것을 회복하고자 할 경우 상당한 피해나 사상자가 발생할 것이라서 자제하고 있는 상태일 뿐이다. 따라서 그 불법단체의 통제력이 약해진 상태라면 당연히 한국은 헌법에 명시된 영토를 회복해야 하고, 이를 위해 필요하다면 군사력도 사용할 수 있다.

다만, 한국의 이러한 논리를 국제사회가 인정해 주는 것은 쉽지 않다. 그러나 한국이 이러한 입장을 사전에 지속적으로 설명하거나 신속한 군사행동으로 조기에 헌법 집행에 성공했을 경우 국제사회의 반응은 달라질 수 있다. 특히 한국이 북한의 재건에 관한 모든 책임을 부담하는 것은 물론이고, 북한이 국제사회에 대해 지고 있는 모든 채무나 의무도 대신 감당하겠다는 뜻을 국제사회에 공표할 경우 한국의 입장을 지지하거나 묵인하는 국가들은 증대될 수 있다. 러시아가 크림 반도를 병합한 사태에서 보면 특정 국가가 단호한 자세를 견지할 경우 국제사회가 이를 제지하는 것은 어렵다.

북한 급변사태의 해결을 위해 한국이 군사력을 전개시킬 경우 저항이 발생할 가능성이 높기 때문에 헌법 집행의 성공을 위해서는 단기간에 필요한 군사작전을 성공시켜야 한다. 이를 통해 북한의 행정권을 조기에 접수하여 안정시킬 경우에는 국제사회도 수용하겠지만, 그러지 못하고 저항을 격퇴하는 데 어려움을 겪을 경우 내란으로 상황을 악화시킬 수 있고, 그렇게 되면 한국의 입장을 지지했던 국가들도 정책을 바꿀 개연성이 높아진다. 일단 개입했으면 최단기간 내에 북한을 안정시키는 것이 중요하다.

인도주의의 실천　북한에서 비인도적인 범죄가 심각할 정도이고, 국제사회에서 그것을 예방 및 억제하기 위한 조치를 강구하지 못하는 상황이라면, 한국은 동일민족 또는 북한 지역에 있는 국민들을 구원한다는 명분으로 군사력의 전개를 포함해 북한 문제에 적극적으로 개입할 수 있다. 북한의 인권유린 상황이 어느 정도냐에 따라서 지지의 정도도 달라지겠지만, 인권유린에 관한 설득력 있는 자료를 제시할 경우 국제사회의 지지도는 높아질 것이다. 인권유린을 일삼는 국가에 대한 국제사회의 '보호책임'도 적극적으로 논의되어 왔고, 북한 인권의 심각성에 관해서는 유엔에서도 보고서가 발표되는 등 국제사회가 공감하는 부분이 크기 때문에 인도주의를 명분으로 한 한국의 개입이 묵인될 가능성은 없지 않다.

이 경우 한국은 비인도적인 행위가 자행되는 지역에서부터 그러한 행위를 종료시킬 수 있도록 개입을 시작해야 한다. 북한에서 발생하는 비인도적 행위에 대한 증거를 충분히 제시할 필요가 있고, 한국군 개입의 목표와 한계도 충분히 설명되어야 할 것이다. 북한을 인도적 권리가 보장되는 상태로 유도하는 것이 개입의 목적이지, 강제점령이나 흡수통일을 위한 것은 아니라는 점을 설명해야 할 것이다. 인도적 목적을 위한 한국군의 행위 중에서 비난받을 소지가 발생하지 않도록 유의하고, 필요하거나 가능하다면 유엔과 함께 요망되는 활동을 수행할 수도 있을 것이다.

대량난민의 차단 또는 보호　　북한에서 급변사태가 발생하면 대량난민이 발생할 수 있고, 이것은 한국에게도 직접적인 영향을 줄 수 있어, 이를 통제한다는 목적으로 한국은 군을 동원하거나 일부 군대를 북한 지역으로 전개시킬 수 있다. 난민이 남한으로 넘어온 이후부터 관리하는 데 국한될 경우 난민의 유입을 차단하거나 통제할 수 없기 때문이다. 난민의 규모는 상황에 따라 수만에서 수십만에 이를 수 있고, 자칫하면 통제 불능의 상황으로 악화될 수 있다. 휴전선의 경우 북측에 4-5중의 철조망이 쳐져 있어서 탈출이 쉽지 않기는 하지만, 철책이 부분적으로 파괴 또는 철거될 경우 난민의 규모는 급격히 증대될 수 있다.

　　특히 난민들이 휴전선을 통해 한국으로 탈출하는 과정에서 북한군에 의해 사상당하거나 비인도적인 취급을 받을 경우 한국이 아무런 조치를 하지 않은 채 방관하기는 어렵다. 북한 주민도 한국의 국민이기 때문이다. 또한 대량난민이 넘어올 경우 이들을 무조건 수용할 수도 없다. 결국 한국은 휴전선 근처에서 난민들을 통제해야 할 것이고, 그렇다면 난민수용소를 휴전선 근처 또는 이북에 설치해야 할 것이며, 더욱 적극적인 통제를 위해서는 휴전선 이북의 일정한 지역까지 안전지대를 확보해야 할 것이다. 이렇게 되면 한국군은 자연스럽게 북한 지역으로 진입하게 되고, 상황에 따라 그 지역은 점점 넓어질 수 있을 것이다.

난민 통제를 위한 한국군의 개입은 인도적이거나 방어적인 측면에서 정당성이 인정될 가능성이 높다. 또한 휴전선 북쪽으로 일정한 거리를 확보하는 것도 어느 정도는 수용될 수 있다. 현실적으로도 한국군은 공중기동작전을 통해 북방한계선 지역을 통제한 후 그 이남의 비무장지대에 대한 통로를 개척함으로써 필요한 지역을 그다지 어렵지 않게 확보할 수 있다. 이 경우 해당되는 전방사단별로 1개소 정도의 난민수용소를 설치하는 등으로 그 범위를 명확하게 한정할 경우 운영이나 통제가 어렵지 않을 수도 있다. 최초에 작은 규모로 시도한 다음에 상황을 보아 확대함으로써 위험부담을 최소화할 수도 있다.

핵무기의 통제   북한은 수십 개의 핵무기를 보유하고 있을 뿐만 아니라 이를 미사일에 탑재해 공격할 능력을 구비했을 가능성이 높다. 그렇다면 북한에 급변사태가 발생해 상황이 불안정해질 경우 일부 군인들이 핵무기를 장악한 후 한국이나 다른 국가들을 공격하겠다고 위협할 가능성도 배제할 수 없다. 따라서 다른 어떤 과제보다 최우선적으로 북한의 핵무기를 통제할 수 있어야 할 것이고, 인접해 거리가 가까울 뿐만 아니라 상당한 군사력을 보유하고 있는 한국군이 가장 유용한 것은 말할 필요가 없다.

북한의 핵무기 통제에 대해서는 미국이나 중국과 같은 강대국들도 지대한 관심을 가질 것이고, 그들이 개입하고자 할 가능성도 매우 높다. 그들이 합의해 처리할 경우 한국이 굳이 반대할 필요는 없을 수도 있다. 다만, 한국과 협의 없이 일방적으로 처리하도록 방치할 수 없는 것도 사실이다. 핵무기가 사용된다면 한국을 대상으로 할 가능성이 가장 높기 때문이다. 한국도 북한 핵무기가 안전하게 처리되는지를 확인할 권리가 있고, 주변국들보다 연고권이 더욱 클 수 있다. 따라서 한국은 미국이나 중국의 북한 핵무기 처리에 동참하거나, 그들에 의한 핵무기 처리를 용인하는 대신에 북한 정권 및 주민 처리에 관한 한국의 배타적 권리를 인정받는 등으로 협의를 통해 한국 나름의 실익을 확보할 수 있어야 한다.

핵무기 통제와 같이 민감한 과제에서는 적시성이 절대적으로 중요하기 때문에 한국은 특수전부대를 비롯한 전문요원들을 공중으로 신속하게 전개시켜 핵무기를 장악할 수 있는 능력을 구비해 둘 필요가 있다. 당연히 이를 위한 계획을 평소부터 작성하고, 필요한 무기 및 장비를 구비하며, 철저히 훈련해 두어야 할 것이다. 유사시 핵무기를 통제 및 해제하는 데 필요한 전문요원들을 훈련시키고, 그러한 임무를 위한 부대를 지정할 필요도 있다. 한국, 미국, 중국이 함께 북한의 핵무기 제거활동을 취하기 위한 외교적 노력도 경주하고, 그 일환으로서 한미 양국이 연합팀을 구성해 두거나 중국과도 필요한 사항을 사전에 협의 또는 준비해 둘 수 있다.

**북한 도발에
대한 대응**
급변사태로 북한이 혼란해진 틈을 타서 북한군의 전부 또는 일부가 한국에 대해 도발을 감행할 수 있다. 이러할 경우 한국은 도발에 대응하는 것 이외에 그 도발의 원천을 분쇄한다는 명분으로 군사작전 범위를 확대해야 할 것이고, 그렇게 되면 북한 지역으로 군사력을 전개하지 않을 수 없다. 이러한 도발이 전 전선으로 확대될 경우 휴전협정이 깨진 것으로 보아야 하고, 그렇게 되면 한미 양국군은 준비되어 있는 작전계획에 의해 북한 지역으로 군사작전을 수행해야 한다. 그리고 군사작전이 순조로울 경우 1950년에 38도선을 넘어서 압록강까지 진격했던 사례와 같이 북한 지역으로 진격할 수 있다.

이 경우 어느 정도의 도발이 한국군의 북한 진입을 정당화시킬 수 있을 것이냐가 논란이 될 수 있다. 누구도 이에 대해 명확한 기준을 설정할 수는 없겠지만, 다수의 사상자가 발생하거나 북한의 지상군이 동원되었을 경우 비례성의 원칙을 크게 벗어나지 않는 범위 내에서 개입이 가능할 것이다. 지상군 진격 없이 북한이 포병사격만 지속한다고 하더라도 그 피해가 커지면서 다른 예방수단이 가용하지 않을 경우 항공기를 활용한 정밀타격이나 특전부대의 작전은 허용될 수 있을 것이다. 이러한 과정을 통해 군사적 상황이 점차 악화되면 북한 후방 지역에 대한 한미 양국군 또는 한국군의 군사작전도 필요해질 것이다. 다만, 성급하게 확전시킬 경우 예기치 않던 대규모 군사적 충돌이 발생할 위험성이 있다는 점에서 대응의 정도와 방법을 잘 관리하는 것이 필수적이라고 할 것이다.

**중국의 군사적
개입 저지**
북한에 급변사태가 발생할 경우 중국도 군대를 북
한 지역으로 진입시킬 수 있고(김태준, 2014: 50-52; 소치
형, 2014: 99), 이 경우 한국이 어떻게 대응해야 할 것인
가는 너무나 중요한 사항이다. 헌법대로라면 북한 지역은 한국 영토이
기 때문에 중국군의 진입은 불법이고, 한국은 이를 저지할 권리가 있
다. 그러나 남북한이 동시에 유엔에 가입한 상황이라 이러한 한국의 입
장이 국제적으로 어느 정도의 지지를 받을지를 확신하기는 어렵다. 중
국은 북한과 인접한 상태일 뿐만 아니라 그들의 의도나 행동을 외부에
제대로 공개하지 않을 것이고, 개입을 은닉하기 위한 다양한 조치를 강
구할 수도 있다는 점에서 국제사회가 중국의 군사적 개입을 조기에 탐
지하는 것이 쉽지 않고, 따라서 필요한 대응조치를 강구하기 이전에 이
미 중국이 상당한 정도로 개입해 버린 상황일 수도 있다. 더구나 중국
은 안보리 상임이사국이고, 중국의 국력과 군사력은 한국에 비해서 압
도적으로 우세하다.

한국이 급변사태를 활용해 통일을 달성하고자 한다면 어떤 식으
로든 중국의 개입을 자제시켜야 하지만, 현실적으로는 그것이 쉽지 않
다. 외교적 언사나 압력으로 철수하도록 요구한다 해도 일단 군사적 개
입을 시작한 중국이 이를 수용할 가능성은 거의 없다. 2014년 3월 러
시아가 크림 반도를 합병한 사례를 통해 보면 중국도 일단 진입하여
상황을 장악하고 나면 다른 국가들이 어쩔 수 없다고 생각할 가능성이
높다. 그래서 "북한 급변사태 시 가장 우려할 상황은 중국군의 개입이
될 것이며, 중국군이 평양을 접수하게 되면 북한은 중국의 영향을 받게
되는 소위 말하는 중국의 위성국이 될 것이다"(김태준, 2014: 37)라는 우
려가 제기되는 것이다.

한국의 입장에서 어떤 위험을 무릅쓰더라도 중국의 개입을 막아야 한다면 한국군을 중국의 전진로 상에 신속히 투입해 교전을 유도하는 방법밖에 없다. 이를 통해 시간을 벌고, 중국군의 개입 사실을 국제사회가 인식 및 비판하도록 해야 한다. 그사이에 한국은 북한 정부 또는 북한의 정파와 협조해 남북한이 동시에 중국의 개입을 반대하거나 대응하도록 만들어야 한다. 다만, 이를 위해서는 중국이 반드시 통과해야만 하는 결정적인 요충지를 한국군이 먼저 점령해 상당 기간 동안 고립작전을 수행할 수 있어야 하는데, 이것은 말처럼 쉬운 것이 아니다. 한국에서 멀리 떨어진 지역에 군사력을 전개해야 하는 방안이기 때문이다. 따라서 한국은 필요한 지역으로 적정한 군사력을 전개시킬 수 있도록 수송 수단을 준비하고, 목표로 설정한 기간 동안 버틸 수 있는 전투, 전투지원, 전투근무지원력을 준비 및 제공할 수 있도록 하며, 제한된 교전 및 지구전을 수행하도록 필요한 조치를 개발 및 훈련시켜야 할 것이다. 재보급과 증원에 대한 대책도 사전에 강구되어야 할 것이다.

평가　　북한에서 급변사태가 발생한 것을 통일로 연결시키고자 한다면 한국은 군사력 사용을 포함해 적극적으로 개입할 수 있어야 한다. 그렇지만 유엔이나 강대국들이 한국의 군대 투입을 허용 및 묵인할 가능성이나 북한이 요청할 가능성은 높지 않다. 결국 한국은 헌법 집행, 인도주의 실천, 대량난민 보호, 핵무기 통제, 북한의 도발 대응 등으로 군사적 개입을 위한 다양한 명분들을 개발 및 검토하고, 이 중에서 당시 상황에 부합되는 최선의 개입 명분을 주장해야 할 것이며, 이를 위해 필요한 사항을 평시부터 준비해 나가야 할 것이다.

동맹 관계나 대량난민 통제 등의 명분으로 중국이 북한에 군사력을 투입해 북한을 자신의 영향권으로 편입하고자 시도할 가능성은 낮지 않다. 러시아의 크림 반도 편입에서 보듯이 강대국이 일단 확보한 다음 기정사실로 만들어 버리면 국제사회에서 이를 원상회복시키기는 어렵다. 한국의 입장에서는 중국군의 개입을 사전에 예방하는 것이 최선이지만, 개입할 경우 어떻게 대응할 것인가에 대해서도 고민하지 않을 수 없다. 국군의 접근로 상에 군대를 보내 제한된 교전을 유도하는 등 과감한 조치를 강구하겠다는 의지와 위험을 감수하겠다는 용기가 필요하다. 그러한 각오 없이 북한의 급변사태를 통일로 연결시킬 수는 없다.

북한에서 급변사태가 발생해 한국군이 전개했을 경우 북한 지역에서의 군사작전이 순조롭기만 할 수는 없다. 북한군과 주민들이 저항할 가능성이 존재하고, 중국군과 충돌할 수도 있으며, 국제사회에서 어떤 제한적인 조치가 내려질지 알 수 없다. 자칫하면 중국과 한국, 또는 중국과 한·미 간의 전쟁으로 악화될 가능성도 배제할 수는 없다. 따라서 가능한 모든 요소들을 사전에 충분히 고려하고, 준비에 준비를 거듭하며, 신중에 신중을 기해야 성공적 결과를 산출할 수 있을 것이다.

4. 결론과 함의

그 발생이나 통일로의 연결 가능성이 그다지 높지 않은데도 급변사태에 관한 논의가 한국에서 지속되고 있는 것은 그만큼 통일에 대한 열망이 크기 때문이다. 평화적 통일은 지난하거나 시간이 걸리지만, 급변사태로 인한 통일은 삽시간에 가능할 수 있기 때문이다. 북한에 현재와 같은 강압적인 통치가 언제까지 지속되지 못할 것이라고 한다면 급변사태의 개연성을 전혀 부정할 수 없는 것도 사실이다.

다만, 일부 국민들이 기대하고 있듯이 북한에서 급변사태가 발생했다고 저절로 통일로 연결되는 것은 아니다. 북한에 도래하는 변화 상황을 잘 활용하거나, 공작활동, 외교적 노력, 경제적 지원 등을 통해 장기간에 걸쳐 통일로 연결시켜 나가는 방안이 가능할 수는 있으나, 단기간에 통일로 연결시키고자 한다면 군사력의 전개가 필요할 것이다. 군사력이라는 국가의 강제력이 투입되어야 한국이 요구하는 방향으로 북한을 변화시킬 수 있을 것이기 때문이다. 결국 급변사태를 단기간에 통일로 연결시키고자 한다면, 군대 투입을 포함한 적극적인 개입이 가능해야 하고, 따라서 이에 관한 사항을 심층 깊게 토의하는 것이 가장 중요한 과제라고 할 것이다.

북한에서 급변사태가 발생할 경우 한국군이 개입하는 것은 말처럼 간단하지 않다. 국제법적인 정당성은 물론이고, 성공의 가능성이나 중국군과의 교전 가능성 등 위험이 너무나 크기 때문이다. 그러한 위험을 극복하기 위해서는 당연히 용기도 필요하지만, 가능한 모든 위험을 사전에 파악해 최소화하고자 노력하는 냉철함과 지혜가 더욱 중요할 수 있다. 북한이 불안정해질 경우 밀고 올라가 통일하면 된다는 식의 단순한 사고를 지니고 있거나 강대국들이 용인하지 않을 경우 한국으로서는 아무것도 할 수 없다는 식의 자괴감에 빠져서는 곤란하다. 민족의 명운을 좌우하는 중대한 문제라는 차원에서 정부에서는 국제법적인 제약이나 강대국들의 상이한 이해관계를 극복하기 위한 다양한 외교적 및 국내적 대책을 강구해야 할 것이고, 한국군은 명령이 하달될 경우 전광석화와 같이 임무를 완수할 수 있는 실제적인 방안을 강구해 두어야 할 것이다.

이러한 차원에서 한국 정부와 군대가 가장 심각하게 논의해야 할 사항은 중국군이 북한 지역으로 진입할 경우 어떻게 대응할 것이냐이다. 북한에서 급변사태가 발생할 경우 중국군이 개입할 가능성이 낮지 않고, 개입해 버릴 경우 한국이 선택할 수 있는 대안이 많지 않기 때문이다. 정부는 중국군이 개입할 경우 동원할 수 있는 다양한 외교적 조치들을 생각해 내고, 미국 및 일본과 어떻게 공동전선을 구축할 것인가를 논의해야 한다. 동시에 군사력을 동원해서라도 중국군의 개입을 막아야 한다는 의지와 그것을 실천할 수 있는 건전한 계획과 효과적인 군사력을 육성해 두어야 한다. 중국군의 개입 규모, 방향, 방법을 판단해 보고, 다양한 상황별로 한국이 어떻게 대응하는 것이 최선인지를 사전에 강구해 두어야 한다. 중국군이 개입할 경우 북한군의 협조를 어떻게 획득하고, 그들과 어느 정도로 어떤 방향으로 협력할 수 있을 것인가에 대한 고민도 필요할 것이다.

이러한 차원에서 한국군은 북한의 급변사태 시 즉각적으로 동원할 수 있도록 '신속대응군'의 부대를 지정 또는 편성해 둘 필요도 있다. 이 부대는 급변사태와 관련해 부여된 임무 수행에 필요한 병력, 무기 및 장비를 최우선적으로 지급하고, 최선의 준비태세를 유지하도록 관리해야 할 것이다. 이 부대는 기동부대, 특전여단, 기동헬기부대, 심리전부대 등 임무 수행에 필요한 부대로 혼합해 편성되고, 평소에 다양한 각본을 상정해 철저하게 훈련하도록 할 필요가 있다. 해병대가 추가될 수도 있을 것이다. 전방 지역의 경우에도 난민 통제를 위해 필요하다고 판단할 경우 휴전선 북쪽에 난민수용소를 설치하는 등의 임무를 수행하도록 준비할 필요가 있다. 북한군이 협조하지 않고 저항할 경우 북방한계선을 어떻게 확보하고, 미확인 지뢰지대를 통과하기 위해 어떤 방법을 선택할 것인지를 발전시켜 두어야 할 것이다. 그리고 추가로 필요할 경우 작전지역을 어느 정도로 어떻게 확대할 것인가에 대해서도 고민해 두어야 할 것이다.

북한 급변사태의 가능성이 높을 경우 예비군의 동원도 검토할 필요가 있다. 급변사태의 북한을 안정시키는 데는 대규모 병력투입이 중요하기 때문이다. 미 랜드 연구소의 베넷(Bruce Bennett) 박사는 과거 미군의 경험을 바탕으로 북한 전체의 안정을 보장하려면 주민 1천 명당 13명 정도의 군인을 필요로 한다면서 2,400만의 북한 주민 통제를 위해서는 31만 2천 명이 필요하다는 수식을 제시한 바가 있다(Bennett and Lind, 2011: 93). 그는 남쪽으로부터 북쪽으로 단계적으로 안정을 위한 작전지역을 확대해 나간다고 하더라도 최소 14만 4,500명의 병력이 필요하다고 계산했다. 그 외 국경통제, 대량살상무기 제거, 재래식 무기 무장해제, 저항세력 격멸 등의 임무까지 고려할 경우 그 인원은 더욱 많아져야 한다고 주장하면서 대체적으로 북한의 안정화를 위해서는 26만 3천-40만 5천 명의 병력이 필요하다고 분석한 적이 있다(Bennett and Lind, 2011: 96).

급변사태를 통일로 부드럽게 연결시키기 위해 한국 정부가 평시에 가장 중점을 두어 노력해 나가야 할 사항은 북한 정부 또는 북한 정부로 인정될 수 있는 어떤 단체로부터 한국의 개입을 요청하도록 하는 준비이다. 그렇게만 되면 북한에 대한 모든 국제적인 제약이나 개입을 예방할 수 있기 때문이다. 한국 정부는 평시부터 북한 내 권력자들과 의사소통 채널을 형성하고, 통일 시 그들의 특권 상실을 우려하는 점을 충분히 이해해 불식시켜 주고자 노력할 필요가 있다(란코프, 2009: 146). 독일의 통일에도 서독이 평시에 구축해 놓은 동독 내 대화 창구가 긴요하게 작용했다는 측면에서, 평소부터 북한 내부에 친한 및 개혁·개방을 지지하는 인사를 중심으로 인맥을 형성 및 관리해야 할 것이다. 한국 정부는 그들에게 협력할 경우 충분히 보상한다는 방침을 알리고, 적극적인 공작활동이나 심리전을 전개해 일반적인 협조세력도 확대할 수 있어야 할 것이다.

북한에 군대를 진입시키는 데 필요한 국내적 절차에 대해서도 충분히 검토하고 필요한 사항을 발전시켜 두어야 할 것이다. 진입 여부를 어느 부서에서 검토 및 건의해 어떤 절차를 거쳐서 결정할 것인지를 정립하고, 국회와의 관계가 어떠해야 하는지도 검토해 보아야 한다. 대통령이 어떤 사항에서 어떤 내용을 결심해야 할 것인지를 목록화함으로써 빠짐없이 적절하게 조치되도록 할 필요가 있다. 북한 지역에 대한 군대 투입의 경우 국회의 동의가 필요할 정도로 중요한 사항임에는 틀림없지만 공식적으로 그렇게 할 경우 북한 지역이 한반도의 일부라는 헌법을 부정하게 된다는 점에서 동의와 유사한 효과를 가지면서도 형식적으로 문제가 없는 절차를 정립할 필요가 있다.

2014년 3월 러시아는 우크라이나 내부의 불안정 사태를 활용해 크림 반도를 자국의 일부로 편입했다. 제정 러시아와 소련 때부터 크림 반도가 러시아의 일부였다는 입장에서 보면 '재통일'한 것일 수 있다. 러시아는 최초부터 군사력을 시위하거나 부분적으로 전개시킴으로써 크림 반도의 정세를 주도했고, 그 상황에서 크림 반도 주민 97%의 지지를 받아서 합병했다. 이에 대해 미국을 비롯한 서방은 그 정당성을 인정하지 않았으나 러시아의 전광석화 같은 조치에 제대로 대응하지 못했고, 결국 러시아로의 통일은 기정사실화되고 말았다. 국제사회에서는 국제법보다는 누가 현장 통제력을 지니고 있느냐가 더욱 중요할 수 있다. 만난에도 결연하게 맞설 수 있다는 용기와 사명의식 없이 북한의 급변사태를 통일로 연결시키는 것은 쉽지 않다.

제15장
한반도 평화체제

한국의 일부 인사들은 한반도 분단 상황을 해결할 수 있는 중요한 과제 중의 하나로 평화체제 또는 평화협정을 언급한다. 오랜 기간 동안 북한의 전쟁 위협에 시달려 온 국민들에게 '평화', '평화체제', '평화협정'과 같은 말은 너무나 솔깃한 용어로 들린다. 그러나 이것은 북한이 지속적으로 주장해 온 용어들이고, 최근에는 중국도 가세하고 있다. 그렇다면 왜 우리는 북한이나 중국의 주장을 그대로 수용하지 않는가? 정말 수용하지 않는 우리 정부가 잘못된 것인가?

국제정치학에서 평화는 '전쟁의 부재'(absence of war)로 정의된다. 자유, 평등, 정의, 행복 등의 추상적 개념들이 그러하듯이 평화를 정확하게 정의하는 것은 쉽지 않기 때문이다. 평화에 관해 대부분의 사람들이 동의할 수 있는 최소한의 내용을 제시한 것이라고 보면 된다. 그렇다면, 평화는 별도의 독립적 개념이라기보다는 전쟁과 관련한 상대적 개념으로 인식하는 것이 현실적이다. 건강을 '병의 부재'로 정의하는 경우와 같다. 즉 평화는 그것을 보장하는 어떤 체제나 협정이 존재하는 것이 아니라 전쟁을 없애는 어떤 체제나 협정이 존재하는 것이고, 그것을 좋은 의미에서 평화체제 또는 평화협정이라고 부를 뿐이다. 따라서 평화, 평화체제, 평화협정에 대한 정확한 인식을 갖는 것은 국론통일은 물론이고, 한반도의 진정한 평화 달성에 매우 중요한 선결조건이라고 할 것이다.

1. 평화와 평화체제

평화란?　　　　자유, 평등, 정의, 행복과 같이 평화도 주관성이 큰 개
　　　　　　　　념이라서 명확하게 정의하는 것이 쉽지 않다. 국립
　　　　　　　　국어원의 《표준국어대사전》에서는 '평화'를 "① 평
온하고 화목함. ② 전쟁, 분쟁 또는 일체의 갈등이 없이 평온함 또는 그
런 상태."라고 정의하고 있다. *Merriam Webster* 사전에서도 'peace'를
"전쟁이나 싸움이 없거나 전쟁을 종결짓는 협정이 존재하는 상태, 전
쟁이나 싸움이 없는 기간"(a state in which there is no war or fighting, an agreement to
end a war, a period of time when there is no war or fighting)이라고 정의하고 있다. 앞
에서 언급한 대로 국제정치학에서 평화는 '전쟁의 부재'(absence of war)로
규정한다(Webel and Galtung, 2007: 6-7; 이종석, 2008: 8). 사전과 국제정치학자
들의 견해를 종합할 경우 평화는 별도의 독특한 상태가 있는 것이 아
니라 전쟁에 대비되는 개념으로서 전쟁이 없는 상태이다. 국제정치에
대해 현실주의자(realist)들은 평화는 "전쟁과 전쟁 사이의 일시적인 안
정"에 불과하다면서 그 의미를 낮게 부여하기도 한다(김준형, 2006: 26).

　　전쟁이 없는 상태가 평화의 기본적인 요건임에는 틀림없지만, 거
기에 만족하는 것이 충분하지 않다는 허전함이 존재하는 것은 사실이
다. 전쟁이 없다고 하더라도 전쟁보다 더욱 비참한 사회적 불행이 발생
할 수 있고, 더욱 나은 평화를 위한 노력은 필요하기 때문이다. 이러한
점에서 노르웨이의 갈퉁(Johan Galtung)은 '전쟁의 부재'에 국한된 평화를
'소극적 평화'(negative peace)로 규정하면서 진정한 평화를 '적극적 평화'
(positive peace)라고 구분했다. 진정한 평화는 전쟁이 없는 것에서 끝나지

않고 '폭력이 없는 상태'(absence of violence)라야 하고(Galtung, 2003: 69), 이를 위해서는 정치적 억압, 경제적 착취, 문화적 폭력 등과 같은 사회의 '구조적 폭력'(structural violence)이 사라져야 한다는 주장이다(Galtung, 1996: 22). 전쟁이 없을 뿐만 아니라 번영과 자유가 보장되는 사회가 평화적인 사회라는 것이다. 다만, 'negative peace'를 '소극적 평화'라고 번역하고, 'positive peace'를 '적극적 평화'라고 번역함으로써 한국어로만 보면 적극적 평화가 더욱 바람직하거나 소극적 평화가 미흡한 상태로 들리지만, 실제로는 그렇지 않다. 영어의 'negative'는 무엇을 하지 않는다는 것으로 기존 평화 논의에서 전쟁을 '하지 않는' 측면이 강조되었기 때문에 'negative'라는 용어를 붙였고, 적극적 평화는 번영과 자유를 증진 '하는' 측면을 강조하기 때문에 'positive'라는 용어를 붙였을 뿐이다.

적극적 평화는 소극적 평화를 배제하는 것이 아니라 그 기초 위에 추가되는 것이다. 적극적 평화가 한 차원 높은 평화라고 인식하기도 하지만(이경주, 2010: 90-91), 이것은 오해이다. 소극적 평화가 구비되어 있지 않은 상태에서는 적극적 평화가 불가능할 뿐만 아니라 가능하다고 하더라도 그것을 평화상태라고 보기는 어렵다. 그래서 명분상으로는 적극적 평화가 그럴듯하지만 실제 대부분의 국가가 추구하는 것은 소극적 평화라고 보아야 한다.

평화체제란?　　평화체제도 사람에 따라 다양하게 설명할 수 있겠으나 '평화'와 '체제'가 결합된 것으로 본다면 그것은 평화를 제도화 및 구조화한다는 의미일 것이다. 그래서 평화체제의 내용으로 평화협정이 제일 먼저 거론되지만 그것만으로는 평화를 보장하기 어렵다. 그러한 평화협정을 준수하도록 하는 다양한 장치가 구축되어야 할 것이고, 상당한 기간을 통해 그러한 것들이 제대로 가동된다는 것이 확인될 때 평화체제가 구축되었다고 할 것이다. 이러한 점에서 평화체제를 평화를 위한 협정, 평화를 보장하기 위한 장치, 평화상태의 지속으로 나누어 설명하고자 한다.

① 평화를 위한 협정

통상적으로 평화협정은 정전협정을 거쳐서 체결되는데, 전자는 정치적인 사항들을 규정하고 후자는 군사적인 사항들을 규정한다. 제1차 세계대전의 경우 독일이 항복하자 1918년 11월 7일 독일과 연합군은 콩피에뉴 숲에서 정전협정을 체결했고, 이를 기초로 1919년 6월 28일 파리 평화회의를 개최해 베르사유 조약(Treaty of Versailles)을 맺었다. 제2차 세계대전의 경우 태평양 전역(戰役)에서는 1945년 9월 2일 미주리함 상에서 일본이 항복문서에 서명하고, 그 후속의 정치적 협정으로서 1951년 8월 13일 샌프란시스코 조약을 체결했다. 다만, 유럽 전역에서는 1945년 5월 7일 독일의 요들(Alfred Jodl) 참모총장이 항복문서에 서명함으로써 정전은 되었으나 후속해 평화조약을 체결하지는 않았다.

여기에서 비교해 볼 필요가 있는 사항은 제2차 세계대전 후 평화협정을 체결한 아시아-태평양 지역과 그렇지 않은 유럽 지역 중에서 어디가 더욱 평화로운가 하는 것이다. 유럽은 유럽연합까지 만들어서 전쟁의 가능성이 상당할 정도로 낮아진 상황이지만, 아시아의 경우에는 남북한은 물론이고, 중국과 일본 간에도 치열한 세력경쟁이 진행되어 불안한 상황이다. 즉 유럽과 아시아의 이러한 대조적 결과는 "20세기 현대사에서 평화조약이나 평화협정의 유무(有無)가 반드시 평화의 유무를 결정하지 않았다"는 반증일 수 있다(김명섭, 2013: 19). 실제로 유럽에서는 1919년 베르사유 조약 이후 평화조약을 통한 전쟁의 종결방식이 퇴조하는 현상을 보여 왔고, 1991년 걸프전쟁과 2003년의 이라크전쟁의 종결과 관련해서도 어떤 정치적 협정이 체결되지 않았다.

실제로 어떤 조약이나 협정만으로 평화를 보장하는 것은 어렵다. 1925년 10월 로카르노 조약(The Locarno Treaties)을 체결해 독일과 벨기에, 독일과 프랑스의 불가침을 영국과 이탈리아가 보장했고, 이를 체결하는 데 기여한 사람들이 노벨 평화상까지 수상했지만, 제2차 세계대전 시 독일은 제일 먼저 벨기에와 프랑스를 침공했다. 1938년 당시 영국의 체임벌린 총리는 독일의 히틀러와 뮌헨 협정을 체결한 뒤 귀국하면서 "우리 시대를 위한 평화"(peace for our time)를 외쳤지만, 결국 그다음 해에 독일은 폴란드를 침공함으로써 제2차 세계대전을 발발시켰다. 1973년 1월 베트남에서의 전쟁종결과 평화회복(Ending the War and Restoring Peace in Viet-Nam)을 위한 파리 협정이 체결되어 정전(제2조), 협상을 통한 문제 해결(제10조), 평화적·단계적 통일 실현(제15조)에 합의했으나(양영모, 2009: 350-351), 2년 후 남베트남은 정복되고 말았다.

국제법학자들도 평화와 관련해 협정과 함께 실질적 상태도 중요시하고 있다. 백스터(Richard R. Baxter)는 포로 교환에 관한 규정들을 포함한 정전협정을 평화조약과 유사한 것으로 간주하고 있고, 피츠모리스(Gerald G. Fitzmaurice)는 제2차 세계대전 후 정전이 점차 예비적 평화조약의 성격을 띠게 되었다고 설명하고 있으며, 스톤(Julius Stone)도 승전국에 의한 일방적 선언을 전쟁 종료 방식의 하나로 포함시키고 있다(Baxter, 2013; Fitzmaruice, 1973; 김명섭, 2013: 6에서 재인용).

② 평화를 보장하기 위한 장치

평화조약이나 협정은 쌍방이 준수해야 평화로 연결되기 때문에 그의 준수를 보장하기 위한 장치들이 조약이나 협정보다 더욱 중요할 수 있다. 이에 대해 정형이 존재하는 것은 아니지만 베르사유 조약에서처럼 전쟁을 일으킨 국가의 군대 규모를 제한하거나 중립지대를 설치하는 방안, 그리고 이행을 감시하는 기구의 설치, 조약(협정)을 위반했을 때의 제재조치가 중요하게 포함된다. 1977년 체결된 이집트와 이스라엘 간 평화조약의 경우에도 시나이 반도를 비무장지대로 지정하거나 유엔의 휴전감시 조직을 설치하는 등의 장치를 마련했다.

최근에는 이러한 평화보장 장치들의 필수성에 대한 인식도 다소 약해지고 있다. 미국은 2003년 이라크에서 군사작전을 종료하고도 평화를 보장하는 장치를 만들지 않았는데, 그것 없이도 평화를 보장할 수 있다고 생각했기 때문이다. "모든 평화를 끝낸 평화"(A peace to End All Peace)라는 말처럼(Fromkin, 1989) 제1차 세계대전 종료 후에 또 다른 전쟁이 발생하지 않도록 하는 다양한 평화보장 장치들이 독일의 불만을 자극해 오히려 제2차 세계대전의 원인이 되기도 했다. 이런 이유로 제2차 세계대전 이후에는 평화보장 장치를 마련하는 것보다는 전쟁을 발발시킨 국가를 아예 동맹으로 편입하려는 노력을 하게 되었고, 독일과 일본의 경우를 보면 이러한 노력은 상당한 성과를 거두었다고 볼 수 있다.

제1차 세계대전의 혹독한 제한에도 불구하고 독일이 비밀리에 제2차 세계대전을 위한 준비를 해서 전쟁을 발발시켰듯이 평화협정은 물론이고 그를 위한 장치들까지 결합되어도 평화를 완벽하게 보장할 수는 없다.

③ 평화상태의 지속

실제적인 평화는 평화상태가 지속 및 누적되어야만 한다. 이것은 기능주의(functionalism) 측면으로서 이의 기초를 이루는 것은 전쟁의 억제이다. 서로 혹은 어느 일방이 전쟁을 하고 싶더라도 전쟁을 일으켜 보아야 성공하지 못하거나 얻을 수 있는 것보다 더욱 많은 것을 잃을 것이라고 할 때는 전쟁을 하지 않게 되고, 그것이 누적되면 평화라고 평가될 수 있다는 것이다. 이러한 점에서 평화를 위한 평소의 노력은 전쟁 억제의 노력이 된다고 할 것이다.

이론적으로 전쟁의 억제는 거부적 억제(deterrence by denial)와 응징적 억제(deterrence by punishment)로 구분한다(Snyder, 1961: 14-16). 여기에서 거부적 억제는 상대방에게 성공할 수 없다는 사실을 알려서 전쟁을 일으키지 못하게 하는 방법이다. 철저한 방범대책이 범죄를 억제하는 것과 같다. 다만, 이것은 지나치게 많은 노력이 들고, 완벽성을 기하기가 어렵다. 이와 대조되는 응징적 억제는 상대방에게 예상하는 이익보다 비용이나 피해가 더욱 클 것이라는 점을 설득해 어떤 행동을 하지 않도록 하는 방법이다. 강력한 형벌이 범죄를 억제하는 것과 같다. 다만, 응징적 억제는 상대방이 합리적이지 않거나 오판을 해 버리면 기능하지 못한다.

통상적인 억제의 방법으로 잘 거론되지는 않지만, 도발하지 않을 경우 상응한 보상(reward)이 있음을 인식시켜 자제시키는 과정이나 행위, 즉 보상에 의한 억제도 전혀 고려할 수 없는 것은 아니다(Roehrig, 2006: 12). 상대방에게 경제적 원조나 각종 편의를 제공함으로써 도발하지 않는 것이 이익이라는 점을 인식시켜 억제를 달성하는 것이다. 다만, 범죄를 자제한 대가를 보상하는 것이 용납되기 어렵듯이 이 방법은 비도덕적인 유화정책(appeasement policy)으로 비난받을 수 있고, 한 차례의 보상은 미래에 더욱 큰 보상 요구로 연결될 위험성이 크다.

---

2. 한반도의 평화상태 평가

그렇다면 위에서 논의한 평화, 평화협정, 평화보장 장치, 그리고 평화의 지속 측면에서 한반도는 어떤 상태일까?

평화의 정도   6·25전쟁 이후 아직 전쟁이 발발하지 않았을 뿐만 아니라 지금 전쟁을 수행하고 있는 도중인 것도 아니지만, 한반도가 평화상태라고 쉽게 말하기는 어렵다. 남북한의 대규모 군사력이 휴전선을 중심으로 일촉즉발의 위험성으로 대치하고 있고, 2010년 3월 북한 잠수정에 의한 천안함 폭침이나 2010년 11월 연평도에 대한 북한 포격의 사례에서 보듯이 양측은 금방이라도 군사적 충돌을 불사할 수 있는 상황과 태세이기 때문이다. 특히 북한은 핵무기를 지속적으로 개발해 현재 수십 개까지 보유하고 있을 뿐만 아니라 이를 미사일에 탑재해 언제라도 공격할 수 있다. 북한의 지도자인 김정은은 2016년 3월 "임의의 순간에 핵탄두를 쏠 수 있게 준비"하라고 지시하기도 했다. 한국은 다른 어느 국가보다 전쟁의 위험성이 크고, 따라서 '전쟁의 부재'라는 소극적 평화의 조건이 충족된 상태라고 단순하게 평가할 수는 없다.

그럼에도 불구하고 1953년 7월 27일 정전이 합의된 이후 60여 년 동안 한반도에서 전쟁이라고 불릴 만한 사태가 발생하지 않은 것은 사실이다. 그동안 북한이 수많은 도발을 자행하고, 전쟁으로 악화될 일촉즉발의 상황이 없었던 것은 아니지만, 어쨌든 6·25전쟁과 같은 전면전으로 확산되지는 않았다. 한반도는 공산주의와 민주주의가 대결한 냉전(cold war)과 유사하게 "이루어질 수 없는 평화와 일어날 것 같지 않은 전쟁"이 공존하는 "차가운 전쟁이면서 긴 평화이기도 한" 상태로 평가될 수 있다(김명섭, 2013: 18). 그렇다면 어찌 되었든 한반도에서는 전쟁이 발발하지 않도록 하는 장치, 다른 말로 하면 평화를 보장하기 위한 최소한의 장치가 가동되고 있다고 볼 수 있다.

이러한 상태에 만족해 한국에서는 적극적 평화의 개념까지 도입하려는 분위기도 존재하고 있다. 2002년 한국 평화학회는 적극적 평화 개념에 의해 《21세기 평화학》이라는 책자를 발간했는데, 전체 17편의 논문 중에서 소극적 평화 즉 전쟁이나 군사를 언급하고 있는 논문은 2편에 불과하다(하영선 편저, 2002). '세계평화포럼'이라는 단체에서도 2000년부터 '세계평화지수'를 산출해 발표하고 있는데, 이것도 적극적 평화에 기초해 정치, 사회, 경제 등의 다양한 요소들을 망라해 평화의 정도를 평가하고 있다.

평화를 위한 협정   1953년 7월 체결된 정전협정에서 3개월 이내에 정치적 사항들을 타결하도록 규정했으나 아직 그 것이 이행되지 않았다는 측면에서 평화협정의 체결을 요구하는 목소리가 존재하는 것은 사실이다. 그러나 앞에서 살펴 바와 같이 지금까지 한반도에서 평화가 유지되어 왔다고 한다면, 즉 60여 년 동안 한국에서 전쟁이 발생하지 않았고, 잠정적이지만 국경선이 지켜졌다면, 1953년의 정전협정이 평화협정으로서의 기능을 수행해 왔다고 볼 필요가 있다. 백스터는 이것은 '준평화조약'(a quasi-treaty of peace)이라고 평가했는데(Baxter, 2013; 김명섭, 2013: 20에서 재인용), 평화협정만으로 평화를 보장할 수 없고, 평화협정과 같은 형식보다는 평화의 지속이라는 결과가 중요하다면 새로운 협정을 굳이 체결해야 한다는 주장의 설득력이 높다고 보기는 어렵다. 일부에서 생각하고 있듯이 '평화협정'이라는 공인된 형식의 협정이 존재하는 것도 아니다.

실제로 남북한 간에는 상당한 정치적 수준의 협정이 체결되어 있다. 1991년 12월 13일 체결된 '남북한 기본합의서', 즉 '남북 사이의 화해와 불가침 및 교류 · 협력에 관한 합의서'로서, 여기에는 남북 간의 상호 인정(제1조), 파괴 및 전복 행위 금지(제4조), 무력 불사용(제9조), 평화적 해결(제10조), 불가침 경계선과 구역(제11조) 등 평화협정 체결 시의 주요 쟁점이 거의 다 포함되어 있다. 1991년 12월 31일에는 남북한이 핵무기의 시험 · 제조 · 생산 · 접수 · 보유 · 저장 · 배비(配備) · 사용을 금지하는 '한반도의 비핵화에 관한 공동선언'에도 합의함으로써 '남북한 기본합의서'를 더욱 보강했다. 새로운 평화협정을 체결한다고 하더라도 이것 이외에 다른 내용이 포함될 것이 거의 없을 것이다. 이 외에도 한미상호방위조약(1954), 북한과 중 · 소 간의 상호원조조약(1961), 중국의 유엔 가입(1971), 남북한의 유엔 동시가입(1991), 한중수교(1992) 등으로 평화를 보장하기 위한 국제적 협정이 적지 않다. 이것들이 제대로 준수되지 않고 있다는 것이 문제이지만, 평화를 위한 정치적 협정 자체가 없다고는 말할 수 없다.

평화를 위해 중요한 사항은 조약이나 협정의 존재 유무가 아니다. 그러한 것들이 준수되고, 그 결과로 평화상태가 유지되고 있느냐가 중요하다. 남북한이 정전협정을 철저하게 준수하고, 기본합의서와 비핵화 선언에 명시된 대로 실천했다면, 거의 완전한 평화상태가 구축되었을 것이고, 그러한 협정, 합의서, 선언들을 통틀어서 남북한 평화협정이라고 불렀을 것이다. 그러나 그렇게 불리지 않는 것은 그것들이 만족할 정도로 지켜지지 않고 있기 때문이다. "휴전체제의 국제법적 근간을 이루고 있는 정전협정을 평화조약이나 평화협정으로 대체하기만 하면 마치 '마법의 부적'처럼 … '상대적 평화'를 '영구적 평화'로 바꾸어 줄 것이라는 미신은 경계해야 한다"(김명섭, 2013: 21).

더군다나 지금까지 성공하지 못한 것에서 알 수 있듯이 평화협정을 체결하는 것은 쉽지 않다. 전쟁에 대한 책임 소재를 비롯한 다양한 요소에서 남북한 간에 이견이 발생할 것이기 때문이다. 장기적이면서 항구적인 평화를 위한 환경을 조성하거나 미래의 전쟁도 예방할 수 있는 방향으로 포괄적인 평화협정을 체결하고자 노력할수록 합의가 어려울 것이고, 합의 과정에서 새로운 갈등이 발생할 소지는 더욱 커질 것이다. 다시 말하면, 평화협정을 위한 협의가 현재 존재하는 평화를 위협할 수 있다는 것이다.

평화보장을 위한 장치　　현재까지 한반도에서 현재와 같은 평화상태가 지속되도록 한 실질적인 요소는 정전상태를 유지하도록 하는 장치인데, 그중에서 가장 중요한 것은 유엔군사령부(UNC: United Nations Command)의 존재이다. 유엔군사령부는 정전협정의 서명 당사자이면서 북한이 그 협정을 어겼을 경우 유엔의 힘을 동원해 제재하도록 하는 책임과 권한을 지니고 있는 기관이기 때문이다. 그렇기 때문에 냉전시대에 소련은 유엔군사령부의 해체를 지속적으로 요구했고, 이에 대응해 한국과 미국은 1978년 양국군 간의 한미연합사령부(CFC: ROK-US Combined Forces Command)를 창설했다. 한미 양국은 한미연합사령관과 그 참모들이 유엔군사령관과 그 참모를 겸직하도록 함으로써 유엔군사령부가 해체 및 축소되더라도 한미연합사의 기능은 그대로 수행되도록 하는 장치를 만들어 두었다. 유엔군사령부의 실제적인 규모는 상징적인 수준에 불과하지만 그 사령관이 한미연합사령관을 겸직하기 때문에 필요시 한미연합사 예하의 병력을 사용할 수 있어 북한의 정전협정 위반에 효과적으로 대응하게 되고, 그것이 현재의 평화상태를 유지하는 데 크게 기여했다고 보아야 한다.

정전협정 준수의 물리적인 토대는 비무장지대(DMZ: De-Militarized Zone)이다. 남북한은 정전협정에 근거해 군사분계선(MDL: Military Demarkation Line)을 표시하고, 그 이남 및 이북으로 2km씩 총 4km 폭의 비무장지대를 설치했으며, 서로가 상당한 규모의 병력을 배치해 상대방의 위반을 감시하고 있다. 비무장지대는 지속적으로 강화되어 현재 남방한계선에는 3중, 북방한계선에는 5중의 철조망이 설치되어 있고, 곳곳에 지뢰가 매설되어 있으며, 중요 지역마다 초소가 설치되어 서로의 움직임을 감시하고 있다. 이렇기 때문에 남북한 누구라도 상대를 쉽게 공격할 수 없고, 따라서 정전상태가 유지되고 있는 것이다.

정전협정 준수의 강력한 배경과 실행력은 주한미군(USFK: US Forces

in Korea)과 한국군이다. 주한미군의 경우 그 규모는 28,500명밖에 되지 않지만, 미국의 동맹공약 이행을 보증하는 제일 확실한 증표로 기능하고 있다. 특히 일부는 전방 지역에 배치되어 북한이 공격할 경우 미군을 공격하지 않은 채 진격할 수 없도록 해서 미군의 자동적인 개입을 보장하는 인계철선(trip wire) 역할을 수행함으로써 한반도에서의 전쟁억제와 정전협정 준수를 보장하고 있다. 북한이 집요하게 주한미군의 철수를 주장하는 것도 이러한 이유 때문이다. 당연히 60만 정도의 규모로서 첨단 무기 및 장비로 무장되어 있는 한국군의 존재도 정전협정 준수에 중요한 역할을 하고 있다.

판문점에서의 대화와 소통도 정전상태의 유지에는 긴요하다. 시기별로 그 정도는 다르지만 남북한(유엔과 함께)은 서로가 정전협정을 위반한 사례가 발생할 경우 판문점에서 만나서 서로의 입장을 교환하고, 타결했으며, 재발 방지를 위한 나름대로의 대책을 강구해 왔다. 1976년 8월 18일 판문점 도끼만행 사건이 야기되어 일촉즉발의 사태까지 악화되었지만 양측은 판문점에서 만나 대화를 통해 해결했고, 유사한 사태가 발생하지 않도록 판문점 지역에서의 경계방식을 조정하기도 했다.

이 외에도 한반도의 정전상태가 유지되도록 하는 장치들은 적지 않다. 지금은 적극적인 기능을 수행하지 않지만 중립국 감시위원회도 중요한 역할을 수행해 왔고, 한국이 참전국들의 공로를 잊지 않고 기념하거나 적극적인 친선관계를 가지는 것도 정전협정의 준수에 기여하고 있으며, 국제적인 여론도 보이지 않는 가운데 쌍방에 압력을 행사하고 있다. 유엔군사령부의 규모가 축소되고, 중립국 감시위원회가 유명무실화되는 등의 결함도 일부 나타나고 있으나 위에서 언급한 요소들이 복합적으로 작용해 60년 이상 휴전 상태가 지속되고 있는 것이다.

평화상태의 지속:　정전협정 체결 이후 2014년 11월까지 북한은 천
전쟁의 억제　안함 폭침 및 연평도 포격을 포함한 1,072건의 국
지도발을 자행했고(국방부, 2014: 251), 휴전선을 중심
으로 한 남북한 군대 간의 긴장이 낮아졌다고 보기도 어렵지만, 어쨌든
한반도에서는 60년 이상 전쟁은 발생하지 않았다. 이것은 북한이 원래
전쟁을 일으킬 마음이 없었던 것이 아니라 한국과 미국이 효과적으로
억제해 왔기 때문이다. 실제로 김일성은 1965년경에 남침을 하겠다고
결심한 상태에서 1962년부터 이를 위해 상당한 준비를 해 오기도 했
고, 1975년 4월에도 중국을 방문해 제2의 남침을 협의했다는 것이 중
국 외교문서를 통해 드러나기도 했다(《조선일보》, 2013.10.24: A3).

지금까지의 한국이 적용해 온 전쟁 억제의 방법은 거부적 억제였
다. 한국은 휴전선을 중심으로 물샐틈없는 경계태세를 유지했고, 60만
에 달하는 대규모 군대를 유지함으로써 철저한 전투준비태세를 과시
했으며, 첨단 무기와 장비를 갖춘 주한미군을 전방 지역에 배치했고,
전쟁 발발 시 미 증원군이 신속하게 전개할 수 있도록 계획을 수립해
연습하기도 했다. 이러한 한미 양국군의 전쟁 억제 노력은 한미연합사
령부에 의해 체계적으로 계획 및 통합되고, 결국 북한은 성공할 수 없
다고 판단해 전쟁을 발발하지 못했다고 평가할 수 있다.

그러나 북한이 핵무기를 개발함으로써 이러한 상황은 급격히 달
라졌다. 북한은 2006년 10월 9일 제1차, 2009년 5월 25일 제2차, 2013
년 2월 12일 제3차, 2016년 1월 6일 제4차 핵실험을 실시했고, 그 결과

수십 개의 핵무기를 제조했을 뿐만 아니라 이를 탄도미사일에 탑재해 공격할 수 있으며, 제4차 핵실험 이후에는 수소폭탄까지 개발했다고 주장했다. 이에 대해 한국은 충분한 억제력이나 방어력을 보유하지 못하고 있다. 전쟁 억제, 특히 핵전쟁의 억제에 심각한 문제점을 드러낸 셈이다. 결국 한국은 북한이 핵무기로 공격할 경우 미국의 핵 및 재래식 무기를 통해 응징보복한다는 개념, 즉 확장억제(extended deterrence)라는 응징적 억제로 전환하고 있는데, 이것은 북한이 보복을 감수하면서 한국을 공격해 버리면 어쩔 수 없다는 결정적인 약점이 있다. 또한 실제 상황에서 미국이 확장억제 약속에 근거해 북한을 응징보복할 것인지를 확신하기는 어렵고, 미국이 응징보복을 하지 못할 것으로 북한이 오판할 가능성도 있다.

비록 북한의 핵무기 개발로 지금까지 유지해 온 전쟁 억제가 훼손되고 있고, 핵 억제력을 새롭게 구비해야 하는 상황으로 악화되기는 했지만, 1953년 정전 후 지금까지 전쟁은 발생하지 않은 상태이고, 따라서 한반도에는 절대적인 평화는 아니라고 하더라도 상대적인 평화(relative peace)는 구축되었다고 평가할 수 있다(김명섭, 2013: 21). 그리고 이것은 북한과 맺은 어떤 협정이나 약속의 덕분이 아니라 한국군과 미군의 철저한 전쟁 억제 노력의 덕분이라고 보아야 할 것이다.

3. 결론과 함의

전쟁과 평화는 동전의 양면이다. 사람들은 전쟁보다는 평화만을 집중적으로 논의하고 싶어 하거나 그것이 바람직한 것으로 생각하지만, 논리적으로 보면 전쟁을 논의해야, 다른 말로 하면 전쟁을 예방 또는 억제해야 평화가 보장된다. 전쟁을 억제하는 것이 평화를 위한 노력의 첫 번째이고, 전쟁에 대해 제대로 아는 것이 평화를 위한 연구나 탐구의 첫 번째이다. 건강을 증진하고자 하는 사람이라면 먼저 병이 나지 않게 해야 하고, 병에 대해 먼저 알아야 하는 것과 같다.

당연히 한반도의 평화와 평화체제를 위해서도 먼저 전쟁을 억제해야 하고, 전쟁의 억제에 대해서 연구해야 한다. 구호로서의 평화가 아니라 실제와 성과로서의 평화를 논의해야 한다. '평화', '평화체제', '평화협정'이라는 용어에 집착하거나 현혹될 경우 진정한 평화를 보장하기는 어렵다. 핵무기를 개발해 한국을 위협하고 있는 북한에 대해 '평화', '평화체제', '평화협정'이라는 말이 효과가 있을 것인가? 지금까지 그러한 말들이 모자라 북한이 핵무기를 개발하게 되었는가?

일부에서는 평화협정의 문안을 만들어 제시하기도 하지만(이경주, 2010: 95-103) '평화협정' 자체에 집착하는 것은 더욱 위험하다. 평화협정을 체결한다고 평화가 정착되는 것이 아니라는 것은 인류의 수많은 역사를 통해 명백하게 확인되었기 때문이다. 현재의 정전협정도 평화협정의 하나로 볼 수 있고, 이 외에도 한국은 북한과 남북한 기본합의서, 상호 존중 및 불가침, 그리고 비핵화를 위한 합의서를 체결한 상태이다. 그러한 협정이 남북 관계를 평화상태로 바꾸고, 북한의 도발을 막고, 북한의 핵무기 개발을 막았는가? 현재 우리는 그러한 현학적이고 형식적인 사안에 노력을 분산할 정도로 한가한 상황인가? 북한의 전쟁 도발 억제나 핵무기 대응이 너무나 어렵다고 생각해 평화협정과 같은 쉬울 것 같은 사안을 주장하는 것은 아닌가?

평화협정은 체결보다 준수하도록 하는 것이 어렵고, 따라서 실용적인 접근이 아니라고 말했지만, 체결 자체도 간단한 것은 아니다. 북한과 평화협정을 체결하고자 하면, 한국의 헌법이나 조선노동당 규약을 수정해야 하고, 6 · 25전쟁에 관한 원인에 대해 남북한이 합의가 이루어져야 하며, 구체적인 전쟁 재발 방지책이 마련되어야 하는데(김명섭, 2013: 25), 이에 대한 합의는 거의 불가능할 뿐만 아니라 이를 둘러싼 논쟁이 오히려 새로운 갈등을 배태할 수 있다. 일부 인사들이 주장하듯이 동북아시아 지역 차원에서 국제적인 평화체제를 구축하는 사항까지 고려한 평화협정을 지향하고자 한다면, 그것은 남북한은 물론이고 모든 주변국들의 참여 및 수용을 전제로 해야 하기 때문에 성사될 가능성은 거의 없다. 통일까지 포함하는 평화체제를 지향해야 한다는 의견도 제시되고 있으나(이경주, 2010: 119), 통일을 위한 협의나 합의로 나갈 것이지 굳이 평화협정을 거칠 필요가 없다. 평화협정은 듣기 좋은 말이기는 하나, 실효성 있는 과정이나 목표라고 볼 수는 없다.

전쟁을 억제하는 것이 한반도의 평화를 위한 가장 기본적인 과제라는 측면에서 보면 한반도의 평화를 보장하기 위한 진정한 노력은 확고한 자주국방태세를 유지하는 것이고, 국제적으로는 한미동맹을 강화하는 것이다. 이 중에서 자주국방은 우리가 꾸준히 노력해 온 사항이고, 다양한 문서와 논의를 통해 노력의 방향을 정립 및 조정해 나가도록 되어 있기 때문에 민간 분야에서 개입해야 할 소지가 적다. 대신에 한미동맹의 경우 불확실성이 크고, 그만큼 중지를 모으고 지혜를 발휘해야 할 소지가 크다. 따라서 현 상황에서 한반도 평화를 위해 가장 집중적으로 노력할 필요가 있는 사항은 한미동맹을 어떻게 강화하고, 관리해 나갈 것인가이다. 북한의 핵무기 개발로 미국의 '확장억제'에 의존해야만 하는 것이 현 한국의 상황이기 때문에 더욱 그러하다. 북한이 가장 두려워하는 것이 한미동맹이고, 남침을 위한 여건 조성 차원에서 가장 집요하게 요구하는 것이 주한미군 철수라고 한다면 한국은 더욱 한미동맹의 강화를 중요시해야 한다.

현재 한반도의 평화를 가장 저해하고 있는 것은 북한의 핵무기 개발이다. 북한의 핵실험이나 미사일 시험발사 등으로 인해 한반도가 긴장 상태로 들어가고 있기 때문이다. 북한이 핵무기로 한국을 공격하는 상황을 상상해 보라. 그것보다 더욱 심각한 평화 파괴 행위가 어디에 있을까? 따라서 평화를 위한 우리의 노력은 외교적인 합의를 통해 북한이 개발한 핵무기를 폐기시키거나, 북한이 핵무기를 사용하지 못하도록 확실한 억제력을 과시하거나, 북한이 핵무기로 공격하더라도 방어할 수 있는 능력을 구비하는 것이다. 북한의 핵무기 공격으로 인해 국민들이 대량살상당하는 사태가 발생하지 않도록 하는 노력이야말로 평화를 위한 진정한 노력일 것이다. 핵전쟁 억제가 평화이고, 핵전쟁 억제체제가 평화체제이며, 핵전쟁 억제에 필요한 협정이 평화협정일 것이다.

동시에 북한과의 관계 증진을 위한 노력도 중단할 수는 없다. 진정한 평화는 어떤 체제에 의하는 것이 아니라 교류와 협력의 관행이 누적됨으로써 가능해지는 부분도 존재하기 때문이다. 이러한 노력은 보상적 억제 측면의 노력일 수도 있다. 북한의 핵무기 개발과 이에 대한 남한의 억제 및 방어 노력으로 인해 남북한 간에 긴장이 발생할 수밖에 없는 상황에서 교류와 협력을 추진한다는 것은 이율배반적이지만, 그렇게 하지 않을 경우 핵전쟁으로 증폭될 수도 있는 위기를 사전에 해소하기가 어렵다. 확고한 핵 대응태세를 유지하면서도 한국은 어떤 식으로든 북한과의 접촉을 유지하고자 노력하고, 정부 차원의 공식 및 비공식적 접촉을 조심스럽게 시도할 필요가 있다. 북한이 잘못되어 있다고 해서 계속 경색된 관계를 유지할 수 없다는 것이 한국이 지니고 있는 가장 심각한 딜레마라고 할 것이다.

나가며

대부분의 국민들은 보고 싶어 하지 않지만 현재 한국은 북한과 핵전쟁을 수행하고 있다고 해도 과언이 아니다. 북한은 핵무기 사용을 지속적으로 거론하면서 협박하고 있고, 한국은 이에 대해 불안해하면서 대응책을 고심하고 있기 때문이다. 재래식 전쟁은 전쟁이 시작된 이후부터 종결될 때까지 상당한 시간이 걸리고, 그 기간을 전쟁기간이라고 말하지만, 핵전쟁은 다를 수 있다. 핵무기가 사용되는 순간 전쟁은 종결될 가능성이 높기 때문이다. 특히 핵 보유국과 비보유국의 전쟁은 더욱 그러하다. 태평양전쟁에서도 미국이 핵무기를 사용한 후 열흘도 되지 않아 일본이 항복했다. 핵전쟁의 기간을 핵무기 사용으로부터 항복할 때까지로 볼 것이 아니라 핵무기 사용의 위협으로부터 시작되어 사용 시 종료되는 것으로 보는 것이 더욱 합리적일 수도 있다. 그렇다면 이미 시작되었을 수도 있는 핵전쟁의 기간 속에서 우리는 핵무기가 실제로 사용되지 못하도록 하고, 핵무기가 사용되더라도 한국에서 폭발하지 않도록 필요한 노력을 경주해야 하는 것이다. 북한은 현 상황을 전쟁으로 보고 있는데, 한국은 현 상황을 평화로 본다면 결과는 어떻게 되겠는가?

한국이 현재 직면하고 있는 핵무기와의 전쟁에 관해 이 책이 충분한 해답을 제공한다고 말하기는 어렵다. 현재와 같이 심각한 상황에 대해 누구도 시원한 해답을 제시할 수 없을 것이다. 다른 여느 책과 비슷하게 문제를 제기하는 데 그치는 것으로 평가받을 수도 있다. 필자 스스로도 현 상황에 대해 명확한 해답이 존재한다고 확신하지 못한다. 그래도 이 책을 읽어 보신 분들은 몇 가지 새로운 사항들을 알게 되었을 것이다. 특히 군사적인 이해가 미흡한 분들에게는 상당한 도움이 되었을 것이다. 북한의 핵문제에 대해 관념적으로만 접근했던 사람에게는 기존 인식을 고치도록 하는 내용도 없지 않았을 것이다. 무엇보다 북한의 핵문제를 가볍게 생각했던 사람들은 상황의 엄중함을 인식하게 되었을 것이다. 현 상황에서 민족의 활로를 찾아낼 수 있는 '백마 탄 기사'가 있어 이 책을 읽고 지니고 있던 용기와 지혜를 조금이나마 강화하는 데 도움이 되었으면 하는 바람이다.

맺는 말을 통해 필자가 독자들에게 재차 던지고 싶은 근본적인 화두는 "2050년의 한국은 어떤 모습일까?"라는 것이다. 현재와 유사할까? 현재보다 더욱 번영을 구가하고 있을까? 현재에 비해서 훨씬 못살고 있을까? 전쟁의 참화에서 허덕이고 있을까? 통일이 되어 있을까? 생존은 하고 있을까? 2050년이 멀리 떨어진 시대인 것 같지만 지금 50세 이하의 국민들이라면 충분히 목격할 수 있다. 현재의 젊은 세대들은 그 시대의 주역이 되어 있을 것이다. 그들이 어떤 나날을 살아가고 있을까? 우리보다 행복할까? 우리보다 불행할까? 정말 전쟁의 참화에서 허덕이고 있을까? 현세대들이여, 한번 생각해 보자. 우리 또는 우리의 선배들이 지금까지 어떻게 했기에 미래의 우리 국가와 미래의 우리 세대들의 안위조차 확신하지 못하는 상황이 되었을까?

우리의 안보상황이 지금과 같이 엄중해진 이유는 의외로 간단하다. 북한의 핵 위협 초기에 이전의 세대들이 제대로 대처하지 않았기 때문이다. 가위로 간단하게 자를 싹을 자르지 않았고, 낫으로 벨 수 있는 줄기도 방치했고, 톱으로 자를 수 있을 시기도 넘겨 버렸다. 역사를 가정하는 것은 어리석지만, 이전의 세대들이 더욱 단호하거나 현명했더라면 현재와 같은 상황은 오지 않았을 수도 있다. 지금보다 아주 간단한 조치로 현 상황을 예방할 수 있었을 것이다. 유사한 논리로 현세대가 더욱 단호하거나 현명하다면 다음의 세대들은 조금은 더 희망적인 상황하에 있게 될 것이다. 이전 세대를 탓하는 마음이 있다면 다음 세대가 우리를 탓하지 않도록 희생하자. 우리 세대가 피와 땀과 눈물을 각오하면 다음 세대는 피와 땀과 눈물을 덜 흘리게 될 것이다.

행복을 찾고 싶은 사람들의 대부분이 하는 말은 '지금 여기'(Now Here)에만 충실할 것을 권유한다. 또한 "걱정하지 마라. 행복해져라" (Don't worry. Be happy)라고도 말한다. 이것은 개인에게만 국한하면 맞을 수 있는 말이다. 그러나 영속되어야 하는 민족이나 후손들을 생각하면 맞지 않다. 현 시대를 살아가는 우리들이 '지금 여기'만 생각한다면 우리는 행복해질지 모르나 미래의 후손들은 불행해질 수 있다. 우리가 '지금'보다는 '미래', '여기'보다는 '저기'에 관심을 가지면 우리의 후손들은 행복할 수 있을 것이다. 우리가 걱정하지 않으면 우리의 후손들이 불행해질 수 있고, 우리가 걱정하면 후손들은 행복해질 수 있다. 우리 모두 '미래 저기'에 더욱 관심을 갖자. "걱정하라. (그들을) 행복하게 만들어라"(Do Worry. Make them happy)로 바꾸어 말해 보자.

우리와 인접한 상태에서 오랫동안 역사를 공유해 온 중국과 일본은 우리의 현 상황을 어떻게 볼까? 문화적이거나 인종적인 동질감을 바탕으로 안타까워하면서 어떻게든 핵전쟁과 같은 불상사가 발생하지 않도록 최선을 다해 도와주어야 한다고 생각할까? 그들이 어려운 상황에 처했을 때 우리는 그렇게 생각했었던가? 그들도 나름대로 돕고자 노력하겠지만 자기 일처럼 팔을 걷어붙이지는 않을 것이다. 어떤 측면에서는 무관심하거나, 극히 일부겠지만 고소해하는 사람도 있을 수 있다. 현재의 상황이 비롯된 원인을 그들로부터 찾아서 비난하는 사람도 있겠지만, 현 상황은 우리 민족 스스로가 자초한 일이다. 그렇다면, 우리 민족 특히 현세대가 현재의 위기를 극복해 내야 한다.

이제부터 우리 모두 매일 자문해 보자. "지금 북한이 핵 공격을 감행하면 우리는 우리 스스로를 보호할 수 있는가?", "지금 북한이 핵 공격을 감행할 경우 나는 내 자식들을 보호할 수 있는가?" 위 질문에 대해 제대로 대답할 수 없다면 노력해야 할 부분이 매우 많다는 것이다. 국민 각자가 해답에 해당되는 방향으로 좀 더 노력하자. 그리고 또 자문해 보자. 또 제대로 대답할 수 없다면 더욱더 노력하자. 후세를 위한 질문과 다짐이 모든 국민들의 일상이 될 때 북한의 핵무기로 조성된 민족의 위기는 조금씩 해결의 실마리를 찾게 될 것이다.

북핵 위협과 안보

참고문헌

국내문헌

국가안보실. 2014.《국가안보전략》. 국가안보실.

국립방재연구원. 2012.《민방위실태 분석을 통한 제도개선 방안: 기획연구를 중심으로》, 서울: 국립방재
　　연구원(12월).

국방대학교 안보문제연구소. 2003.《2003 범국민 안보의식 여론조사》. 서울: 국방대학교.

_____. 2012.《2012 국민 안보의식 여론조사》. 서울: 국방대학교.

국방부 군사편찬연구소. 2013.《한미동맹 60년사》. 서울: 국방부 군사편찬연구소.

국방부 민군합동조사단. 2010.《합동조사결과보고서: 천안함 피격 사건》. 서울: 국방부.

국방부. 2010.《2010 국방백서》. 서울: 국방부.

_____. 2011.《국방개혁 307계획 보도 참고자료》. 서울: 국방부.

_____. 2012.《2012 국방백서》. 서울: 국방부.

_____. 2014.《2014 국방백서》. 서울: 국방부.

_____. 2016. "THAAD 관련 참고자료". 비공개자료(2월).

권세정 · 차미영. 2014. "빅데이터 기반 루머의 특성 및 분류".《정보과학처리학회지》제21권 3호(5월).

권혁철. 2012. "선제적 자위권 행사 사례 분석과 시사점: 1967년 6일전쟁을 중심으로".《국방정책연구》
　　제28권 4호(겨울).

_____. 2013. "북핵 위협에 대비한 한국형 킬 체인의 유용성에 관한 연구".《정책연구》통권 178호.

김계동. 2001. "한미동맹관계의 재조명: 동맹이론을 분석틀로".《국제정치논총》제41집 2호.

김동명. 2010.《독일 통일, 그리고 한반도의 선택》. 서울: 한울아카데미.

김명기. 1997. "북한 내란상태 시 남한 개입의 국제법적 제한".《군사논단》제12호(가을).

김명섭. 2013. "정전협정 60주년의 역사적 의미와 한반도 평화체제의 과제". 정전 60주년과 한반도 평화
　　체제의 과제(통일건국민족회 2013년도 학술세미나).

김성만. 2009. "'전작권 전환' 아닌 '연합사 해체'".《조선일보》(10월 22일).

김정모·정은령. 2012. "내러티브 프레임과 해석공동체: '전작권 환수 논란'의 프레임 경쟁과 해석 집단의 저널리즘 담론".《한국언론정보학보》제57권.

김종하. 2008. "한국군의 합리적 소요기획을 위한 방안: 위협기반기획과 능력기반기획의 대비를 중심으로".《국방정책연구》제80권 0호.

김준형. 2006.《국제정치 이야기》. 서울: 책세상.

_____. 2009. "동맹이론을 통한 한미전략동맹의 함의 분석".《국제정치연구》제12집 2호. 동아시아국제정치학회.

김진명. 2014.《싸드(THAAD)》. 서울: 새움.

김태우. 2010. "북한 핵실험과 확대억제 강화의 필요성". 백승주 외.《한국의 안보와 국방》. 서울: 한국국방연구원.

김태준. 2014. "통일, 북한 급변사태와 중국군".《통일과 급변사태: 군사적 과제》, 한반도선진화재단 국방선진화연구회.

김태호. 2013. "한중관계 21년의 회고와 향후 발전을 위한 제언: 구동존이(求同存異)에서 이중구동(異中求同)으로".《전략연구》통권 제60호.

김호섭. 2006. "제3세대 미일동맹과 한미동맹". 한국국제정치학회 학술대회 발표논문(12월).

김흥규. 2014. "중국 국가 주석 시진핑의 2014년 방한과 한중관계".《전략연구》통권 제64호.

남궁근. 2012.《정책학》. 서울: 법문사.

남창희·이종성. 2010. "북한의 핵과 미사일 위협에 대한 일본의 대응: 패턴과 전망".《국가전략》제16권 2호.

동아시아연구원 편집부. 2015. "강력한 동맹관계, 분열된 여론: 한미중일 공동인식조사". EAI 스페셜 리포트(10월).

란코프. 2009.《북한 워크 아웃》. 서울: 시대정신.

류병현. 2007.《한미동맹과 작전통제권》. 서울: 대한민국 재향군인회.

문영한. 2007. "한미연합 방위체제로부터 한국 주도 방위체제로의 변환".《군사논단》제50호(여름).

박계호. 2012.《총력전의 이론과 실제》. 북코리아.

박상중. 2013. "전시 작전통제권 전환의 정치적 결정에 관한 연구: 정책흐름모형을 중심으로". 서울과학기술대학교 IT정책전문대학원 박사학위논문.

박영자. 2012. "독재정치 이론으로 본 김정은 체제의 권력구조: 조선노동당 '파워엘리트' 실태와 관계망을 중심으로".《국방정책연구》제28권 4호.

박영준. 2015. "한국외교와 한일안보 관계의 변용, 1965-2015".《일본비평》제12호. 서울대학교 일본연구소.

박원곤. 2004. "국가의 자율성과 동맹관계".《국방정책연구》. 제64호.

_____. 2014. "한미동맹의 재해석: 동맹 이익과 비용". 2014 한국국제정치학회 기획학술회의.

박홍서. 2011. "게임이론을 통해 본 중국의 대한반도 전략: 천안함, 연평도 사건을 중심으로". 제91차 중국학연구회 정기학술발표회 자료.

박홍영. 2011. "북한 미사일문제에 대한 일본의 관점: 노동 1호, 대포동 1 · 2호, 광명성 2호 발사에 대한 반응과 조치". 《국제문제연구》 제11권 2호.

박휘락. 1987. 《소련군사전략연구》. 서울: 법문사.

_____. 2006. "정보화시대 전쟁의 원칙 발전방향". 합참대학 연구보고서.

_____. 2007. "능력기반 국방기획과 한국군의 수용방향". 《국가전략》 제13권 2호.

_____. 2013. "핵억제이론에 입각한 한국의 대북 핵억제태세 평가와 핵억제전략 모색". 《국제정치논총》 제53권 3호.

_____. 2015. "한국의 북핵정책 분석과 과제: 위협과 대응의 일치성을 중심으로". 《국가정책연구》 제29권 1호.

박휘락 · 김병기. 2012. "북한 핵에 대한 군사적 대응태세와 과제 분석". 《국제관계연구》. 제17권 2호.

서상문. 2014. "중국의 대한반도 정책의 지속과 변화: 역사와 현실". 《전략연구》 통권 제63호.

서정경. 2008. "중국의 부상과 한미동맹의 변화: 동맹의 방기(Abandonment)-연루(Entrapment) 모델적 시각에서". 《신아세아》 제15권 1호.

_____. 2014. "시진핑 주석의 방한으로 본 한중관계의 현주소". 《중국학연구》 제70집.

소방방재청. 2013. 《민방위 표준교재》. 서울: 소방방재청.

소치형. 2014. "북한 급변사태 시 중국의 개입과 한국의 대응책". 《정책연구》 통권 180호(봄).

신범철. 2008. "안보적 관점에서 본 북한 급변사태의 법적 문제". 《서울국제법연구》 제15권 1호.

신영순. 2014. "THAAD 논쟁에 얽힌 허와 실". 《국가안보전략》 통권 30호(12월).

_____. 2015. "THAAD 레이더 논쟁의 허구". 《국가안보전략》 제16권 6호(6월).

심재권. 2012. "한일정보보호협정시도: 동인과 과제들". 《2012 국장감사 정책자료집 II》, 국회 행정안전위원회.

양기웅. 2014. "한일관계와 역사 갈등의 구성주의적 이해". 《국제정치연구》 제17집 2호. 동아시아국제정치학회.

양영모. 2009. "한반도 평화체제 구축방안 연구: 분단국 사례 및 기존 논의를 중심으로". 《교수논집》 제17권 2호.

양창석. 2011. 《브란덴부르크 비망록: 독일 통일 주역들의 증언》. 서울: 늘품플러스.

우정엽. 2014. "사드(THAAD)가 중국에게 위협이 되는가?". 《JPI Peacenet》. 제주평화연구원.

유동원. 2006. "중러 전략동반자관계와 경제협력". 《국제정치연구》 제9집 2호.

유명환. 2014. "한일 관계의 현주소와 해법의 모색". 《신아세아》 제21권 1호.

유용원. 2003. "한국형미사일방어망 추진". 《조선일보》(6월 11일).

＿＿＿. 2013. "기초 약한 대한민국 육군". 《조선일보》(7월 17일).

육군개혁실. 2011. 《육군이 처한 현실의 본질적 인식과 대안 연구》. 정책연구보고서(3월).

육군본부. 1992. 《전쟁의 원칙 적용 전망》. 교육참고 7-7-11.

육군사관학교 전사학과. 2004. 《세계전쟁사》. 서울: 황금알.

윤기철. 2000. 《전구미사일 방어》. 서울: 평단문화사.

윤덕민 · 박철희. 2007. "한미동맹과 미일동맹 조정과정 비교 연구". 국책정책연구보고서 06-04.

윤태룡. 2008. "동맹이론(Alliance Theory)". 전남대학교 세계한상문화연구단 국내학술회의 17.

이경주. 2010. "평화체제의 쟁점과 분쟁의 평화적 관리". 《민주법학》 제44호(11월).

이규태. 2013. "한중관계: 事實과 '情結(complex)'". 《중국학논총》 제38호.

이상우. 2011. "동북아 안보질서와 한일 협력". 《신아세아》 제18권 3호.

이상훈. 2006. "북한의 탄도미사일 개발과 주변국 인식". 《군사논단》 통권 제46호.

이성환. 2015. "일본의 독도정책과 한일관계의 균열". 《한국정치외교사논총》 제36집 2호.

이수형. 2010. "북대서양조약기구(NATO)의 지구적 동반자관계: 유럽 역내외 관련 국가들의 입장과 한미 동맹에 대한 함의". 《국방연구》 제53권 1호.

이양구. 2010. "사후과잉확신편향에 관한 연구". 《정치커뮤니케이션 연구》 통권 제17호.

이연수. 2015. "한반도 탄도탄 방어". 《한선 프리미엄 리포트정》(11월 12일).

이영규. 1990. "미국의 리비아 폭격과 자위권". 《군사법 논문집》 제11호.

이예경. 2012. "확증편향 극복을 위한 비판적 사고 중심 교육의 원리 탐구". 《교육과학연구》 제43권 4호.

이정남. 2009. "중국의 전략적 동반자외교에 대한 이해와 한중관계". 《평화연구》 제17권 2호.

이종석. 2008. "한반도 평화체제 구축 논의, 쟁점과 대안 모색". 《제종정책연구》 제4권 1호.

이창석. 2014. "합동성 강화를 위한 필수과제, '합동전투발전체계' 정착". 《합참》 제61호(10월).

이희옥. 2011. "중국과 동아시아: 연평도 포격사건을 보는 중국의 눈". 《동아시아 브리프》 Vol. 6, No. 1.

임명수. 2007. "한반도 평화체제 구축에 관한 고찰: 평화에 대한 기본개념 및 쟁점연구를 중심으로". 《통일연구》 제11권 2호.

장철운. 2015. "남북한의 지대지 미사일 전력 비교: 효용성 및 대응, 방어 능력을 중심으로". 《북한연구학회보》 제19권 1호.

전재성. 2004. "동맹이론과 한국의 동맹정책". 《국방연구》 제47권 2호.

정수성. 2011. 《2011 국정감사 자료집 II: 민방위 훈련의 내실화 방안》. 정수성 국회의원실.

정영태 외. 2014. 《북한의 핵전략과 한국의 대응전략》. 서울: 통일연구원.

정욱식. 2003. 《미사일 방어체제(MD)》. 서울: 살림.

_____. 2014a. "주한미군 사드는 괜찮다고? 제정신인가?".《프레시안》(6월 20일).

_____. 2014b. "한국의 MD 편입은 '도자기 가게에서 쿵후하는 격'".《프레시안》(6월 2일).

_____. 2015. "리퍼트 대사에게 미안하니, 사드 도입?".《프레시안》(3월 10일).

정재욱. 2012. "북한의 군사도발과 '적극적 억지전략'의 구현 방향".《국제정치논총》제52집 1호.

정천구. 2012. "제1장: 한국의 안보딜레마와 한미동맹의 가치".《통일전략》제12권 3호.

제성호. 2010.《남북한 관계론》. 서울: 집문당.

최영. 2010. "인터넷상에서의 루머 확산 저지에 관한 연구: 시민들의 자발적 대응효과를 중심으로".《커뮤니케이션연구》제18권 3호.

최영진 · 심세현. 2008. "'위기'에서 '생성'으로: 한미연합군사령부 형성에 관한 연구".《전략연구》통권 제44호.

최태현. 1993. "국제법상 예방적 자위권의 허용가능성에 관한 연구".《법학논총》제6호.

평화와 통일을 여는 사람들. 2008. "미국 MD 참여 규탄 기자회견문"(3월 20일).

프레스, 데릴 G. 2013. "북한 핵무기에 어떻게 대응할 것인가".《전략연구》통권 제58호.

하영선 편저. 2002.《21세기 평화학》. 서울: 풀빛.

_____. 2006.《한미동맹의 비전과 과제》. 서울: 동아시아연구원.

한광희. 2010. "중국의 대한반도 정책 결정요인: 북한 핵실험과 천안함 사건에 대한 대응 비교". *EAI Security Briefings Series*, No. 3.

한국건설기술연구원. 2008. "지하 핵 대피시설 구축 방안 설정에 관한 연구". 국토해양부 연구과제. 건기연 2008-008(3월).

한국조세재정연구원. 2015. "2016년 예산안 및 2015-2019년 국가재정운용계획 평가".《조세재정 BRIEF》(11월).

한인택. 2010.3. "선제공격: 논리와 윤리".《전략연구》통권 제48호.

한정석. 2013. "인터넷괴담과 사실왜곡의 현상과 분석". *CFE Report*, No. 148(3월 10일).

합동참모본부. 2002a. "군사기본교리".《합동교범》1. 서울: 합동참모본부(12월).

_____. 2002b. "합동작전".《합동교범》3-0. 서울: 합동참모본부(12월).

허광무. 2004. "한국인 원폭피해자(原爆被害者)에 대한 제연구와 문제점".《한일민족문제연구》제6호. 한일민족문제학회.

홍규덕. 2015. "사드(THAAD) 배치에 관한 주요 쟁점과 미사일방어(MD) 전략".《신아세아》제22권 4호.

국외문헌

Albright, David. 2015. "Future Directions in the DPRK's Nuclear Weapons Program: Three Scenarios for 2020." *North Korea's Nuclear Futures Series*. U.S.-Korea Institute at SAIS.

Allahverdyan, Armen and Galstyan, Aram. 2014. "Opinion Dynamics with Confirmation Bias." *PLOS ONE*, Vol. 9, Issue 7.

Allen, Kenneth W. et al.. 2000. *Theater Missile Defenses in the Asia-Pacific Region*. Working Group Report, No. 34. Washington D.C.: The Henly L. Stimson Center.

Altfeld, Michael F.. 1984. "The Decision to Ally: A Theory and Test." *The Western Political Quarterly*, Vol. 37, No. 4.

Bando, Doug. 2014. "The Complex Calculus of a North Korean Collapse." *The National Interest* (January 9).

Bandow, Doug. 2015. "U. S.-South Korea Alliance Treats Pentagon as Department of Foreign Welfare." *The World Post*. http://www.huffingtonpost.com/doug-bandow/us-south-korea-alliance-t_b_8237770.html.

Baum, Seth D.. 2015. "Winter-safe Deterrence: The Risk of Nuclear Winter and Its Challenge to Deterrence." *Contemporary Security Policy*, Vol. 36, No. 1.

Baxter, Richard R.. 2013. "Armistices and Other Forms of Suspension of Hostilities." In Richard R. Baxter. et al.. *Humanizing the Laws of War: Selected Writings of Richard Baxter*. Oxford Scholarship Online.

Bennett, Bruce W.. 2013. *Preparing for the Possibility of a North Korean Collapse*. RAND.

Bennett, Bruce W. and Lind, Jennifer. 2011. "The Collapse of North Korea: Military Missions and Requirements." *International Security*, Vol. 36, No. 1 (Fall).

Brailey, Malcolm. 2005. "The Use of Pre-Emptive and Preventive Force in An Age of Terrorism: Some Ethical And Legal Considerations." *Australian Army Journal*, Vol. II, No. 1.

Carter, Ashton B. and Perry, William J.. 1999. *Preventive Defense: A New Security Strategy for America*. Washington D.C.: Brookings Institution Press.

Chchanlett-Avery, Emma et al.. 2015. "Japan-U. S. Relations: Issues for Congress." *CRS Report*, RL33436.

Chu, David S. C. et al.. 2005. *New Challenges, New Tools for Defense Decisionmaking*. 한용섭 · 정경영 · 이상헌 역, 《국방정책결정을 위한 새로운 분석기법》, 서울: 국방대학교 안보문제연구소.

Clausewitz, Carl von. 1984. *On War*. Ed. and trans. Howard, Michael and Parret, Peter. indexed edition. Princeton: Princeton Univ. Press.

Collins, John M.. 2002. *Military Strategy: Principles, Practices, And Historical Perspectives*. Washington D.C.: Brassey's Inc..

Colonomos, Ariel. 2013. *The Gamble of War: Is It Possible to Justify Preventive War*. Prager MacMilan.

Connor, Shane. 2013. "The Good News about Nuclear Destruction." *Threat Journal* (August 6).

Cordesman, Anthony H.. 2014. "Iran's Rocket and Missile Forces and Strategic Options." *CSIS Report* (October 7).

Cox, Matthew. 2014. "Army Must Shed 6 BCTs to Meet Proposed Budget Cuts." http://www.military.com/daily-news/2014/02/28/army-must-shed-6-bcts-to-meet-proposed-budget-cuts.html.

Davis, Paul K.. 2002. *Analytic Architecture for Capabilities-Based Planning, Mission-System Analysis, and Transformation*. Rand.

Dawson, Joseph G, III. 1993. *Commander in Chief: Presidential Leadership in Modern Wars*. Kansas: University Press of Kansas.

Delpech, Therese. 2012. *Nuclear Deterrence in the 21st Century: Lessons from the Cold War for a New Era of Strategic Piracy*. Rand.

Department of Defense. 1999. *Report to Congress on Theater Missile Defense Architecture Options for the Asia-Pacific Region*. Washington D.C.: DoD.

_____. 2005. *2004 Statistical Compendium on Allied Contributions to the Common Defense*. Washington D. C.: DoD. http://archive.defense.gov/pubs/allied_contrib2004/allied2004.pdf.

_____. 2006. "Quadrennial Defense Review." DoD (Feb 6).

_____. 2010. *Military and Associated Terms*. As Amended Through 31 January 2011. Washington D.C.: DoD (November 8).

_____. 2012. *Military and Associated Terms*. Joint Pub, 1-02, amended through 18 August 2012. Washington D.C: DoD (August 15).

_____. 2013. *Military and Security Developments Involving the Democratic People's Republic of Korea*. Washington D.C.: DoD.

DiFonzo, Nicholas and Bordia, Prashant. 2006. *Rumor and Psychology: Social Organizational Approaches*. 신영환 역, 2008, 《루머심리학》, 서울: 한국산업훈련소.

Dipert, Randall R.. 2006. "Preventive War and the Epistemological Dimension of the Morality of War." *Journal of Military Ethics*, Vol. 5, No. 1.

Evans, Peter B. et al.. 1993. *Double-Edged Diplomacy*. Berkeley: Univ. of California Press.

Farago, Niv. 2015. "The Next Korean War: Drawing Lessons from Israel's Experience in the Middle East." 제1회 육군력포럼 발표자료(11월 20일).

Federal Emergency Management Agency. 1985.6. *Protection in the Nuclear Age*. Washington D.C.: FEMA.

_____. 2014. *Integrated Public Alert and Warning System(IPAWS): Strategic Plan-Fiscal Year 2014-2018*. DHS.

Feickert, Andrew. 2014. "Army Drawdown and Restructuring: Background and Issues for Congress." *CRS Report*, R42493 (Feb 28).

Feng, Zhongping and Huang, Jing. 2015. "China's strategic partnership diplomacy: engaging with a changing world." European Strategic Partnership Observatory Working Paper 8. http://fride.org/descarga/WP8_China_strategic_partnership_diplomacy.pdf.

Fitzmaruice, Gerald G.. 1949. *The Juridical Clauses of the Peace Treaties*.

Forrester, Jason W.. 2007. *Congressional Attitudes on the Future of the U.S.-South Korea Relations*. Center for Strategic and International Studies (May).

Freedman, Lawrence. 2004. *Deterrence*. Cambridge: Polity Press.

Fromkin, David. 1989. *A Peace to End All Peace: The Fall of the Ottoman Empire and the Creation of the Modern Middle East*. New York: Henry Holt and Co..

Galtung, Johan. 1996. *Peace by Peaceful Means*. 강종일 외 역, 2000, 《평화적 수단에 의한 평화》, 서울: 들녘, 2000.

_____. 2003. "Violence and Peace." In Nicholas N. Kittrie, et al. ed.. *The Future of Peace in the Twenty-First Century: A Reader and Source Book*. Durham, NC: Carolina Academic Press.

General Accounting Office. 2003. *Setting Requirements Differently Could Reduce Weapon Systems' Total Ownership Costs*, GAO-03-57 (February).

Goure, leon. 1960. "Soviet Civil Defense." Rand Cooperation research paper (March 14).

Gourevitch, Peter. 1978. "The Second Image Reversed: The International Sources of Domestic Politics." *International Organization*, Vol. 32, No. 4 (Autumn).

Government Accountability Office. 2013. *EMERGENCY PREPAREDNESS: NRC Needs to Better Understand Likely Public Response to Radiological Incidents at Nuclear Power Plants*. Report to Congressional Requesters (March).

Green, Brian. 1984. "The New Case for Civil Defense." *Backgrounder*. Institute for the Study of War (August 29).

Harmer, Christopher. 2012. "Threat and Response: Israeli Missile Defense." *Backgrounder*. Institute for the Study of War (August 16).

Harsin, Jayson. 2006. "The Rumour Bomb: Theorising the Convergence of New and Old Trends in Mediated US Politics." *Southern Review: Communication, Politics & Culture*, Vol. 39, Issue 1.

Hecker, Siegfried S.. 2015. "The real threat from North Korean is the nuclear arsenal built over the last decade." *Bulletin of the Atomic Scientists* (January 7).

Hildreth, Steven A. et al.. 2007. "Ballistic Missile Defense: Historical Overview." *CRS Report*,

RS22120 (Updated July 9).

Homeland Security National Preparedness Task Force. 2006. *Civil Defense and Homeland Security: A short History of National Preparedness Efforts*. Washington D.C.: Department of Homeland Security (September).

Howard, Michael. 1979. "The Forgotten Dimensions of Strategy." *Foreign Affairs*, Vol. 57, No. 5 (Summer).

IISS. 2014. *Military Balance 2014*. London: Routledge.

Industrial College of the Armed Forces. 1962. *Civil Defense: Planning for Survival and Recovery*. Washington D.C: ICAF.

Janis, Irving L.. 1982. *Groupthink: A Psychological Study of Policy Decisions and Fiascoes*, 2ed.. Boston: Yale Univ. Press.

Japan Ministry of Defense. 2014. *Defense of Japan 2014*. Tokyo: Ministry of Defense.

_____. 2015. *Defense of Japan 2015*. Tokyo: Ministry of Defense.

Jewish Virtual Library. 2015. "Fact Sheets: Israel's Missile Defense System." (Updated May 2015). http://www.jewishvirtuallibrary.org/jsource/talking/88_missiledefense.html.

Kearny, Cresson H.. 1979. *Nuclear War Survival Skills*. 1987 edition. Cave Junction. Oregon: Oregon Institute of Science and Medicine.

Keller, William Walton and Mitchell, Gordon R.. 2006. *Hitting First: Preventive Force in U.S. Security Strategy*. Pittsburgh: University of Pittsburgh Press.

Klingner, Bruce. 2010. "정전협정을 평화협정으로 전환하는 데 따르는 도전."《한반도 군비통제》제48집.

Lykke, Arthur F. ed.. 1993. *Military Strategy: Theory and Application*. Carlisle Barracks. PA: U.S. Army War College.

Manyin, Mark E. et al.. 2015. "U. S.–South Korea Relations." *Congressional Research Service Report*, R41481.

Mariani, Daniele. 2014. "Bunkers for All." *swissinfo.ch* (2009.7.3). http://www.swissinfo.ch/eng/specials/switzerland_for_the_record/world_records/Bunkers_for_all.html?cid=995134.

Marshall, George C. and Claremont Institutes. 2015. "Missile Threat." http://missilethreat.com/missiles-of-the-world/.

McKinzie, Matthew G. and Cochran, Thomas. 2004. "Nuclear Use Scenarios on the Korean Peninsula." Natural Resources Defense Council. *prepared for the Seminar on International Security Nanjing, China* (October 12–15). http://docs.nrdc.org/nuclear/files/nuc_04101201a_239.pdf.

Morgenthau, Hans J.. 1993. *Politics Among Nations: The Struggle for power and Peace*. Brief Edition. New York: McGraw-Hill.

Morrow, James D.. 1991. "Alliances and Asymmetry: An Alternative to the Capability Aggregation Model of Alliance." *American Journal of Political Science*, Vol. 35, No. 4.

Mueller, Karl P. et al.. 2006. *Striking First: Preemptive And Preventive Attack in U.S. National Security Policy*. Rand.

National Security Staff Interagency Policy coordination Subcommittee. 2010. *Planning Guidance for Response to a Nuclear Detonation*, 2nd edition (FEMA, June).

Nekovee, M. et al.. 2008. "Theory of rumor spreading in complex social networks." *Phisica A* (July 9). http://www.researchgate.net/publication/222819843_Theory_of_rumour_spreading_in_complex_social_networks.

Nickerson, Raymond S.. 1998. "Confirmation bias: A ubiquitous phenomenon in many guises." *Review of General Psychology*, Vol 2, No. 2 (June).

Norifumi, Namatame. 2012. "Japan and Ballistic Missile Defense: Debates and Difficulties." *Security Challenges*, Vol. 8, No. 3 (Spring).

Office of the Assistant Secretary for Public Affairs of DoD. 2005. *Facing the Future: Meeting the Threats and Challenges of the 21st Century*. DoD (February).

Osgood, Robert E.. 1968. *Alliance and American Foreign Policy*. Baltimore: The Johns Hopkins Press.

Panofsy, Wolfgang K. H.. 1966. "Civil Defense as Insurance and as Military Strategy." In Henry Eyring eds.. *Civil Defense*. Lancaster, Pennsylvania: Donnelley Printing Co..

Public Diplomacy Division of NATO. 2006. *NATO Handbook*. Belgium, Brussel.

Renshon, Jonathan. 2006. *Why Leaders Choose War: The Psychology of Prevention*. Westport: Prager Security International.

Rice, Anthony J.. 1997. "Command and Control: The Essence of Coalition Warfare." *Parameters* (Spring).

Rinehart, Ian E.. 2015. "Ballistic Missile Defense in the Asia-Pacific Region: Cooperation and Opposition." *CRS Report*, 7-5700 (April 3).

Rinehart, Ian E. et al.. 2013. "Ballistic Missile Defense in the Asia-Pacific Region: Cooperation and Opposition." *CRS Report*, R43116 (June 24).

Rosen, Stephen Peter. 2015. "Trends in the Charter of Land Warfare." 제1회 육군력포럼 발표자료 (11월 20일).

Rosenau, James N. ed.. 1969. *Linkage Politics*. New York: The Free Press.

Schweller, Randall L.. 1984. "Bandwagoning for Profit: Bringing the Revisionist State Back In." *International Security*, Vol. 19, No. 1 (Summer).

Shanker, Thom and Cooperfer, Helene. 2014. "Pentagon Plans to Shrink Army to Pre-World War II Level." *New York Times* (February 23).

Sharp, Jeremy M.. 2014. "Israel's Iron Dome Anti-Rocket System: U.S. Assistance and Coproduction." *CRS Insights* (September 30).

Silverstone, Scott A.. 2007. *Preventive War and American Democracy*. London: Routledge.

Snyder, Glen H.. 1961. *Deterrence and Defense: Toward a Theory of National Security*. Princeton, NJ: Princeton Univ. Press.

Sofaer, Abraham D.. 2003. "On the Legality of Preemption, Was the war in Iraq legal?." *Hoover Digest* (April 30).

Summers, Harry G. Jr.. 1983. *On Strategy: The Vietnam War in Context*. 민평식 역, 1983, 《미국의 월남전 전략》, 병학사.

Summers, Harry G. Jr.. 1995. *On Strategy II: A Critical Analysis of the Gulf War*. 권재상 · 김종민 역, 《미국의 걸프전 전략》, 자작아카데미.

Szabo, Kinga Tibori. 2011. *Anticipatory Action in Self-Defense: Essence and Limits under International Law*. Hague: Springer.

U.S. Joint Chiefs of Staff. 2006. *Joint Operations*. Joint Pub, 3-0. Washington D.C.: Department of Defense (September 17).

United Nations. 2004. "A more secure world: Our shared responsibility." *Report of the High-level Panel on Threats, Challenges and Change*. United Nations.

Walt, Stephen M.. 1997. "Why Alliances Endure or Collapse?" *Survival: Global Politics and Strategy*, Vol. 39, No. 1.

Walzer, Michael. 2000. *Just and Unjust Wars: A Moral Argument with Historical Illustrations*, 3rd ed.. New York: Basic Books.

Warden, John A. III. 1995. "The Enemy As a System." *Airpower Journal*, Vol. 9, No. 1.

Warren, Aiden. 2012. *Prevention, Preemption and the Nuclear Option*. London: Routledge.

Webel, Charles and Galtung, Johan ed.. 2007. *Handbook of Peace and Conflict Studies*. New York: Routledge.

Wirtz, James J. and Russel, James A.. 2003. "U.S. Policy on Preventive War and Preemption." *The Nonproliferation Review* (Spring).

Woolf, Amy. 2015. *U.S. Strategic Nuclear Forces: Background, Developments, and Issues*. CRS Report, RL33640 (November 3).

Work, Bob. 2015. "The Third U. S. Offset Strategy and its Implications for Partners and Allies." *Speech at the Center for an New American Security* (January 31).

Yoo, John C.. 2004. "Using Force." University of California, Berkeley School of Law Public Law and Legal Theory Research Paper Series. *University of Chicago Law Review*, Vol. 1 (summer).

Zanotti, Jim. 2014. "Israel: Background and U.S. Relations." *CRS Report*, RL33476 (July 22).

이 책의 집필에 활용된 저자의 최근 발표논문

〈반성과 교정〉

"한국의 북핵정책 분석과 과제: 위협과 대응의 일치성을 중심으로".《국가정책연구》제29권 1호(2015).

"한국 국방정책에 있어서 오인식(誤認識)에 관한 분석과 함의".《의정논총》제9권 1호(2014).

"참여정부의 전시 작전통제권 전환 추진 배경의 평가와 교훈".《군사》제90호(2014).

"이스라엘, 일본, 한국의 탄도미사일방어(BMD) 비교와 한국에 대한 함의".《국제지역연구》제20권 1호(2016).

"사드(THAAD) 배치를 둘러싼 논란에서의 루머와 확증편향".《전략연구》제23집 1호(2016).

〈동맹과 협력〉

"한미동맹과 미일동맹의 비교: 동맹구성요소를 중심으로".《국제문제연구》제15권 3호(2015).

"한미동맹과 미일동맹의 비교: '자율성-안보 교환 모델'의 적용".《국가전략》제22권 2호(2016).

"한중 '전략적 협력 동반자관계'의 기대와 현실 간 격차".《신아세아》제22권 4호(2015).

"한일안보협력을 둘러싼 국내적 요소와 국제적 요소의 상충성 분석과 함의".《국제정치연구》제18집 2호(2015).

〈자강〉

"북한 핵무기 위협에 대한 총력적 대비의 실태와 과제".《군사》제99호(2016).

"북한 핵위협 대응에 관한 한미연합 군사력의 역할 분담".《평화연구》제24권 1호(2016).

"북한 핵위협에 대한 한국의 대응 포트폴리오 평가와 보완방향".《평화학연구》제16권 5호(2015).

"북한 핵무기에 대한 '예방공격' 분석".《신아세아》제21권 4호(2014).

"한국과 일본의 탄도미사일 방어(BMD) 추진비교".《국가전략》제21권 2호(2015).

"핵공격 시 민방위(civil defense)에 대한 비교연구: 북한 핵대비를 중심으로".《평화학연구》제15권 5호(2014).

〈사족〉

"북한 급변사태 시 한국 군사적 개입의 명분과 과제".《국제관계연구》제20권 1호(2015).

"북한 '급변사태' 논의의 현실성과 과제: 부작용과 인식의 최소화".《통일정책연구》제23권 1호(2014).

"한반도 평화체제로서의 정전체제 분석과 강화 방안".《군사논단》통권 제77호(2014).

찾아보기

북핵 위협과 안보

ABC